Windows Server 操作系统管理

主　编　孙伟俊　闫　梅　王海宾

副主编　张　琳　杨　毅　张建珍

　　　　李　强　杨军栋　郭学会

北京理工大学出版社

BEIJING INSTITUTE OF TECHNOLOGY PRESS

内容简介

本书以 Windows Server 为平台，全面介绍了 Windows Server 服务器操作系统在企业岗位中的具体应用，是一本“项目导向、任务驱动”的工学结合教材，全书包括三个项目，分别为：办公网络的组建、网络服务器的搭建、网络服务器的安全管理和维护，按照“建网”“管网”“护网”所需素养、知识、能力的要求，以“3 个项目、11 个任务”为载体，重构课程内容。

本书可作为计算机网络技术专业、信息安全管理专业、移动应用开发等相关专业的教材，也可供网络安全和网络管理人员自学使用，还可作为网络系统集成、信息安全管理与评估等技能大赛的培训参考用书。

图书在版编目(CIP)数据

Windows Server 操作系统管理 / 孙伟俊，闫梅，王海宾主编. -- 北京：北京理工大学出版社，2023.8

ISBN 978 - 7 - 5763 - 2767 - 0

Ⅰ. ①W… Ⅱ. ①孙… ②闫… ③王… Ⅲ. ①Windows 操作系统 - 网络服务器 Ⅳ. ①TP316.86

中国国家版本馆 CIP 数据核字(2023)第 155707 号

责任编辑：王玲玲　　**文案编辑**：王玲玲
责任校对：刘亚男　　**责任印制**：施胜娟

出版发行 / 北京理工大学出版社有限责任公司
社　　址 / 北京市丰台区四合庄路 6 号
邮　　编 / 100070
电　　话 / (010) 68914026（教材售后服务热线）
(010) 68944437（课件资源服务热线）
网　　址 / http://www.bitpress.com.cn

版 印 次 / 2023 年 8 月第 1 版第 1 次印刷
印　　刷 / 唐山富达印务有限公司
开　　本 / 787 mm × 1092 mm　1/16
印　　张 / 13.25
字　　数 / 293 千字
定　　价 / 66.00 元

前言

本书以国家专业教学标准和专业人才职业资格标准为指导，以山西机电职业技术学院计算机网络技术专业人才培养方案为依据，结合企业对计算机网络技术专业人才的能力要求及学生的知识结构，结合本课程项目化实施过程中总结的教学及实践经验编写而成。同时，本书也是省级精品在线开放课程配套资源教材、项目化课程改革教材。

本书以 Windows Server 为平台，全面介绍了 Windows Server 服务器操作系统在企业岗位中的具体应用，是一本“项目导向、任务驱动”的工学结合教材，参考学时为 56 学时。与普通教材相比，本书具有以下特点：

1. 采用了“项目导向、任务驱动”的编写思路。

全书根据实际工作过程中所需的知识及技能知识，优化重构为 3 个大项目 11 个工作任务，通过完成 3 个项目中的子任务，实现使学生能够掌握 Windows Server 2019 网络操作系统的配置、维护与管理，能够根据客户（中小企业或学校）的实际需求，配置相应的主流网络服务，组建局域网络，并且能够维护和管理网络。同时，养成从事网络工程相关工作的职业素养。

2. 注重基础理论，突出实用操作。

本书中 3 个项目涵盖了在配置、维护与管理 Windows Server 操作系统过程中所需的知识点和技能点，每个项目由多个任务组成，任务之间以工作流程为指导，形成层层递进的关系。通过任务实施前准备、任务总结与测试、任务评价，注重对理论知识的讲解和测评，通过任务实施，突出实践操作过程。

3. 配套丰富的教学资源。

本书配备立体化的教辅资源，为方便学习者自学及教师开展信息化教学，可通过 https://www.xueyinonline.com/detail/232604034 访问山西省精品在线开放课程。

全书由山西机电职业技术学院的孙伟俊、闫梅及企业人员王海宾担任主编，山西机电职业技术学院的张琳、杨毅、张建珍、郭学会、李强及企业人员杨军栋参与了本书的编写。其中，孙伟俊、闫梅及企业人员王海宾编写了任务一至任务七，张琳、郭学会、杨毅、张建珍、李强及企业人员杨军栋编写了任务八至任务十一。

本书可作为高职院校计算机网络技术专业、信息安全管理专业、移动应用开发等相关专业的教材，也可作为 Windows Server 系统管理、网络安全和网络管理人员的自学使用，还可作为网络系统集成、信息安全管理与评估等技能大赛的培训参考用书。

由于时间紧迫和编者水平有限，书中难免有疏漏之处，恳请广大教师和学生给予批评指正。

编　者

目录

项目一

办公网络的组建

【项目背景】

公司的网络管理员在日常的工作中主要负责公司服务器、网络的正常运行和维护，能够对遇到的故障进行及时处理。近期公司计划对办公网络进行重新改造，根据公司的未来发展需求，需要网络管理员采购服务器，安装服务器操作系统、设置服务器的日常操作、添加用户账户等为服务器的日常运行提供保障。

公司下属的财务部门、人事处经常需要公示信息、共享资源，为了实现资源的共享，经常需要通过U盘或网络第三方软件来共享信息，特别在使用U盘时，经常会出现病毒互传的现象，于是网络管理员设置了一台用于用户资源共享的共用机，共享的有些信息只允许部门员工查看，不允许修改，因此，需要规划一个安全的办公室网络环境，针对不同的用户设置合适的访问权限，保证使用网络和计算机资源的合法性，提高数据的安全性、完整性。同时，网络管理员针对部门员工的工作内容来设置用户账户，并给不同用户账户划分不同的访问资源权限，保证数据的安全和完整。在财务部内部，信息的安全极其重要，为了保障数据信息的安全，建立相互信任的办公网络，网络管理员计划该改变常规的工作组网络的组网方式，提供一种更为安全的网络环境。

【项目结构】

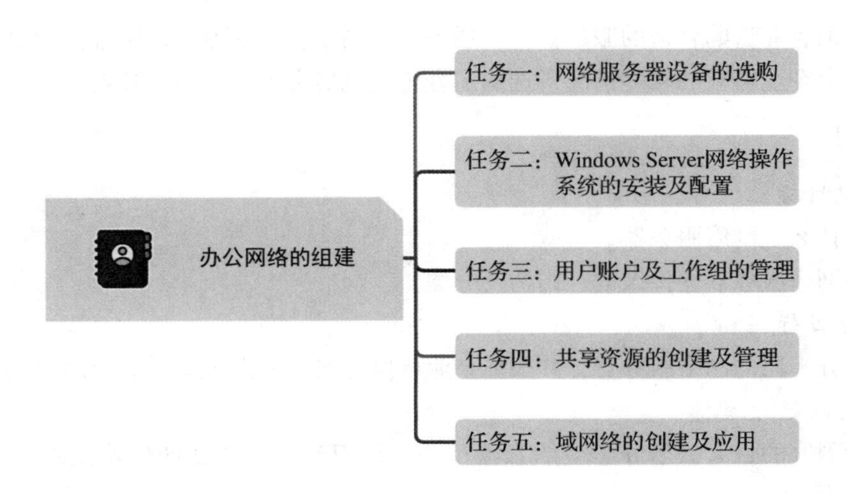

【项目目标】

为了实现企业办公网络的组建，本项目要求大家：

①在学习网络服务器的组成和分类的基础上，结合企业需求的实际情况，选购适合企业机房发展的网络服务器。

②为服务器选择适合的网络操作系统，并完成网络操作系统的安装、启动及基本的配置。

③结合员工的工作内容，合理设置本地用户账户及用户组，为组中的用户分配权限，提供安全的数据访问。

④把公司内部的公共资源设置成可共享访问，同时保证对资源的访问安全。

⑤创建域环境，进行域的配置和管理，实现办公网络的集中管理。

⑥在各任务学习的过程中，课前利用在线课程资源完成自主学习，课中参与到互动、交互式的课堂互动中，课后利用答疑解惑、课后拓展等在线资源巩固学习内容，在学习的过程中培养学生的家国情怀，树立热爱劳动、精益求精的工匠精神等。

任务一 网络服务器设备的选购

网络服务器的认识

【任务背景】

公司内设人事部、财务部、业务部、技术部等，每个部门拥有一定数量的计算机来满足日常的工作需要，其中网络部门会内设服务器，满足企业上传资源、访问等需求，因此，在组建办公网络之前，需对各部门的组网需求进行调研并进行合理规划，可以目前及发展（计算机 200 台）的公司来构建办公网络。作为网络管理员，通过中心机房设立规划，需要在中心机房增设几台网络服务器，现在根据实际的需求为企业选购合适的服务器。

【任务介绍】

为了帮助企业选购合适的服务器，本任务要求同学：在学习网络服务器的组成和分类的基础上，结合企业需求的实际情况，选购适合企业机房发展的网络服务器。

【任务目标】

1. 知识目标

①了解什么是网络服务器。

②掌握网络服务器硬件组成、结构及分类。

2. 技能目标

能够区分不同的网络服务器，并根据企业机房的实际需求选择合适的网络服务器。

3. 素质与思政目标

①感受国家的强大，培养学生的家国情怀，认识到国家科技的快速发展，提升竞争意识、创新意识。

②遵守国家法律法规，树立规矩意识，养成良好的网络运维管理员的职业素养。

③树立热爱劳动、崇尚劳动的态度和精益求精的工匠精神。

【任务实施前准备】

1. 认识服务器

在日常工作和学习中，经常会通过浏览器来访问网络上的资源。那么这些资源来自哪里呢？对，服务器！

服务器是计算机的一种，是网络中为客户端计算机提供各种服务的高性能计算机。其作为网络的结点，存储、处理网络上80%的数据、信息，因此，服务器也被称为网络的灵魂。

服务器在网络操作系统的控制下，将与其相连的硬盘、磁带、打印机及昂贵的专用通信设备提供网络上的客户站点共享，为网络用户提供集中计算、信息发布及数据管理等服务。

2. 服务器的优势

服务器优势的互动练习

服务器在网络中处于核心地位，因此，对服务器的可靠性、可用性、可扩展性、易用性、可管理性要求很高。不同的应用环境对服务器的性能要求也不同，为满足不同的应用需求，各服务器生产厂家开发了各种类型的服务器产品。相比于个人PC，服务器具有以下优势：

（1）处理能力强

服务器是网络中的重要设备，要接受少至几十人、多至成千上万人的访问，对服务器具有大数据量的快速吞吐、超强的稳定性、长时间运行等严格要求，因此，服务器CPU性能会远高于个人PC。

（2）I/O性能强

I/O（Input/Output）即为输入/输出，一般翻译为读写。I/O速度快，能够让多处理器的性能发挥出来。在当前的技术条件下，I/O是系统性能提高的“瓶颈”，如果I/O问题没有解决好，处理器数量的增加不一定会带来性能的提升，极端情况下，新增的资源有可能被I/O全部消耗掉。

（3）管理能力强

微软提供了一些本土工具来实现服务器监控，通过监控管理系统可以实时掌握服务器工作状态，并在需要时可以随时调用监控记录进行查看。但是通常情况下，管理员想要或者需要更深入地了解环境，以留意性能、内存消耗、容量和整体系统健康状态。常用的监控工具有服务器监控 Nagios、服务器监控 Windows Health Monitor、服务器监控智能平台管理接口等。

（4）可靠性强

因为服务器在网络中是连续不断地工作的，因此，服务器的可靠性要求是非常高的，目前，提高可靠性的普遍做法是部件的冗余配置。服务器可采用ECC内存、RAID技术、热插拔技术、冗余电源、冗余风扇等做法使服务器具备（支持热插拔功能）容错能力和安全保护能力，从而提高可靠性。硬件的冗余设备支持热插拔功能，如冗余电源风扇等，可以在单个部件失效的情况下自动切换到备用的设备上，保证系统运行的连续性。RAID 技术可保证硬盘在出现问题时在线切换，从而保证了数据的完整性。

（5）扩展性强

可扩展性是指服务器的配置（内存、硬盘、处理器等）可以在原有基础上很方便地根据需要增加。为了实现扩展性，服务器的机箱一般都比普通的机箱大一倍以上。设计大机箱的原因有两个：一是机箱内部通风良好；二是机箱设有七八个硬盘托架，可以放置更多硬盘。服务器的电源输出功率比普通 PC 大得多，甚至有冗余电源（即两个电源）。机箱电源的 D 型电源接口有十几个，而普通 PC 的机箱只有五六个。

3. 服务器、计算机、工作站三者区别

服务器与计算机区别的互动练习

（1）服务器和计算机

服务器是就是计算机，只不过是一种配置更高的计算机，其管理资源并为用户提供服务。互联网时代，当很多人同时访问某一个网站时，获取的数据其实是存放在该公司的服务器上的。所以，就要求这个服务器是24 小时不能关机的，同时，也就要求服务器比一般的计算机具有更好的性能、更好的配置、更强的稳定性。

所以，从硬件层次上来说，服务器和一般电脑一样，均是由 CPU、内存、主板、显卡、硬盘等组成的，不过由于服务器和普通电脑相比，需要具备更强的处理器数据能力，因此，在主板上通常会安装多个处理器、内存、硬盘。这也是为什么有些公司的服务器规模看起来相当庞杂。

从操作系统层次上来说，服务器和一般电脑一样，也是需要安装系统的。只不过一般计算机使用的是 Windows XP、Windows 7、Windows 10 等系统，而服务器一般使用 Windows 2008、Windows 2019 及 Linux 等服务器系统，内部界面与 Windows 桌面系统类似，只是里面多了一些服务器应用软件。

（2）服务器和工作站

工作站，顾名思义，用于工作的计算机，其在图形处理能力、任务并行方面的能力上具有出色表现。虽然工作站和服务器一样，都是一台高性能的计算机，但二者侧重点不同，与服务器强调稳定性不同，而工作站侧重于工作时的高效性。

计算机、工作站、服务器分别代表的是个人需求（基础）、专业需求（图像）、大众需求（后台），三者互相联系，互相区别。

4. 服务器的分类

网络服务器的选购

服务器类型，按应用层次，划分为入门级服务器、工作组级服务器、部门级服务器和企业级服务器四类；按用途，划分为通用型服务器和专用型服务器两类。还可以按机箱结构、处理器架构等来划分。

（1）按照应用层次划分

1）入门级服务器

入门级服务器通常只使用一块 CPU，并根据需要配置相应的内存（如 256 MB）和大容量 IDE 硬盘，必要时也会采用 IDE RAID（一种磁盘阵列技术，主要目的是保证数据的可靠

性和可恢复性）进行数据保护。入门级服务器主要是针对基于 Windows NT、NetWare 等网络操作系统的用户，可以满足办公室型的中小型网络用户的文件共享、打印服务、数据处理、Internet 接入及简单数据库应用的需求，也可以在小范围内完成诸如 E－mail、Proxy、DNS 等服务。对于一个小部门的办公需要而言，服务器的主要作用是完成文件和打印服务。文件和打印服务是服务器的最基本应用之一，对硬件的要求较低，一般采用单颗或双颗 CPU 的入门级服务器即可。为了给打印机提供足够的打印缓冲区，需要较大的内存，为了应付频繁和大量的文件存取，要求有快速的硬盘子系统，而好的管理性能则可以提高服务器的使用效率。

2）工作组级服务器

工作组级服务器一般支持 1～2 个 PⅢ处理器或单颗 P4（奔腾 4）处理器，如图 1－1 所示，可支持大容量的 ECC（一种内存技术，多用于服务器上）内存，功能全面，可管理性强，并且易于维护，具备了小型服务器所必备的各种特性，如采用 SCSI（一种总线接口技术）总线的 I/O（输入/输出）系统、SMP 对称多处理器结构、可选装 RAID、热插拔硬盘、热插拔电源等，具有高可用性特性。适用于为中小企业提供 Web、Mail 等服务，也能够用于学校等教育部门的数字校园网、多媒体教室的建设等。

图 1－1　工作组级服务器

3）部门级服务器

部门级服务器是企业网络中分散的各基层数据采集单位与最高层数据中心保持顺利连通的必要环节。适合中型企业（如金融、邮电等行业）作为数据中心、Web 站点等使用。企业级服务器属于高档服务器，普遍可支持 4～8 个 PⅢ Xeon（至强）或 P4 Xeon（至强）处理器，拥有独立的双 PCI 通道和内存扩展板设计，具有高内存带宽、大容量热插拔硬盘和热插拔电源，具有超强的数据处理能力。这类产品具有高度的容错能力、优异的扩展性能和系统性能、极长的系统连续运行时间，能在很大程度上保护用户的投资，可作为大型企业级网络的数据库服务器。

4）企业级服务器

企业级服务器主要适用于需要处理大量数据、高处理速度和对可靠性要求极高的大型企业和重要行业（如金融、证券、交通、邮电、通信等行业），可用于提供 ERP（企业资源配置）、电子商务、OA（办公自动化）等服务。

（2）按服务器的处理器架构（也就是服务器 CPU 所采用的指令系统）划分

1）CISC 架构服务器

CISC 的英文全称为“Complex Instruction Set Computer”，即“复杂指令系统计算机”。从计算机诞生以来，人们一直沿用 CISC 指令集方式。早期的桌面软件是按 CISC 设计的，所以，微处理器（CPU）厂商一直在走 CISC 的发展道路，包括 Intel、AMD，还有其他一些已经更名的厂商，如 TI（德州仪器）、Cyrix 以及 VIA（威盛）等。在 CISC 微处理器中，程序的各条指令是按顺序串行执行的，每条指令中的各个操作也是按顺序串行执行的。顺序执行的优点是控制简单，但计算机各部分的利用率不高，执行速度慢。CISC 架构的服务器主要以 IA－32 架构（Intel Architecture，英特尔架构）为主，而且多数为中低档服务器所采用。

2）RISC 架构服务器

RISC 的英文全称为"Reduced Instruction Set Computing"，中文即"精简指令集"。它的指令系统相对简单，只要求硬件执行很有限且最常用的那部分指令，大部分复杂的操作则使用成熟的编译技术，由简单指令合成。在中高档服务器中普遍采用这一指令系统的 CPU，特别是高档服务器，全都采用 RISC 指令系统的 CPU。

3）VLIW 架构服务器

VLIW 是英文"Very Long Instruction Word"的缩写，中文意思是"超长指令集架构"。VLIW 架构采用了先进的 EPIC（清晰并行指令）设计，这种构架也叫作"IA－64 架构"。每时钟周期例如 IA－64 可运行 20 条指令，而 CISC 通常只能运行 1～3 条指令，RISC 能运行 4 条指令，可见 VLIW 要比 CISC 和 RISC 强大得多。VLIW 的最大优点是简化了处理器的结构，删除了处理器内部许多复杂的控制电路，这些电路通常是超标量芯片（CISC 和 RISC）协调并行工作时必须使用的。VLIW 的结构简单，能够使其芯片制造成本降低，价格低廉，能耗少，而且性能也要比超标量芯片高得多。

（3）按服务器的用途划分

1）通用型服务器

通用型服务器是指不是为某种特殊服务专门设计的，可以提供各种服务功能的服务器。当前大多数服务器是通用型服务器。这类服务器因为不是专为某一功能而设计的，所以，在设计时就要兼顾多方面的应用需要，服务器的结构就相对较为复杂，而且要求性能较高，当然，在价格上也就更高些。

2）专用型服务器

专用型（或称"功能型"）服务器是专门为某一种或某几种功能而专门设计的服务器。其在某些方面与通用型服务器不同。如光盘镜像服务器主要是用来存放光盘镜像文件的，在服务器性能上也就需要具有相应的功能与之相适应。

（4）按服务器的机箱结构划分

1）台式服务器

台式服务器也称为"塔式服务器"，如图 1－2 所示，有的台式服务器采用大小与普通立式计算机大致相当的机箱，有的采用大容量的机箱，像个硕大的柜子。低档服务器由于功能较弱，整个服务器的内部结构比较简单，所以机箱不大，都采用台式机箱结构。

图 1－2　台式服务器

2）机架式服务器

机架式服务器的外形看来不像计算机，而像交换机，如图1－3 所示，有 1 U（1 U＝1.75 in[①]）、2 U、4 U 等规格。机架式服务器安装在标准的 19 in 机柜里面，这种结构的多为功能型服务器。

① 1 in＝2.54 cm。

图1－3 机架式服务器

3）机柜式服务器

在一些高档企业服务器中，由于其内部设备较多，结构复杂，有的还具有许多不同的设备单元或几个服务器都放在一个机柜中，如图1－4所示，这种服务器就是机柜式服务器。对于证券、银行、邮电等重要企业，则应采用具有完备的故障自修复能力的系统，关键部件应采用冗余措施。对于关键业务，使用的服务器也可以采用双机热备份高可用系统或者是高性能计算机，这样的系统，其可用性就可以得到很好的保证。

图1－4 机柜式服务器

4）刀片式服务器

刀片式服务器是一种HAHD（High Availability High Density，高可用高密度）的低成本服务器平台，是专门为特殊应用行业和高密度计算机环境设计的，如图1－5所示。其中每一块"刀片"实际上就是一块系统母板，类似于一个个独立的服务器。

图1－5 刀片式服务器

服务器硬件组成
互动练习

5. 服务器的硬件组成

服务器的硬件构成非常重要，因为它直接影响到服务器的性能和服务质量。服务器必须具备高性能、高可靠性和可扩展性强的特点，才能满足网络环境中不断增长的需求。服务器的硬件组成如图1－6所示。

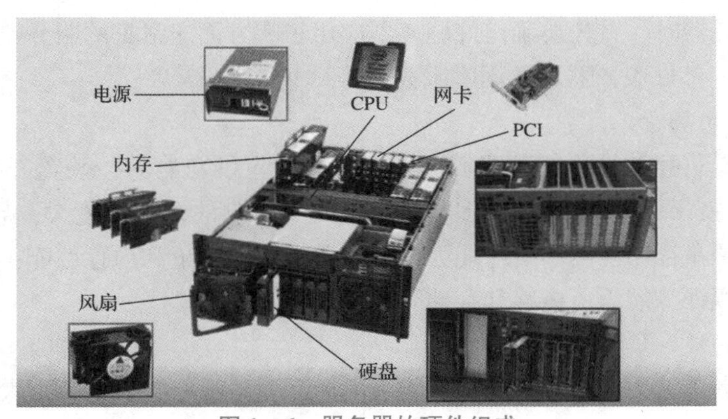

图1－6 服务器的硬件组成

（1）内存

内存主要是沟通 CPU 和硬盘直接数据传导的，就像是 CPU 的助手一样。优质的内存能帮助服务器很好地传输处理数据。

（2）CPU

CPU 对于服务器来说，就像是人体的大脑一样，主要控制着服务器的数据处理，包括外部传到服务器的数据以及服务器传到外部的数据。一般来说，如果处理的数据不多，使用 CPU 是没有太大感觉的，但是一旦处理数据过大，那么差别就会体现出来。

（3）硬盘

硬盘主要分为机械硬盘和固态硬盘。固态硬盘比机械硬盘速度更快，但是价格更高。

（4）电源

使用在服务器上的电源，它和 PC（个人电脑）电源一样，都是一种开关电源。服务器电源按照标准可以分为 ATX 电源和 SSI 电源两种。

（5）主板

与普通计算机相似，但是服务器更复杂一些，是由多路 CPU 构成的，体积也大很多，CPU、内存、硬盘等所有硬件都需要安装连接到主板上，才能正常工作。

【任务实施】

任务 1－1　网络服务器的认识

认识服务器：

①了解服务器的主要用途及应用场景。

②描述服务器的优势。

③识别服务器、计算机、工作站，描述三者之间的联系及区别。

④理解服务器在不同应用场景下的分类。

⑤识别服务器的硬件组成部件，描述硬件组成部分的主要功能。

任务 1－2　网络服务器的选型

服务器作为网络服务的核心，如何进行选购呢？

企业选购服务器时，首先要确定好服务器应用于哪方面。常见的服务器可分为文件服务器、Web 服务器、邮件服务器和数据库服务器等。

1. 先确定应用场景

文件服务器看重存储性能，购买服务器时，要看重硬盘容量、硬盘托架；Web 服务器看重对响应的支持，一些网站瘫痪，多数是由于同一时刻的访问量过大，导致网页打不开；邮件服务器看重硬盘存储能力和响应能力，需要重视硬盘容量和内存性能；数据库服务器比较均衡，需要兼顾计算能力、内存和存储等综合性能。

2. 价格问题

价格是购买者最关注的。能买到价廉物美的产品当然最好，但也不可太执着于价格，否则易进入一些商家的圈套。毕竟产品价值与价格绝大多数是成正比的，要选择过硬的质量，

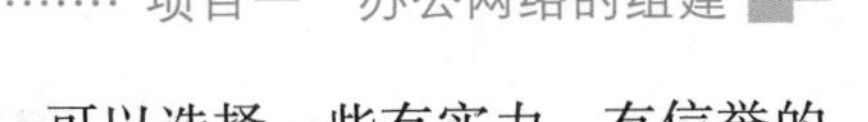

才能保证网站的稳定。建站初期，还没有什么人气的时候，可以选择一些有实力、有信誉的服务商的低端产品，大公司的产品相对小公司来说有着不可比拟的优势。

3. 可否正常访问的问题

如果企业网站面向的是国内用户的话，要考虑的问题是这家企业的虚拟主机上的 IP 地址在国内是否可以顺利访问到。

4. 虚拟服务器稳定性问题

包括服务器与企业两方面的稳定。要多留意看网站的许可证号，ISP 或 IDC 的许可证号：ISP 与 IDC 牌照不是一般企业能申请到的，只有那些很有实力与信誉的服务商经过严格审核才能获得。另外，带宽资源、电力系统、空调系统、安全系统、是否是自建机房等因素，都必须认真考虑。服务器的作用就是保证企业稳定运作，进而推动业务发展，其应该是企业发展的推动力，千万不能因为选购的服务器系统不够稳定，而成为企业发展的绊脚石。服务器的稳定性，往往与其品牌、硬件配置及软件系统有着直接关系。

5. 主机流量参数和售后服务器问题

一般来说，商家提供的流量比较充足。很多商家打着不限流量、不限 CPU、不限 IIS 的旗号进行促销。但是，电信、网通等基础运营商尚且对流量进行限制，服务商如何能保证实现这一承诺呢？由于建站时大都缺少专业的技术人员，因此，在出现故障后，用户都希望问题能够及时得到解决，7 ×24 小时技术支持服务也就变得非常重要，没有提供这样的服务的虚拟服务器可以不用考虑。

6. 考虑扩展

企业是在不断发展的，数据也在急速增加，如果企业在选购时，为了节约成本而挑选了一款配置刚刚满足当前需要的服务器，造成的结果就是一两年后，由于性能、内存不够用，还得再换一款，殊不知，这样频繁更换服务器，往往加大了企业运营成本。

综合以上考虑，在选购服务器时，可参考表 1 –1 中的信息。

表 1 –1　选购服务器参考信息表

参考因素	待选服务器 1	待选服务器 2	待选服务器 3
应用场景			
价格			
产品参数			
性能			
管理能力			
拓展能力			
品牌稳定			
产品稳定			
安全能力			
访问能力			
售后能力			

【任务小结与测试】

思维导图小结

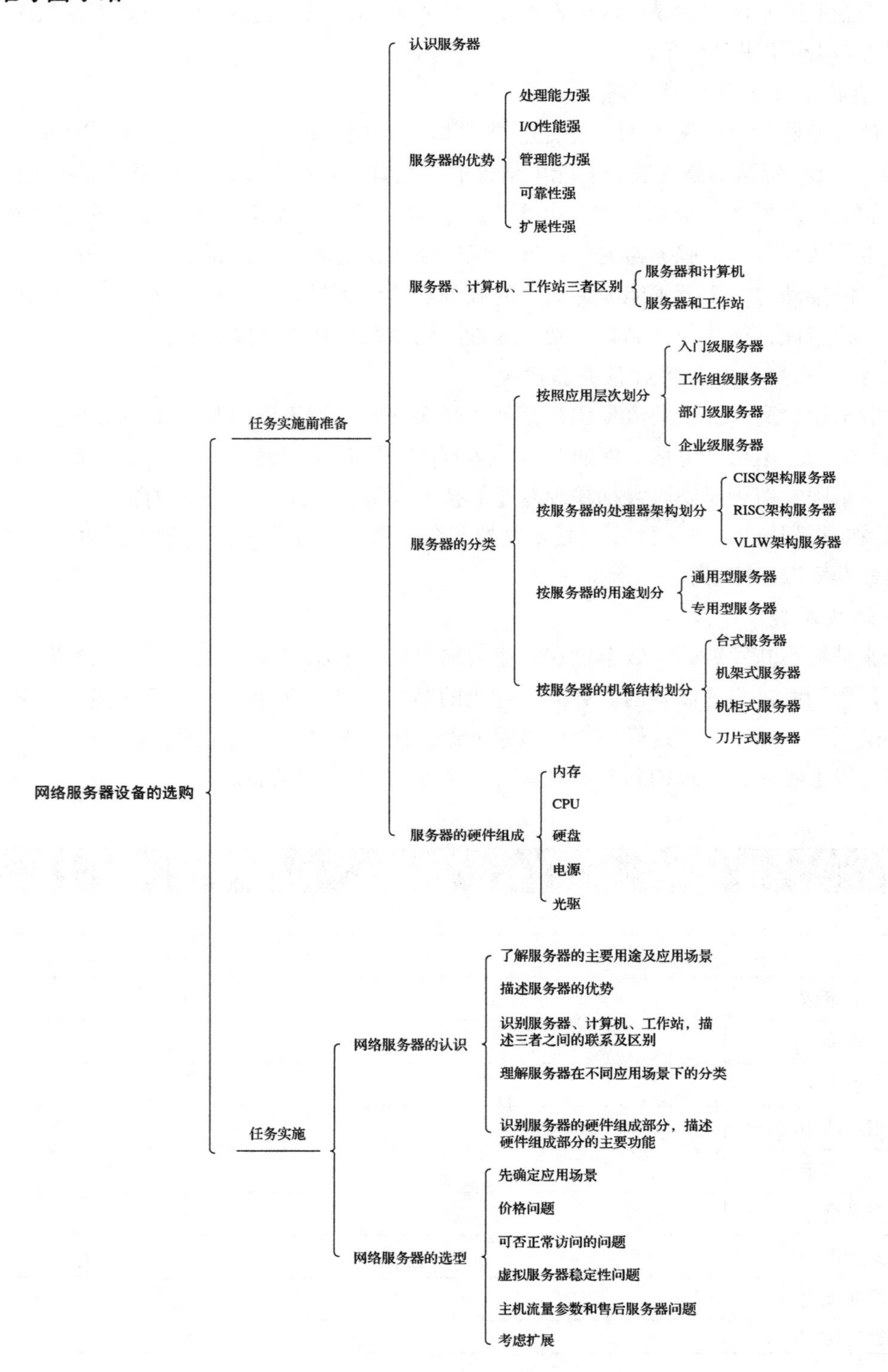

测试

1. 下列不是按照服务器结构划分的是（　　）。

A. 机架式服务器　　B. 刀片式服务器

C. 台式服务器　　D. 专用型服务器

2. 服务器就是计算机，它们之间没有区别。(　　)

3. CPU 在服务器中发挥着重要作用，主要控制着服务器的数据处理。(　　)

4. 服务器的硬件组成部分有哪些？

5. 在选购服务器时，需要考虑哪几方面的因素？

【任务工单与评价】

任务工单与评价

考核任务名称：网络服务器设备的选购							
班级		姓名			学号		
组间评价		组内互评		教师评价		成绩	
任务要求	网络服务器设备的选购，具体要求如下： 根据公司的网络规划，未来需要搭建 Web 服务器、DHCP 服务、FTP 服务、DNS 服务器，考虑公司规模的发展，要求大家多方市场调研，提供性价比高、功能全面的服务器选购单，进而进行采购。						
任务完成过程记录	操作过程：						
	操作过程中遇到的问题：						
小结	（将自己学习本任务的心得简要叙述一下，表述清楚即可）						

任务评价分值

评价类型	占比/%	评价内容	分值
知识与技能	60	服务器的识别及组成	10
		服务器和个人电脑的区别与联系	10
		服务器的分类	10
		能够根据工作的需求，综合考量选购合适的服务器	30
素质与思政	40	按时完成，认真填写任务工单	5
		任务工单内容操作标准、规范	5
		保持机位的卫生	5
		小组分工合理，成员之间相互帮助，提出创新性的问题	5
		按时出勤，不迟到早退	5
		参与课堂活动	5
		完成课后任务拓展	10

【拓展训练】

扫码了解常见的国产服务器品牌。

任务二 Windows Server 网络操作系统的安装及配置

【任务背景】

作为网络管理员，负责企业网络的日常管理和正常运行，企业设立有财务部、销售部、技术支持部等部门，目前公司拥有50台以上的计算机，并设立有中心机房。为了满足业务的发展需求，公司决定重新部署企业的网络。通过中心机房设立的任务需求分析，需要在中心机房增设几台服务器。根据公司的要求，已经采购了服务器，现需要在服务器上安装网络操作系统，并进行合理的磁盘分区，对操作系统完成基本配置，方便操作。

【任务介绍】

网络操作系统版本的选择

为了帮助企业尽快完成网络的部署，本任务要求学生：

①为服务器选择合适的网络操作系统。

②在服务器上完成网络操作系统的安装、启动。

③对网络操作系统能够进行合理的磁盘分区并进行基本配置，方便网络管理员操作。

【任务目标】

1. 知识目标

①选择合适的网络操作版本并做好 Windows Server 安装准备工作。

②掌握 Windows Server 2019 的安装过程和基本配置方法与步骤。

③了解网络操作系统的概念、结构及常用网络操作系统类型。

④熟悉 Windows Server 2019 的版本和安装准备工作。

⑤掌握 Windows Server 2019 的安装过程和基本配置方法与步骤。

⑥了解常用的网络操作系统版本。

2. 技能目标

①会通过虚拟机安装 Windows Server 网络操作系统。

②会根据实际需求对 Windows Server 网络操作系统进行配置。

3. 素质与思政目标

①积极动手实践，培养学生积极劳动的意识。

②遵守国家法律法规，树立规矩意识，养成良好的网络运维管理员的职业素养。

③在国产操作系统安装的过程中，培养学生的家国情怀。

【任务实施前准备】

1. 认识网络操作系统

操作系统是直接运行在“裸机”上的最基本的系统软件，任何其他软件都必须在操作系统的支持下才能运行，目的是让用户与系统及在此操作系统上运行的各种应用之间的交互作用最佳。如图 2－1 所示，常用的操作系统有 Windows 7、Linux、Windows 10 等。

（a）

（b）

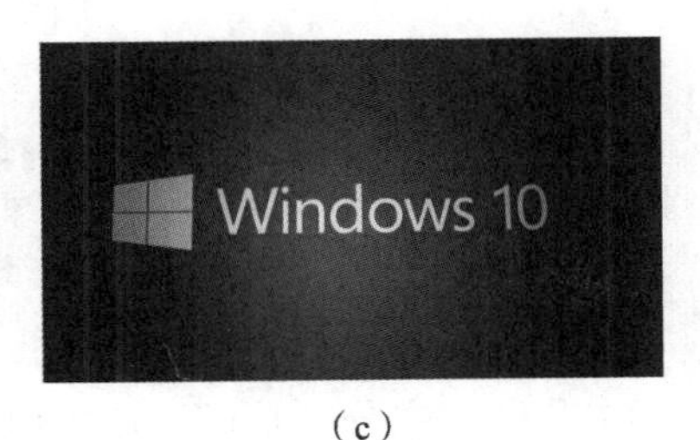

（c）

图 2－1　常用的操作系统

（a）Windows 7 系统；（b）Linux 系统；（c）Windows 10 系统

网络操作系统是在网络环境下实现对网络资源的管理和控制的操作系统，是用户与网络资源之间的接口。除了实现单机操作系统的全部功能以外（是一种能代替操作系统的软件程序），还具备管理网络中的共享资源、实现用户通信等功能。其是以使网络相关特性达到最佳为目的，如共享数据文件、软件应用以及共享硬盘、打印机、调制解调器、扫描仪和传真机等。

具有代表性的网络操作系统有：

①UNIX：一些特殊行业，拥有大型机、中型机和小型机的企业使用。

②Linux（UNIX 派生的自由软件）：稳定性高，中高档服务器。

③Windows（Microsoft 公司）：在中小型局域网配置中最常见，本书选择的是 Windows Server 2019 版。

2. 认识磁盘

（1）计算机存储器的分类

①内部存储器，一断电就会把记住的东西丢失。内存：存储信息速度快，断电后存储内容全部丢失。

②外部存储器，主要是磁盘，它所存储的信息不受断电的影响，但是它的速度相对于内存就慢得多。磁盘存储信息不受断电的影响，存取速度相对于内存慢得多了，将圆形的磁性盘片装在一个方的密封盒子里，这样做的目的是防止磁盘表面划伤，避免数据丢失。

（2）磁盘的使用方式

Windows 系统将磁盘的使用方式分为两种：基本磁盘和动态磁盘。

1）基本磁盘

基本磁盘是平常使用的默认磁盘类型，通过分区来管理和应用磁盘空间。基本磁盘可分割为主分区、扩展分区和逻辑驱动器，如图 2－2 所示。基本磁盘内的每一个主分区或逻辑驱动器又被称为基本卷。

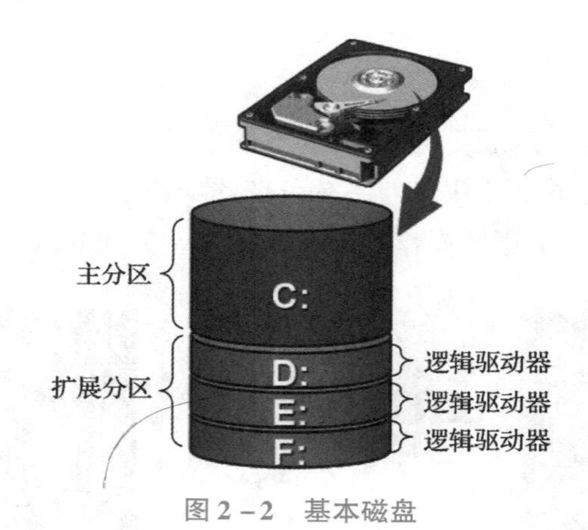

图 2－2　基本磁盘

①主分区：主分区是可以用来启动操作系统的分区。操作系统的引导文件一般存放在主分区。每个主分区可以被赋予一个驱动器号。每块基本磁盘可以建立 1～4 个主分区。

②扩展分区：为了突破基本磁盘最多只能建立 4 个分区的数量界限，引入了扩展分区。

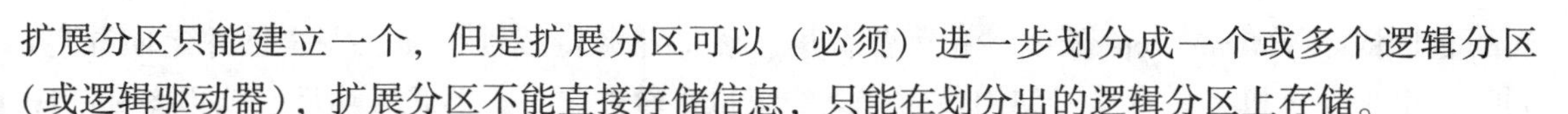

扩展分区只能建立一个，但是扩展分区可以（必须）进一步划分成一个或多个逻辑分区（或逻辑驱动器），扩展分区不能直接存储信息，只能在划分出的逻辑分区上存储。

一个基本磁盘最多可以分为4个主分区或3个主分区+1个扩展磁盘分区，扩展磁盘分区再分成若干个逻辑分区，如图2-3所示。

图2-3　基本磁盘分区

2）动态磁盘

动态磁盘是从Windows 2000开始的新的磁盘使用方式，并由基本磁盘升级而成。动态磁盘中通常将磁盘分区称为卷。根据实现功能的不同，在动态磁盘上能划分的卷类型有简单卷、跨区卷、带区卷镜像卷和RAID-5卷。与基本磁盘相比，见表2-1，用户可以在动态磁盘上实现数据容错、高速读写和相对随意地修改卷大小等操作。

表2-1　基本磁盘与动态磁盘的比较

项目	基本磁盘	动态磁盘
分割单位	磁盘分区/分区	动态卷/卷
分割数量	最多4个分区	可以创建最多2 000个卷
容量更改	除非使用第三方工具改变分区，否则会导致数据全部丢失	在不重新启动计算机的情况下，可更改卷容量大小，并且数据不会丢失
磁盘空间	分区必须是同一磁盘上的连续空间，不可跨越磁盘	可将卷容量扩展到同一磁盘中不连续的空间内或不同磁盘中的卷
读写速度	由硬件决定	通过创建带区卷，可对多块磁盘同时进行读写，提高磁盘读写速度
容错能力	不可容错	添加容错性

【任务实施】

操作系统的安装

任务2-1　Windows Server网络操作系统的安装及启动

1. Windows Server 2019操作系统的安装

(1) 虚拟机的安装

VMware虚拟机软件，是全球桌面到数据中心虚拟化解决方案的领导厂商。全球不同规模的客户依靠 VMware 来降低成本和运营费用、确保业务持续性、加强安全性并走向绿色。同时，也是计算机爱好者学习使用最为广泛的虚拟机软件之一。下载成功后，软件图标如图 2－4 所示。

图 2－4　虚拟机安装软件图标

双击打开下载好的 VMWare 15 版本的软件，出现安装向导，在系统准备安装的过程中，自动提示重启电脑，单击“是”按钮，系统重新启动计算机。计算机重新启动后，重新双击打开下载好的安装软件，进入安装向导界面，根据提示安装好虚拟机软件，安装好软件后，桌面上会出现该软件的快捷图标。双击快捷图标或从“开始”菜单启动软件。为了更好地使用虚拟机软件，如图 2－5 所示，在打开的界面上方可看到提示“您的评估期将在 30 天后结束”，为了能够长期使用虚拟机，单击“输入许可证密钥”，将许可证密钥输入提示框，单击“确定”按钮，此时试用的提示消失，可以长期使用此虚拟机。

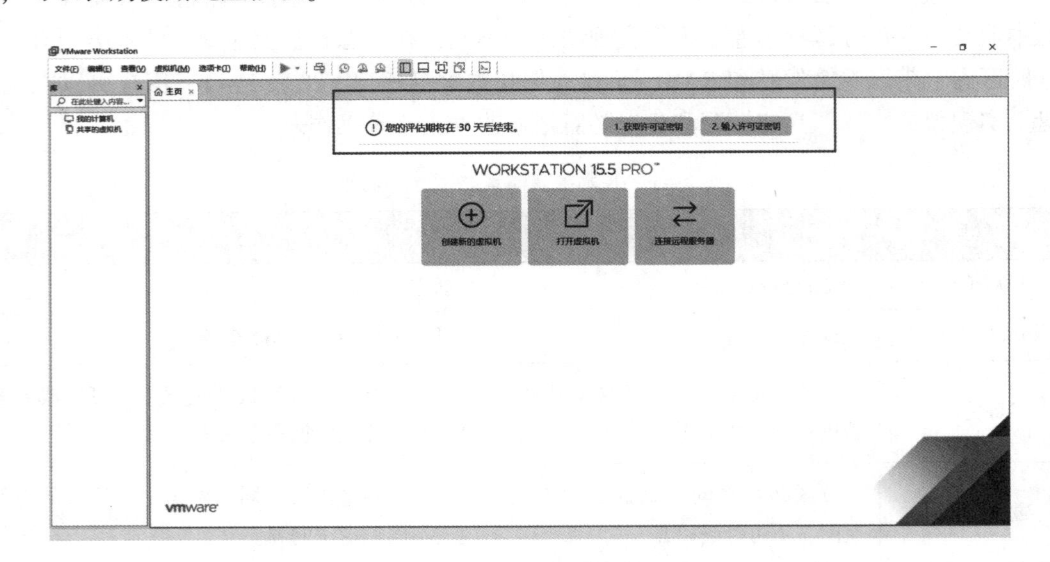

图 2－5　虚拟机操作界面

（2）Windows Server 2019 的安装

为了安装 Windows Server 2019，需要提前新建虚拟机。打开虚拟机，如图 2－6 所示，在菜单栏中单击“文件”下的“新建虚拟机”，进入“新建虚拟机向导”，选择“典型”，在“新建虚拟机向导”界面选择“稍后安装操作系统”，继续操作，选择操作系统及下载好的 Windows Server 版本，由于 VMWare 15 虚拟机版本中提供的 Windows Server 版本最高为 2019，所以这里选择 Windows Server 2019 即可，继续下一步操作。

根据使用的习惯，如图 2－7 所示，可以为虚拟机命名，并确定虚拟机的安装位置，选择为系统划分的磁盘容量，这里分配 20 GB 的空间给 Windows Server 2019 运行使用，继续操作，系统提示新建虚拟机的配置信息，单击“完成”按钮，系统返回虚拟机首页。

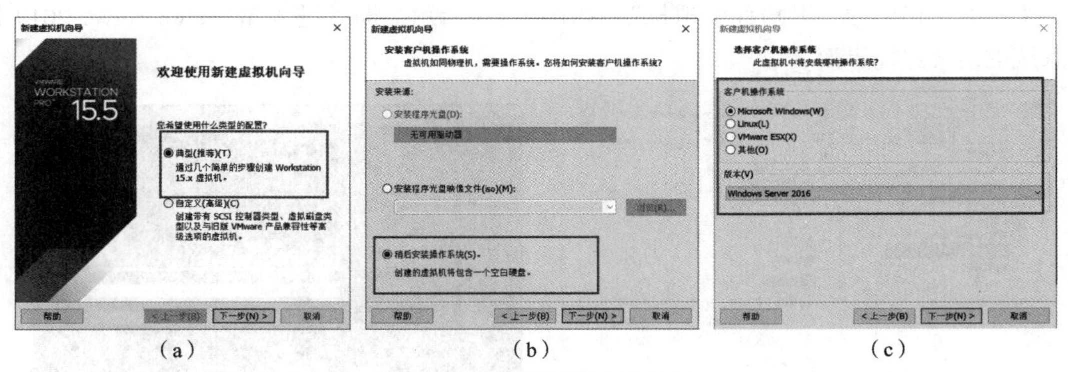

（a）　（b）　（c）

图 2-6　操作系统版本的选择

（a）选择“典型”；（b）选择“稍后安装操作系统”；（c）选择操作系统版本

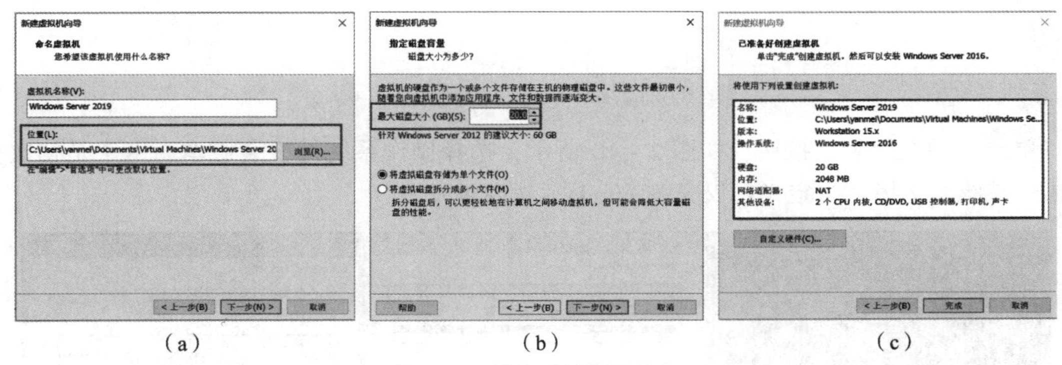

（a）　（b）　（c）

图 2-7　操作系统配置信息

（a）选择安装位置；（b）分配磁盘容量；（c）显示配置信息

在返回的虚拟机页面左窗格中，如图 2-8 所示，选中“Windows Server 2019”，在对应的右窗格中，双击“CD/DVD（SATA）”。在虚拟机设置页面，勾选“使用 ISO 映像文件”，通过单击“浏览”按钮，选择下载好的 Windows Server 2019 的映像文件，单击“确定”按钮，即可选中操作系统的映像文件。

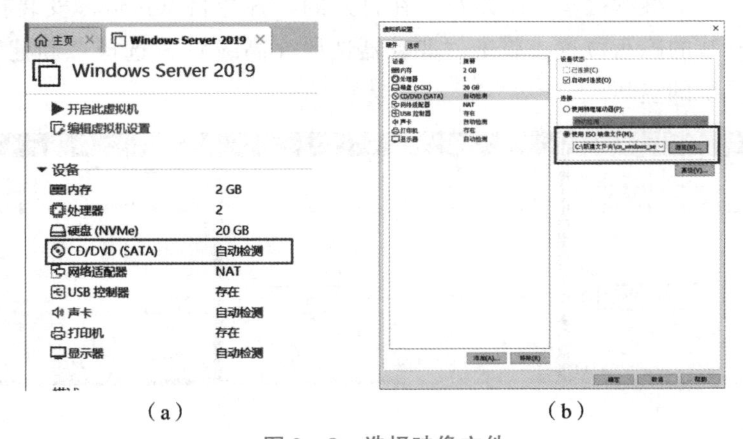

（a）　（b）

图 2-8　选择映像文件

（a）选择“CD/DVD（SATA）”；（b）选择下载的映像文件

单击右窗格中的“开启此虚拟机”，如图 2－9 所示，即可进入 Windows Server 2019 操作系统的语言选择界面。

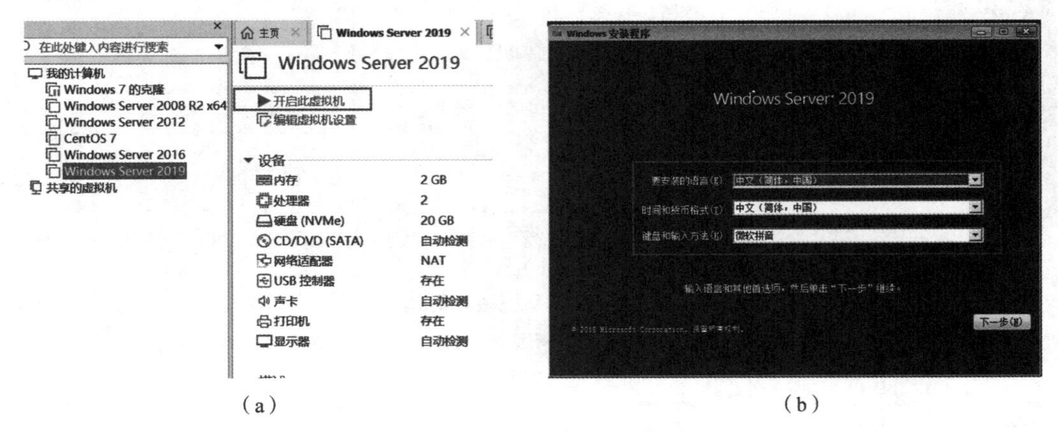

（a） （b）

图 2－9 进入操作系统安装界面

（a）选择“开启此虚拟机”；（b）选择操作系统的语言

单击“现在安装”按钮，如图 2－10 所示，选择操作系统的安装版本，由于是初次安装操作系统，选择“自定义：仅安装 Windows（高级）”。

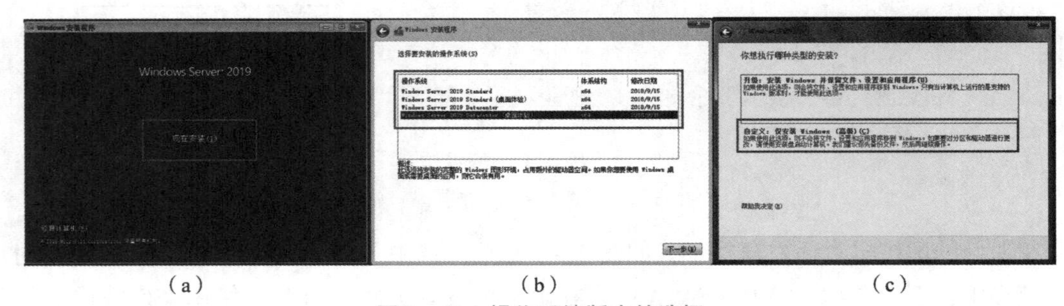

（a） （b） （c）

图 2－10 操作系统版本的选择

（a）单击“现在安装”按钮；（b）选择安装的操作系统；（c）选择“自定义：仅安装 Windows（高级）”

如图 2－11 所示，继续操作系统磁盘，在打开的“你想将 Windows 安装在哪里？”对话框中，选择系统安装的磁盘位置，单击“驱动器选项（高级）”，选择“新建”，在“大小”输入框输入分配系统的空间。

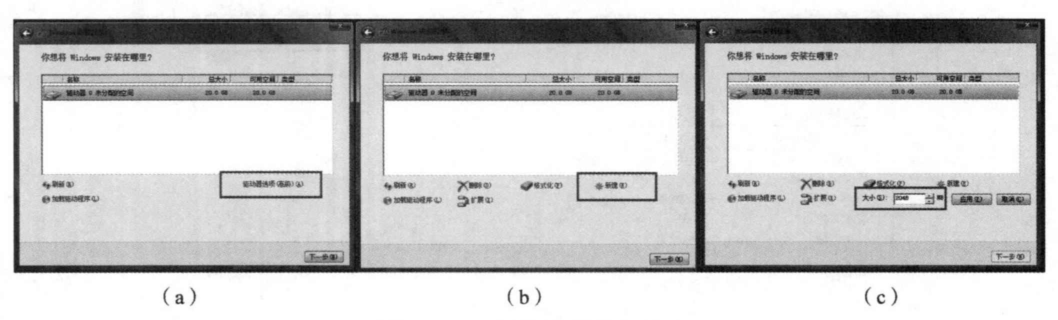

（a） （b） （c）

图 2－11 操作系统磁盘操作

（a）单击“驱动器选项（高级）”；（b）选择“新建”；（c）输入分配的空间

继续操作，如图 2－12 所示，系统进入安装阶段，安装过程中系统会重新启动。首次登录时，进入设置管理员的密码界面，操作完成后，Windows Server 2019 操作系统安装完成。

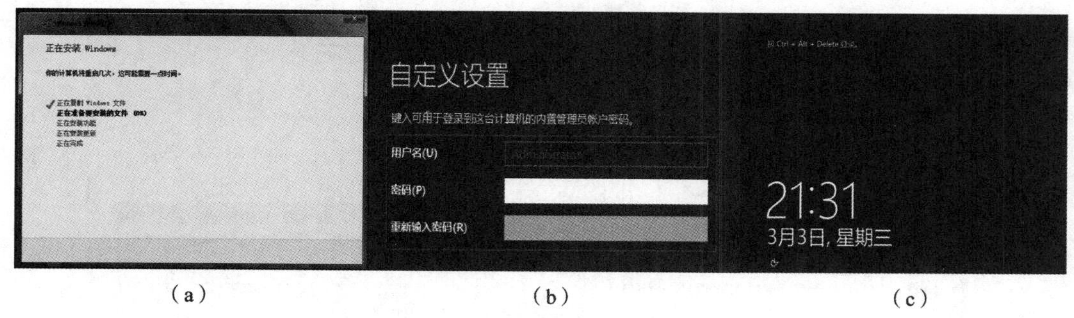

（a）　　（b）　　（c）

图 2－12　操作系统安装及密码设置

（a）进入安装阶段；（b）管理员密码设置；（c）系统界面

2. 操作系统的启动

系统安装完成后，按下 Ctrl + Alt + Delete 组合键，输入管理员的密码，进入 Windows Server 2019 操作系统，如图 2－13 所示。

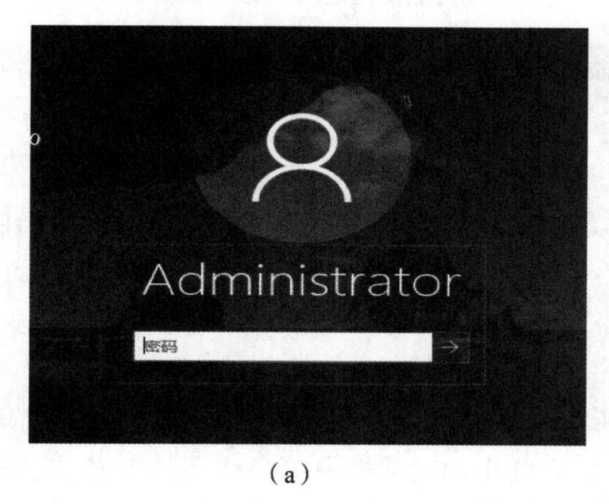

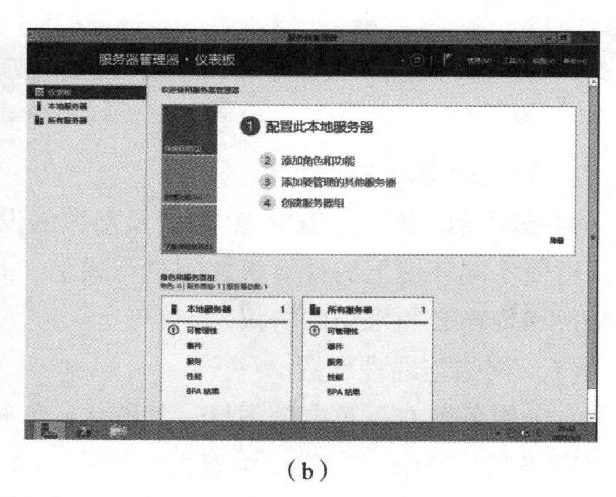

（a）　　（b）

图 2－13　登录操作系统

（a）输入管理员密码；（b）系统显示服务器操作界面

任务 2－2　Windows Server 网络操作系统的基本配置

Windows Server 操作系统的基本配置

1. 更改计算机名

在安装 Windows Server 2019 时，系统会随机生成一个冗长且不方便记忆的计算机名，为了便于标识，需要用户对计算机名进行更改。打开服务器管理器，在左窗格中单击“本地服务器”，在右窗格中可看到系统生成的计算机名，如图 2－14 所示。

如图 2－15 所示，单击计算机名，在打开的“系统属性”对话框中选择“计算机名”选项卡，单击“更改”按钮，在打开的“计算机名/域更改”对话框中，输入新的便于识别的计算机名称，然后单击“确定”按钮，系统重新启动后，即可更改计算机名。

图 2－14　系统生成的计算机名

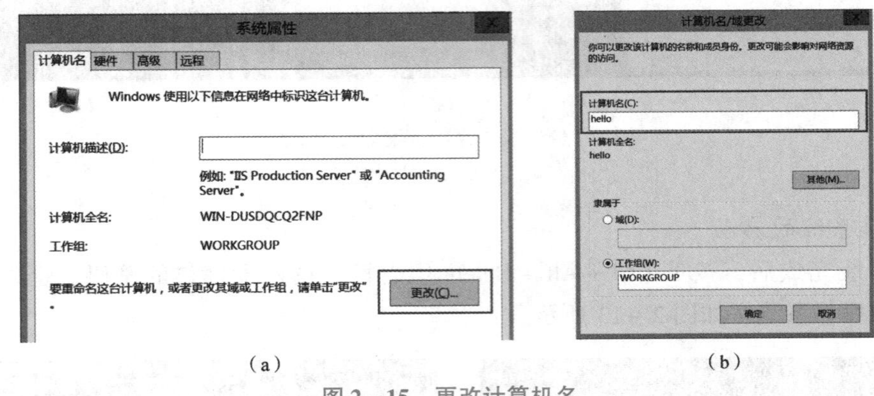

（a）　　　　（b）

图 2－15　更改计算机名

（a）单击“更改”按钮；（b）输入计算机名

2. 网络配置与测试

网络连接设置就是 TCP/IP 协议及参数的设置。TCP/IP 协议是网络中使用的标准通信协议，可使不同环境下的计算机之间进行通信，是接入 Internet 的所有计算机在网络上进行信息交换和传输必须采用的协议。

（1）网络连通性配置

右击服务器右下角电脑图标，如图 2－16 所示，单击“打开网络和共享中心”，在打开的“网络和共享中心”窗口中双击“Ethernet0”，在弹出的对话框中单击“属性”按钮，双击“Internet 协议版本 4（TCP/IPv4）”选项。

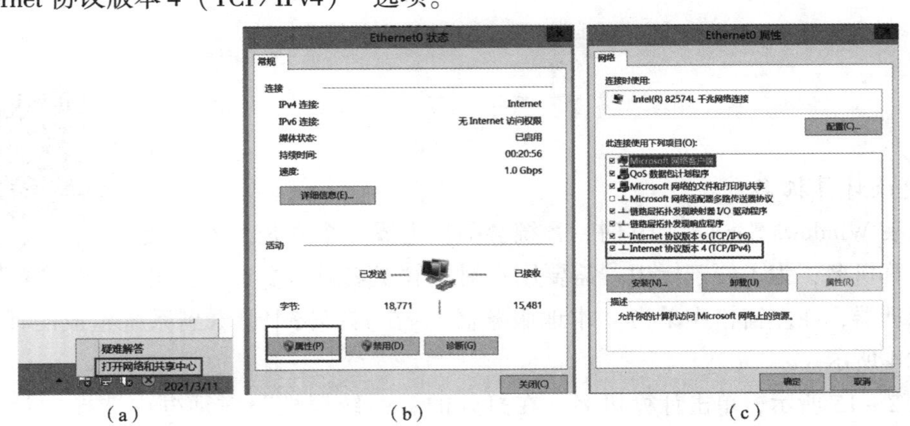

（a）　　　　（b）　　　　（c）

图 2－16　TCP/IPV4 配置

（a）打开“网络和共享中心”；（b）单击“属性”按钮；（c）选择 TCP/IPv4

在打开的对话框中，如图 2－17 所示，勾选“使用下面的 IP 地址”，输入与主机同一网段内的 IP 地址、相同的子网掩码、默认网关及 DNS 服务器。

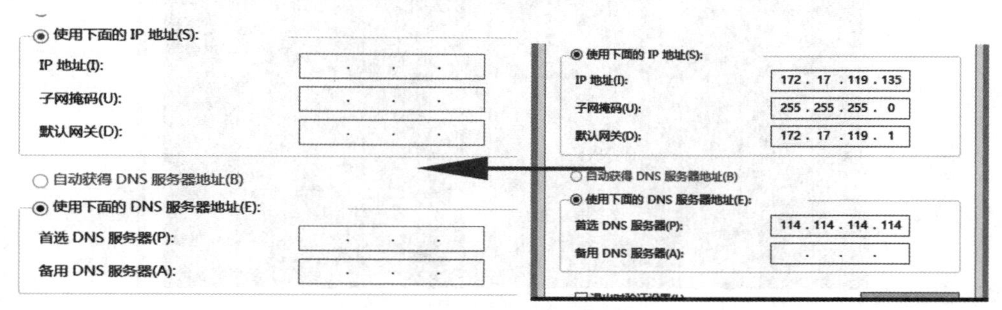

图 2－17　配置 TCP/IP 信息

如图 2－18 所示，选择虚拟机菜单栏中“虚拟机”下的“设置”，打开“虚拟机设置”窗口，选择“网络适配器”，选择“桥接模式”，勾选“复制物理网络连接状态”，单击“确定”按钮，完成虚拟机的配置。

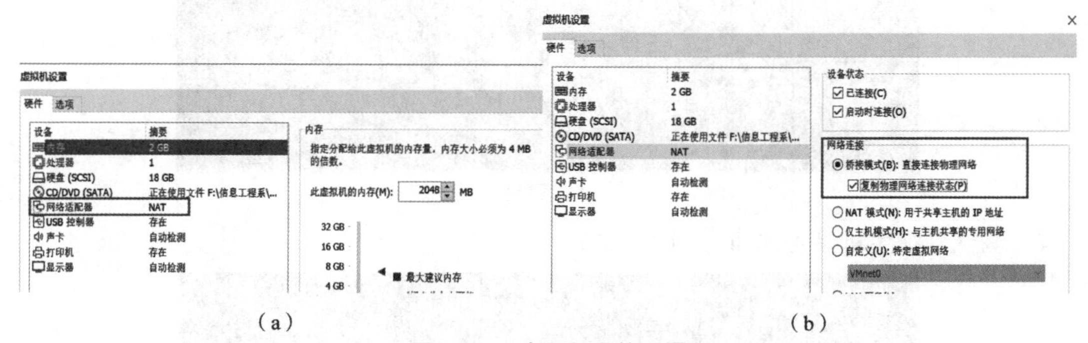

图 2－18　虚拟机网络配置

（a）选择“网络适配器”；（b）选择“桥接模式”

（2）网络连接测试

1）ipconfig：利用 ipconfig 命令检查 IP 设置

在服务器桌面上，按下 Win + R 组合键，如图 2－19 所示，在弹出的“运行”对话框中输入“cmd”，在命令行提示下，输入“ipconfig”，检查服务器配置的 IP 地址。

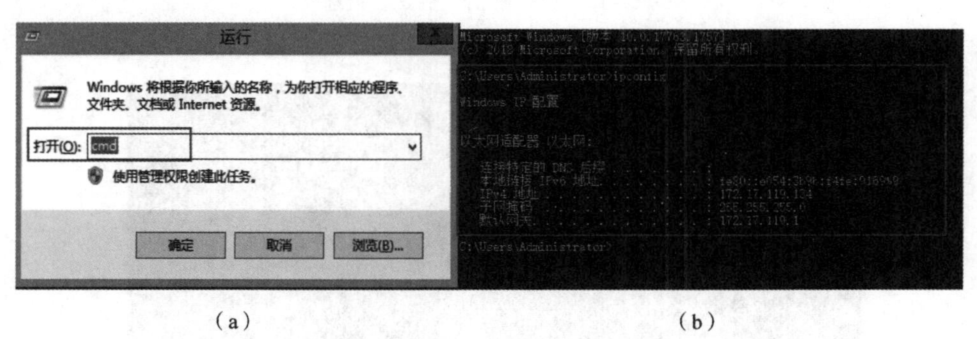

图 2－19　利用 ipconfig 命令检查 IP 设置

（a）输入“cmd”；（b）输入“ipconfig”

2）测试本地 TCP/IP 是否安装成功：ping 127. 0. 0. 1（图 2－20）

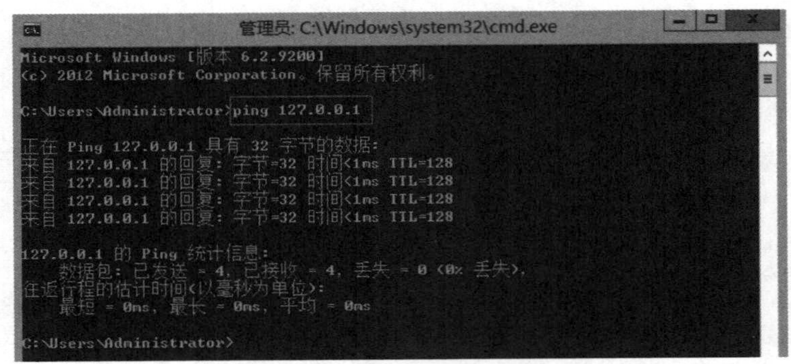

图 2－20　测试本地 TCP/IP 是否安装成功

3）测试到网关是否连通（图 2－21）

```
C:\Users\Administrator>ping 172.17.119.1

正在 Ping 172.17.119.1 具有 32 字节的数据:
来自 172.17.119.1 的回复: 字节=32 时间=3ms TTL=255
来自 172.17.119.1 的回复: 字节=32 时间=1ms TTL=255
来自 172.17.119.1 的回复: 字节=32 时间<1ms TTL=255
来自 172.17.119.1 的回复: 字节=32 时间=1ms TTL=255

172.17.119.1 的 Ping 统计信息:
    数据包: 已发送 = 4，已接收 = 4，丢失 = 0 (0% 丢失)，
往返行程的估计时间(以毫秒为单位):
    最短 = 0ms，最长 = 3ms，平均 = 1ms

C:\Users\Administrator>
微软拼音简捷 半 :
```

图 2－21　测试到网关是否连通

4）测试到宿主机是否连通（图 2－22）

```
C:\Users\Administrator>ping 172.17.119.134

正在 Ping 172.17.119.134 具有 32 字节的数据:
来自 172.17.119.134 的回复: 字节=32 时间<1ms TTL=128
来自 172.17.119.134 的回复: 字节=32 时间<1ms TTL=128
来自 172.17.119.134 的回复: 字节=32 时间<1ms TTL=128
来自 172.17.119.134 的回复: 字节=32 时间<1ms TTL=128

172.17.119.134 的 Ping 统计信息:
    数据包: 已发送 = 4，已接收 = 4，丢失 = 0 (0% 丢失)，
往返行程的估计时间(以毫秒为单位):
    最短 = 0ms，最长 = 0ms，平均 = 0ms

C:\Users\Administrator>

微软拼音简捷 半 :
```

图 2－22　测试到宿主机是否连通

5）测试外网是否连通（图 2－23）

```
C:\Users\Administrator>ping www.baidu.com

正在 Ping www.a.shifen.com [110.242.68.3] 具有 32 字节的数据:
来自 110.242.68.3 的回复: 字节=32 时间=25ms TTL=53
来自 110.242.68.3 的回复: 字节=32 时间=25ms TTL=53
来自 110.242.68.3 的回复: 字节=32 时间=25ms TTL=53
来自 110.242.68.3 的回复: 字节=32 时间=25ms TTL=53

110.242.68.3 的 Ping 统计信息:
    数据包: 已发送 = 4，已接收 = 4，丢失 = 0 (0% 丢失)，
往返行程的估计时间(以毫秒为单位):
    最短 = 25ms，最长 = 25ms，平均 = 25ms

C:\Users\Administrator>
微软拼音简捷 半 :
```

图 2－23　测试外网是否连通

任务 2－3　Windows Server 网络操作系统的磁盘分区

Windows Server 操作系统的磁盘分区

Windows Server 2019 提供了图形界面的“磁盘管理”和字符界面的“diskpart”命令两种工具来实施对磁盘的全方位管理，包括对磁盘的初始化、分区、创建卷等。

1. 在基本磁盘上创建主分区

在系统安装完成以后，硬盘将自动初始化为基本磁盘，此时基本磁盘还不能使用，必须建立磁盘分区并格式化。在基本磁盘创建主分区的步骤如下：

在桌面左下角单击“开始”菜单，选择“管理工具”，在打开的“管理工具”窗口中，如图 2－24 所示，双击打开“计算机管理”选项，打开“计算机管理”窗口，展开“存储”节点，选择“磁盘管理”。

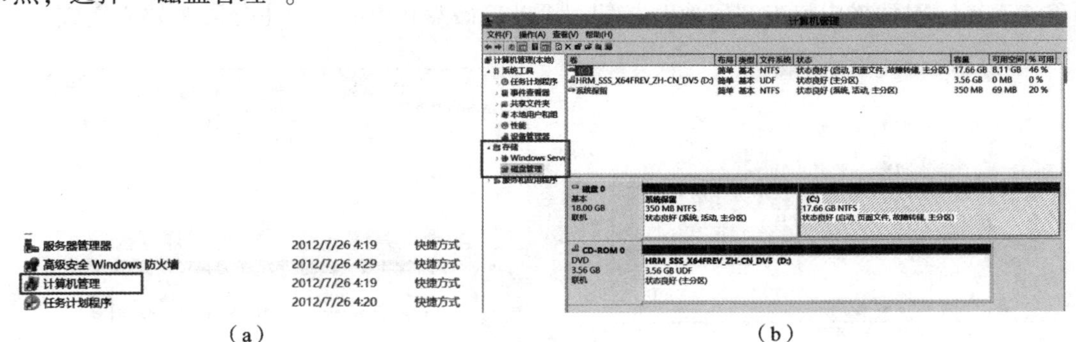

（a）　　（b）

图 2－24　打开磁盘管理界面

（a）选择“计算机管理”；（b）选择“磁盘管理”

右击磁盘 0“未分配”区域，在弹出的快捷菜单中选择“新建简单卷”，如图 2－25（a）所示，弹出“欢迎使用新建简单卷向导”对话框，继续下一步操作。在弹出的“指定卷大小”对话框中，填入分区的容量的大小，如图 2－25（b）所示。若只划分一个分区，可将全部空间容量划分给主分区，若还需划分其他主分区或扩展分区，则预留一部分空间容量，设置完成后，继续下一步操作。

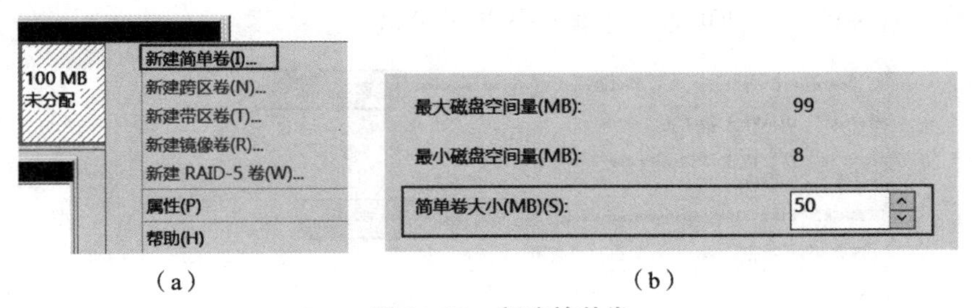

（a）　　（b）

图 2－25　新建简单卷

（a）新建简单卷；（b）输入简单卷大小

打开“分配驱动器号和路径”对话框，如图 2－26 所示，可以为新建的分区指定一个字母作为其驱动器号，还可以选择“不分配驱动器号或驱动器路径”（表示可以事后再指派驱动器号或某个空文件夹来代表该分区），这里选择“E”，继续下一步操作。

分配驱动器号和路径
为了便于访问，可以给磁盘分区分配驱动器号或驱动器路径。

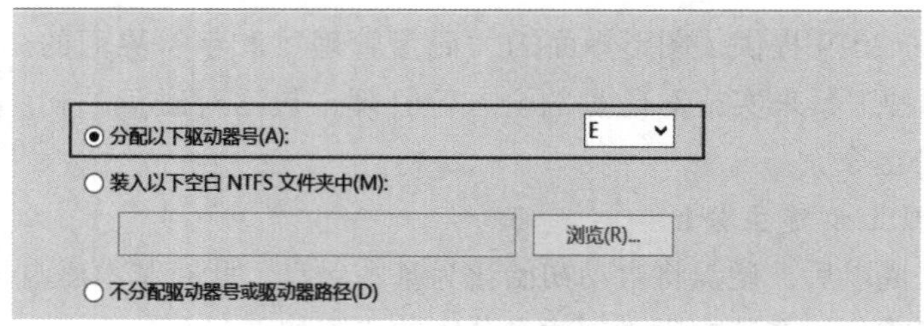

图 2－26　分配驱动器号

打开“格式化分区”对话框，如图 2－27 所示，可设定是否格式化新建的分区，以及该分区所使用的文件系统、分配单元大小等。继续下一步操作，在打开的“正在完成新建简单卷向导”对话框中单击“完成”按钮。至此，磁盘 0 上的一个主分区 E 建立完成。

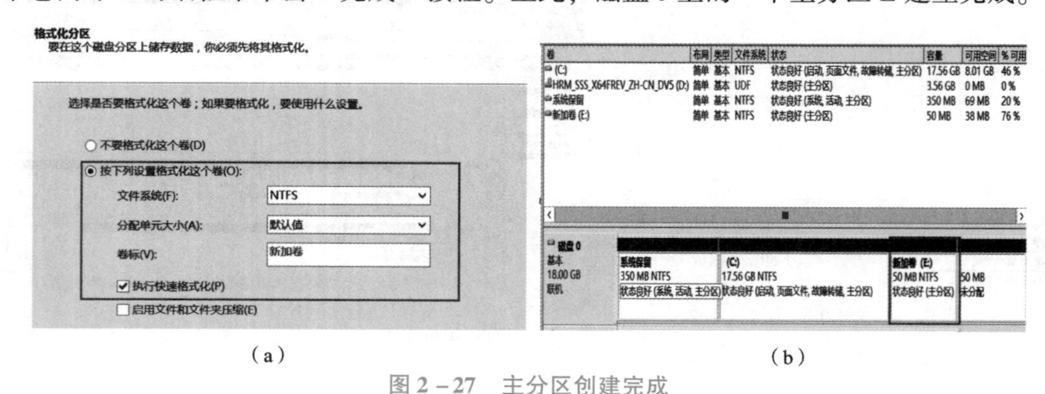

（a）　　　　　　　　　　（b）

图 2－27　主分区创建完成

（a）进行格式化；（b）主分区创建完成

2. 在基本磁盘上使用 diskpart 命令创建扩展分区

使用 diskpart 命令创建扩展分区的具体步骤如下：

在系统桌面上通过快捷键打开“运行”窗口，在打开的对话框中输入“cmd”命令，单击“确定”按钮，进入命令行界面，然后在命令行下执行 diskpart 等命令，如图 2－28 所示，返回计算机管理窗口，即可看到创建好的扩展分区。

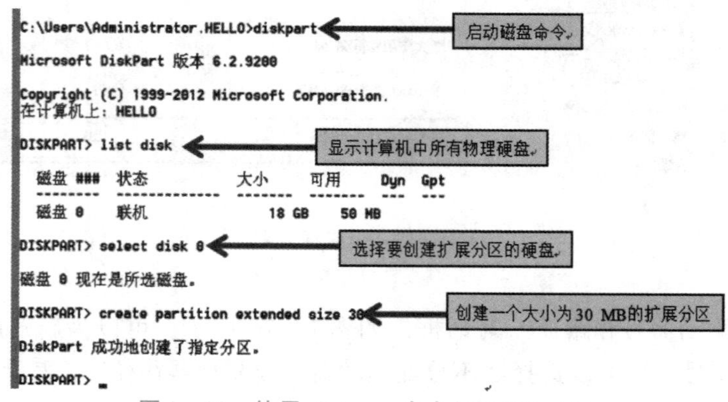

图 2－28　使用 diskpart 命令创建扩展分区

3. 在扩展分区上创建逻辑驱动器（逻辑分区）

扩展分区创建后，还不能直接存储文件，必须在扩展分区内建立逻辑驱动器。

在“计算机管理”窗口中，如图 2－29 所示，右击扩展分区内的“可用空间”区域，在打开的快捷菜单中单击“新建简单卷”，在打开的“欢迎使用新建简单卷向导”对话框中继续下一步操作，按照主分区创建的过程，完成逻辑驱动器（F 盘）的创建。

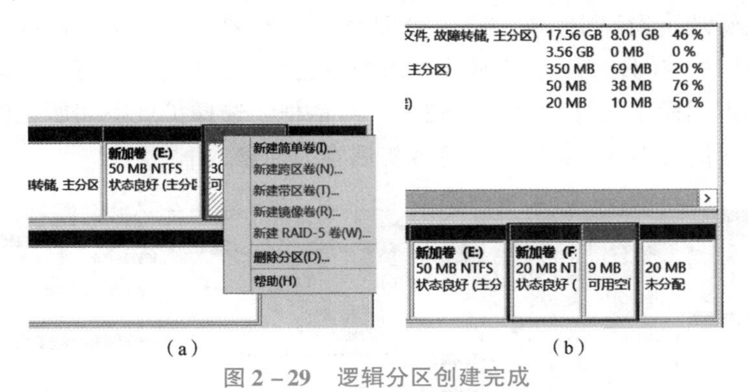

图 2－29　逻辑分区创建完成

（a）新建简单卷；（b）逻辑分区创建完成

至此，系统磁盘 0 中以划分了 3 个主分区和 1 个扩展分区，扩展分区中包含了 1 个逻辑分区（F 盘）。

4. 分区的格式化

在创建分区时，可以选择进行格式化，但在创建分区时未格式化或在使用过程中需要调整文件系统类型以及发生存储故障时，都需要对分区进行格式化或重新格式化。

在打开的“计算机管理”窗口中，如图 2－30 所示，右击要格式化的分区，在弹出的快捷菜单中选择“格式化”，弹出“格式化”对话框，在“卷标”编辑框中输入卷标的名称，在“文件系统”下拉列表中选择使用的文件系统，若文件系统是 NTFS，还可勾选“启用文件和文件夹压缩”复选框，以便节省空间，单击“确定”按钮完成分区的格式化。

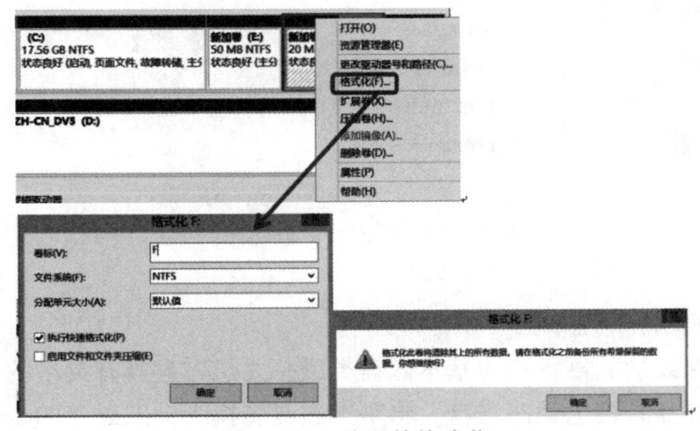

图 2－30　分区的格式化

5. 分区的删除

要删除磁盘分区或卷，只要右击要删除的分区或卷，在弹出的快捷菜单中选择“删除卷”。删除分区后，分区上的数据将全部丢失，所以删除分区前应仔细确认。若要删除分区时扩展分区，删除扩展分区上的逻辑驱动器后，才能删除扩展分区。

6. 分区（基本卷）的扩展

在使用计算机一段时间后，以前划分的分区大小可能不太合理，可以通过磁盘管理工具对 NTFS 格式的分区大小进行无损调整。主分区或逻辑驱动器扩展的步骤如下：

在“计算机管理”窗口中，如图 2－31 所示，右击要扩展的主分区或逻辑驱动器，因为附近还有未分配的空间，因此，在弹出的菜单中选择“扩展卷”，打开“欢迎使用扩展卷向导”对话框，继续操作，打开“选择磁盘”对话框，选择扩展空间所在的磁盘，并制订磁盘上需扩展的容量大小，继续操作，完成扩展卷的创建。

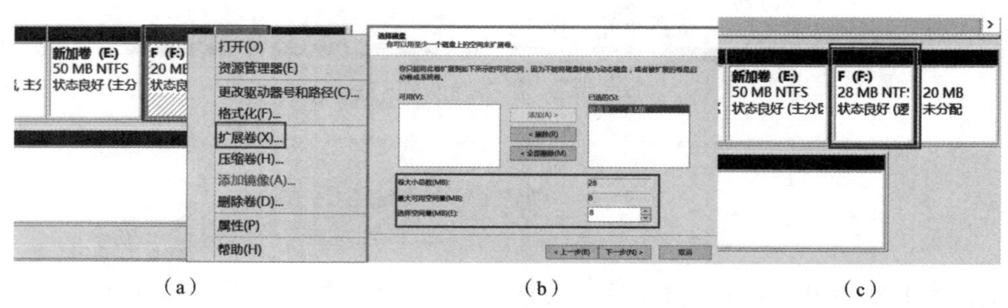

（a）　　（b）　　（c）

图 2－31　扩展分区创建完成

（a）扩展卷；（b）磁盘空间选择；（c）分区扩展完成

7. 分区的压缩

通过分区的压缩可以让出分区的占用空间，使其他分区能够扩展容量，其操作过程为：在“计算机管理”窗口中，如图 2－32 所示，右击要压缩的分区，在弹出的快捷菜单中选择“压缩卷”，在打开的对话框中输入压缩空间量的大小，单击“压缩”按钮完成分区的压缩。

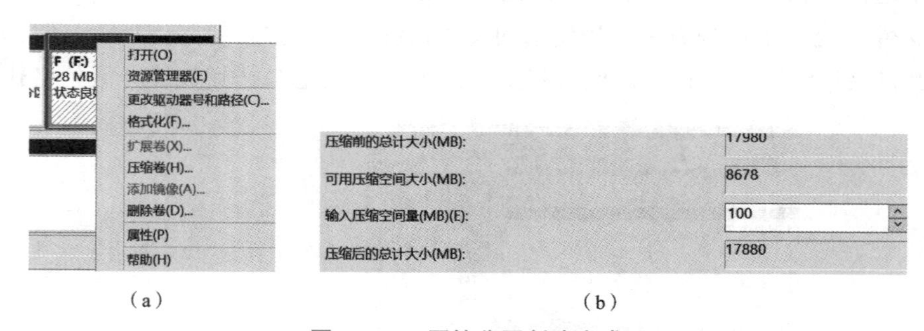

（a）　　（b）

图 2－32　压缩分区创建完成

（a）选择压缩卷；（b）输入压缩的空间大小

8. 基本磁盘转换为动态磁盘

默认情况下，新添加的磁盘均为基本磁盘类型，要想磁盘具有灵活的扩展性、容错性等特征，需要将基本磁盘转换为动态磁盘。将基本磁盘转换为动态磁盘的步骤如下：

进入“服务器管理器”窗口，如图 2－33 所示，右击需要转换的基本磁盘（如，磁盘 0），在弹出的快捷菜单中选择“转换到动态磁盘”，在打开的“转换到动态磁盘”对话框中勾选要转换的基本磁盘，继续操作完成基本磁盘到动态磁盘的转换。

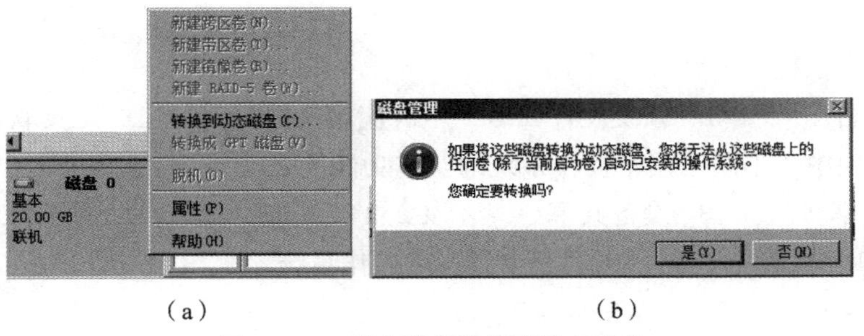

（a）　　　　　　　　　　（b）

图 2－33　基本磁盘转换到动态磁盘

（a）选择“转换到动态磁盘”；（b）确定磁盘转换

【任务小结与测试】

思维导图小结

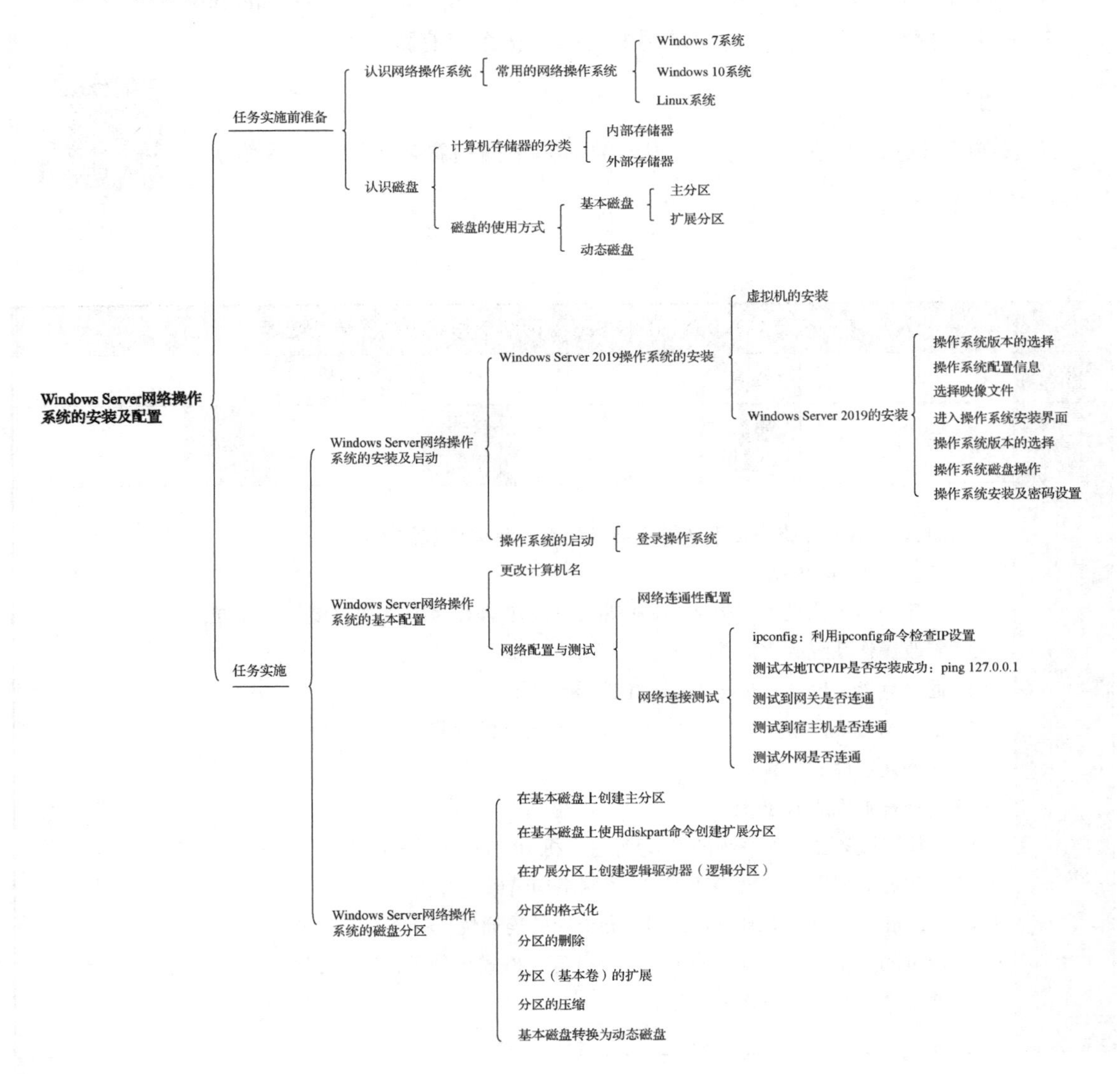

测试

1. 网络操作系统是一种（　　）。

A. 系统软件　　B. 系统硬件　　C. 应用软件　　D. 工具软件

2. 下列选项中，不属于网络操作系统的基本功能的是（　　）。

A. 数据共享　　B. 设备共享　　C. 文字处理　　D. 网络管理

3. 下列选项中，（　　）列出的完全是网络操作系统。

A. Windows Server 2019、Windows 7、Linux

B. Windows Server 2019、Windows Server 2008、DOS

C. Windows Server 2019、UNIX、Linux

D. Active Directory、Windows Server 2019、Windows 7

4. （　　）命令能显示本机所有网络适配器的详细信息。

A. ipconfig　　B. ping　　C. ipconfig /all　　D. showup

5. 什么是网络操作系统？目前常用的网络操作系统有哪些？

【答疑解惑】

大家在学习过程中是否遇到什么困惑的问题？扫扫看是否能够得到解决。

【任务工单与评价】

任务工单与评价

<table>
<tr><th colspan="8">考核任务名称：Windows Server 网络操作系统的安装及配置</th></tr>
<tr><td>班级</td><td></td><td>姓名</td><td colspan="2"></td><td>学号</td><td colspan="2"></td></tr>
<tr><td>组间
评价</td><td></td><td>组内
互评</td><td></td><td>教师
评价</td><td></td><td>成绩</td><td></td></tr>
<tr><td>任务要求</td><td colspan="7">Windows Server 网络操作系统的安装及配置，具体要求如下：
1. 安装 VMware 虚拟软件。
2. 新建一台虚拟机，安装 Windows Server 2019 操作系统（通过镜像文件方式）。
3. 修改操作系统的密码并登录。
4. 通过克隆备份 Windows Server 2019 操作系统。
5. 更改 Windows Server 2019 的计算机名为自己的学号。
6. 网络连通性的配置及测试。
（1）查看本机的 IP 地址。
（2）配置服务器操作系统的 IP 地址与本机 IP 地址在同一网段。
（3）配置虚拟机的“网络适配器”“网络编辑器”。
（4）ping 命令测试本地回环、网关和外网的连通性。
7. 通过图形化的方式创建分区、压缩分区、格式化分区、扩展分区。
8. 通过命令的方式创建扩展分区。</td></tr>
</table>

续表

<table>
<tr><td rowspan="2">任务完成过程记录</td><td>操作过程：</td></tr>
<tr><td>操作过程中遇到的问题：</td></tr>
<tr><td>小结</td><td>（将自己学习本任务的心得简要叙述一下，表述清楚即可）</td></tr>
</table>

任务评价分值

评价类型	占比/%	评价内容	分值
知识与技能	60	安装并新建虚拟机	5
		安装 Windows Server 2019 网络操作系统并完成克隆	10
		修改密码并登录系统	5
		更改主机名	5
		网络连通性配置及测试	10
		主分区、扩展分区的创建	10
		分区的格式化、压缩、扩展、删除等	15
素质与思政	40	按时完成，认真填写任务工单	5
		任务工单内容操作标准、规范	5
		保持机位的卫生	5
		小组分工合理，成员之间相互帮助，提出创新性的问题	5
		按时出勤，不迟到早退	5
		参与课堂活动	5
		完成课后任务拓展	10

【拓展训练】

如何下载并在自己电脑上安装国产 UOS 操作系统？扫码试一试吧。

任务三 用户账户及工作组的管理

【任务背景】

Windows 服务器用户账户的管理

公司下属的技术部门有 13 台计算机，为了实现资源的共享，经常需要通过 U 盘或网络第三方软件来共享信息，特别在使用 U 盘时，经常会出现病毒互传的现象，于是技术部门设置了一台计算机用户资源共享的共用机，共享的信息只允许部门员工查看，不允许修改，因此，需要规划一个安全的办公室网络环境，针对不同的用户设置合适的访问权限，保证使用网络和计算机资源的合法性，提高数据的安全性、完整性。根据技术部门领导的要求，网络管理员针对部门员工的工作内容来设置用户账户，并给不同用户账户划分不同的访问资源权限，保证数据的安全性和完整性。

【任务介绍】

为了帮助技术部门规划完全的网络环境，为员工提供有效的资源访问，本任务要求学生：

①结合员工的工作内容，设置本地用户账户，并维护用户账户的正常使用。

②通过设置工作组，为工作组中的用户分配权限，并维护工作组的正常使用。

【任务目标】

1. 知识目标

①了解工作组、本地用户账户和本地组账户的概念。

②熟悉工作组网络结构的特点、本地用户账户和本地组的特征与用途。

③掌握工作组的创建方法、本地用户账户和本地组账户的创建与管理方法。

2. 技能目标

①会创建本地用户账户、设置其属性、更改密码、创建与管理本地组账户。

②会将计算机加入指定的工作组，创建本地工作组并进行配置管理。

3. 素质与思政目标

①积极动手实践，培养学生积极劳动的意识。

②遵守国家法律法规，树立规矩意识，养成良好的网络运维管理员的职业素养。

③在创建用户账户的过程中，要保持高度的敬业精神，严守用户账户和密码，维护服务器的安全。

【任务实施前准备】

1. 认识网络类型

当计算机接入网络时，需要根据不同的网络环境和连通要求选择一种网络类型，类型有以下三种。

①公用网络：是指计算机放置于机场、咖啡厅等公共场合。在此位置下，系统会自动关闭网络发现，即本机对周围的计算机不可见，从而保护计算机免受来自 Internet 的任何恶意软件的攻击。

②专用网络：是指计算机位于办公室、家庭等专用场所。默认情况下，网络发现处于启用状态，它允许本机与网络上的其他计算机和设备相互查看。

③域网络：是指本机连接到域，作为域中的成员。此时本机用户将无法更改网络位置类型，而由域管理员账号控制，后面的课程将专门介绍域的管理。

2. 工作组的概念

工作组的互动练习

工作组是一种简单的计算机组网方式，计算机之间直接相互通信，不需要专门的服务器来管理网络资源，也不需要其他组件来提高网络的性能，每台计算机的管理员都分别管理各自的计算机。

工作组网络的特点：

①资源和账户的管理是分散的。

②工作组中所有计算机之间是一种平等关系，没有主从之分。

③对于网络来说，网络安全不是最重要的问题。

④通常可以不必安装 Windows Server 2012/2016/2019。

工作组网络的优点：网络成本低，网络配置和维护简单。

工作组网络的缺点：网络性能较低，数据保密性差，文件管理分散，网络安全性较低。

3. 本地用户账户的存储

用户账户的互动练习

在工作组中的每台计算机都有一个独立的范围，如果要访问计算机的资源，是不是需要一个用户账户和密码呢？如果验证通过，就可以访问；反之，则不行。所以说本地用户账户是计算机的基本安全组件，计算机通过用户账户来辨别用户身份，让有使用权限的人来登录计算机，访问本地资源或从网络访问这台计算机的共享资源，所以每台安装了 Windows Server 2019 的计算机都需要用户账户才能登录计算机。在登录过程中，当计算机验证用户输入的账户和密码与本地安全数据库中的用户信息一致时，才能让用户登录到本地计算机。

Windows Server 2019 用户账户分为两种：域账户和本地账户。域账户可以登录到域上，并获得访问该网络的权限。本地账户仅允许用户登录并访问创建该账户的计算机，访问本地计算机上的资源而不能访问其他计算机上资源。当创建本地用户账户时，Windows Server 2019 仅在%systemroot%\System32\Config 文件夹下的安全数据库 SAM 中创建该账户，例如，C:\windows\system32\config\sam。在本地计算机中，用户账户是不允许相同的，在系统内部使用安全标识符（SID）来识别用户身份，每一个用户账户都对应唯一的安全标识符，这个安全标识符是在用户创建时由系统自动产生的。用户在登录以后，可以在命令提示符状态下输入“whoami/logonid”命令查询当前用户账户的安全标识符。默认情况下，安装系统后会自动建立 4 个用户账户：

①Administrator（系统管理员）：该用户具有管理本台计算机的所有权利，能执行本台计算机的所有工作。Administrator 账户可以更名，但不可以删除。

②Guest（来宾）：给在这台计算机上没有实际账户的人使用。一般的临时用户可以使用它来登录并访问资源，拥有很低的权限。Guest 账户不需要密码。默认情况下，Guest 账户是禁用的，需要时可以启用。

③DefaultAccount：系统管理的用户账户，是为防止 OOBE 出现问题准备的。

④WDAGutilityAccount：该账户链接到 Windows Defender，并由 Windows Defender 管理保护 Windows Server 2019 系统。

【任务实施】

Windows 服务器用户账户的创建

任务 3－1　本地用户账户的创建及配置

1. 创建本地用户账户

系统内置的用户是不能满足日常使用和管理需要的，系统管理员应根据不同的使用者为其创建相应的用户。创建用户的具体步骤如下：

按快捷键 Win＋X 打开提示框，如图 3－1 所示，选择“计算机管理”，在打开的“计算机管理”窗口中，展开“系统工具”下的“本地用户和组”，单击“用户”，在右侧窗格中即可出现系统默认创建的用户账户。在右窗格内右击空白处，在弹出的快捷菜单中选择“新用户”。

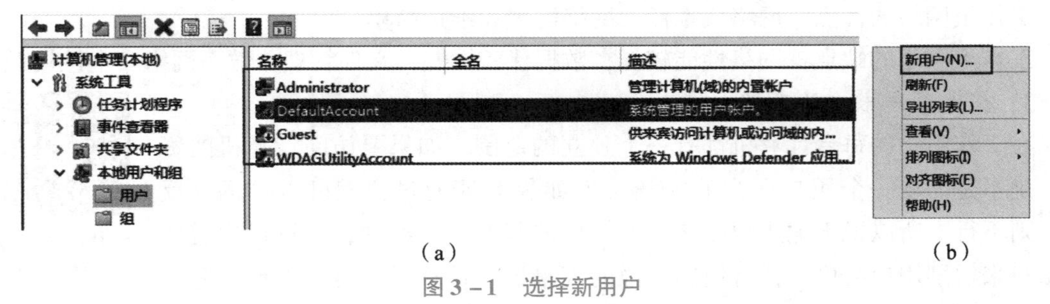

（a）　　（b）

图 3－1　选择新用户

（a）显示默认用户账户；（b）选择“新用户”

在弹出的对话框中，如图 3－2 所示，输入用户账户的信息，单击“创建”按钮，系统便在计算机的 SAM 中创建了一个用户。

2. 本地用户账户的配置

为了管理和使用的方便，一个用户还包括其他一些属性，比如用户隶属的用户组、用户配置文件等。具体的配置如下：右击需要设置属性的用户名，在弹出的快捷菜单中选择“属性”，打开用户属性对话框，在此不仅可以修改在创建该用户时的一些信息，还可以设置用户所在组、配置文件、拨入设置等。

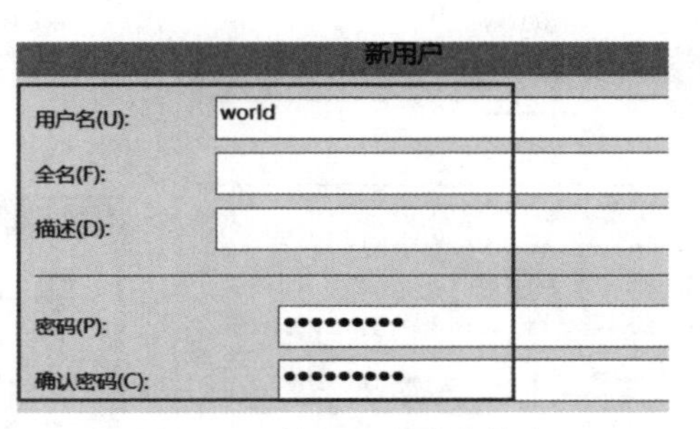

图 3－2　输入用户账户信息

用户名

用户名最长 20 字符,不区分大小写,可以使用中文。

使用一些特殊字符("、／、\、[、]、1、:、;、1、=、,、+、*、?、<、>)。

命名规则:用户的英文名或者姓名拼音。

全名和描述

可以输入一些员工的个人信息和公司信息,如姓名和部门等。

密码和确认密码

密码的最大长度可以达到 127 位。

密码的设置不应过于简单,应该使用字母、数字及特殊符号的组合。

(1) 更改用户密码

出于安全性考虑，需要不定期修改用户的密码，以防密码被破解。更改密码的方法有如下两种：

方法一：

以管理员身份登录系统，进入“计算机管理”窗口，如图 3－3 所示，右击需要重设密码的用户账户，在弹出的快捷菜单中选择“设置密码”，在弹出的警告信息对话框中继续操作。

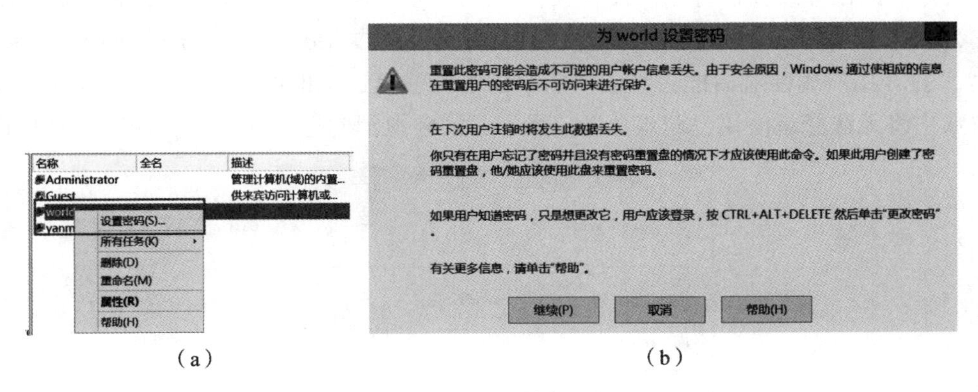

(a)　　　　　　　　　　(b)

图 3－3　设置密码

(a) 设置密码；(b) 确认警告信息

打开设置密码对话框，如图 3－4 所示，在“新密码”和“确认密码”编辑框中输入新密码，单击“确认”按钮即可完成密码的设置。

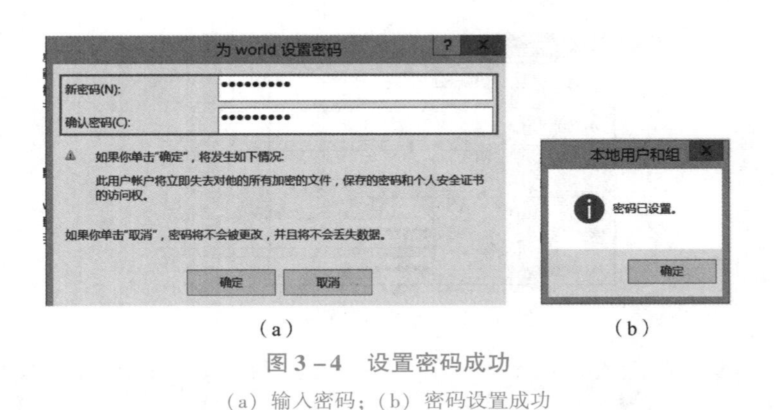

（a）　　　　　　　　　　（b）

图 3－4　设置密码成功

（a）输入密码；（b）密码设置成功

方法二：

在用户已登录的状态下，按 Ctrl + Alt + Del 组合键，打开如图 3－5 所示界面。单击"更改密码"选项，在"旧密码"处输入原来的用户密码，在"新密码"和"确认密码"处输入新的用户密码，按 Enter 键，在弹出的界面中单击"确认"按钮即可完成密码的重新设置。

（a）　　　　　　　　　　（b）

图 3－5　重新设置密码

（a）选择"更改密码"；（b）重新设置密码

（2）禁用、重命名和删除用户

1）禁用用户账户

若使用者因出差或休假等原因而在较长一段时间内不需要使用其账户，管理员可以禁用该用户，以保证其安全。右击需要设置属性的用户名"world"，在弹出的快捷菜单中选择"属性"，打开用户属性对话框，勾选"账户已禁用"复选框即可，如图 3－6 所示。被禁用的用户账户将无法登录使用，若想重新启用，只需要取消勾选"账户已禁用"复选框即可。

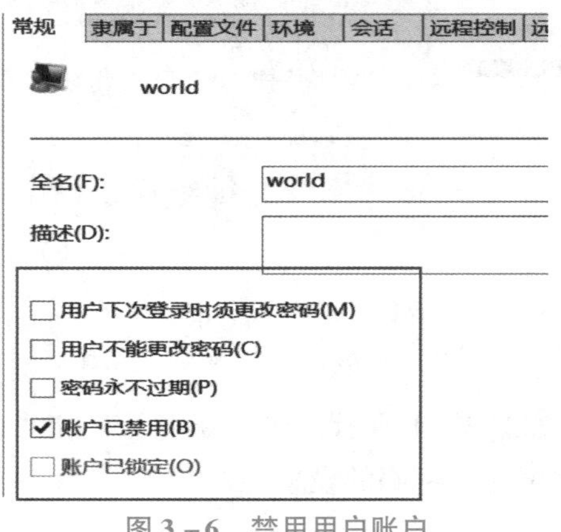

图 3－6　禁用用户账户

2）重命名用户账户

若一个员工离开公司，由另一个员工接替工作，可以将离开员工使用的用户名更改为新员工的名字。如图 3－7 所示，右击需要重命名的用户，在弹出的快捷菜单中选择“重命名”即可修改。

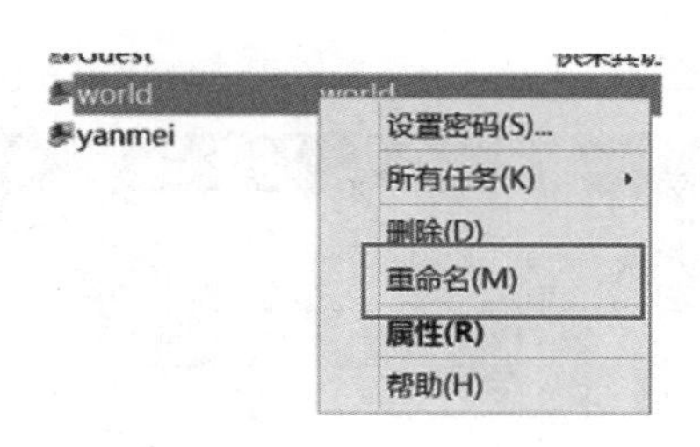

图 3－7　重命名用户账户

3）删除用户账户

若员工因离职等原因不再使用某个账户，管理员可以删除该用户。右击需要删除的用户，在弹出的快捷菜单中选择“删除”即可。

任务 3－2　本地工作组的创建与配置

Windows 服务器本地组的管理

1. 本地工作组的创建

除了使用默认的本地组外，还可建立新的用户组，创建新的用户组的步骤如下：

按 Win＋X 组合键打开提示框，如图 3－8 所示，打开“计算机管理”窗口，在左窗格中展开“系统工具”下的“本地用户和组”，单击“组”，在右窗格中出现系统默认创建的组信息，在右窗格的空白处右击，在弹出的快捷菜单中选择“新建组”。

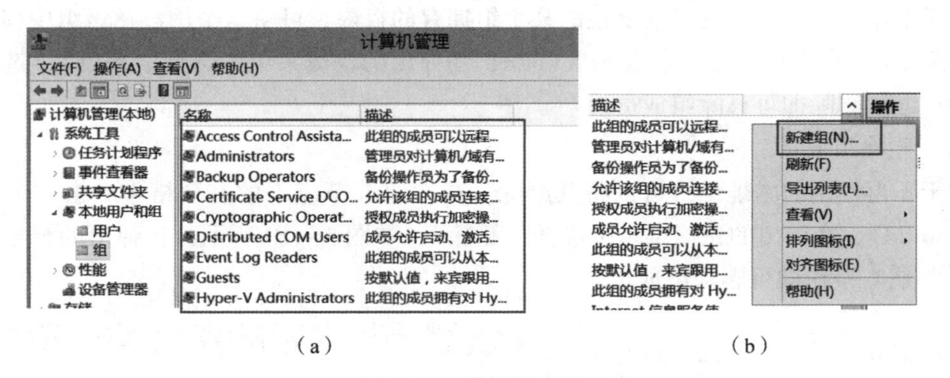

（a）　　　　（b）

图 3－8　选择新建组

（a）显示默认工作组；（b）选择“新建组”

在“组名”编辑框中输入组名，继续操作即可完成工作组的创建。

2. 本地工作组的配置

（1）添加组成员

本地组的成员可以是用户账户或其他组账户，将用户账户添加到组的具体操作步骤如下：在“计算机管理”窗口中展开“本地用户和组”节点，双击“组”，并在右窗格中右击要添加成员的组 helloworld，在弹出的快捷菜单中选择“属性”，继续单击“添加”→“选择用户”→“高级”→“立即查找”→“搜索结果”，如图 3－9 所示，按 Ctrl 键的同时选择多个用户，连续两次单击“确定”按钮，返回 helloworld 属性框，即可看到添加的用户账户。

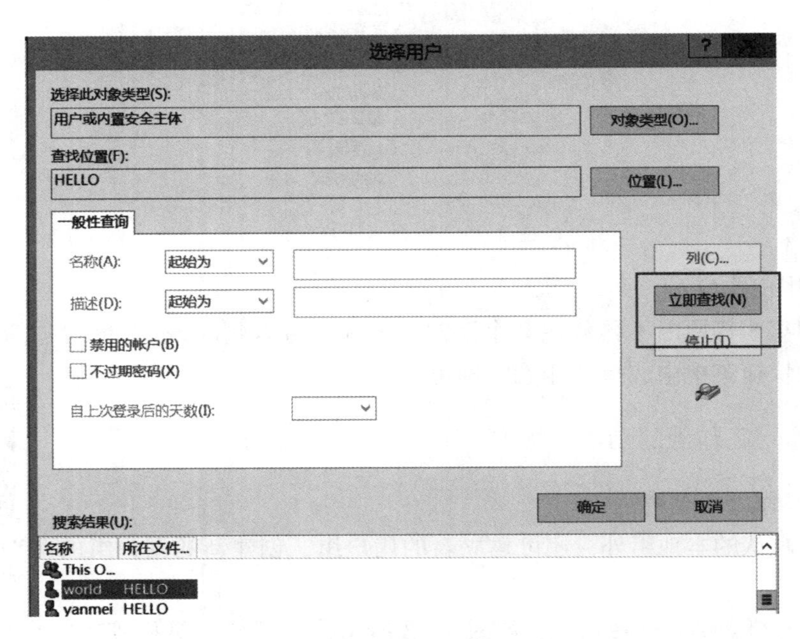

图 3－9　添加组成员

（2）移除组成员

如果不希望一个用户具有它所在的某个组拥有的权限，可将这个用户从该组中移除。在“组”节点下，在右窗格中右击组 helloworld，在弹出的快捷菜单中选择“属性”，选择要移除的用户继续删除即可移除组成员。

（3）删除组成员

对于不再使用的本地组，可以将其删除。在“组”节点下的右窗格中右击一个组（比如 helloworld），在弹出的快捷菜单中选择“删除”，如图 3－10 所示，在弹出的警告对话框中单击“是”按钮即可删除组成员。

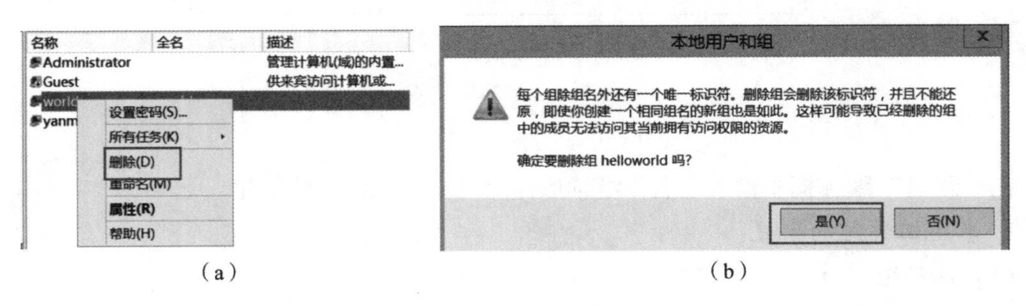

（a）　　　　（b）

图 3－10　删除组成员

【任务小结与测试】

思维导图小结

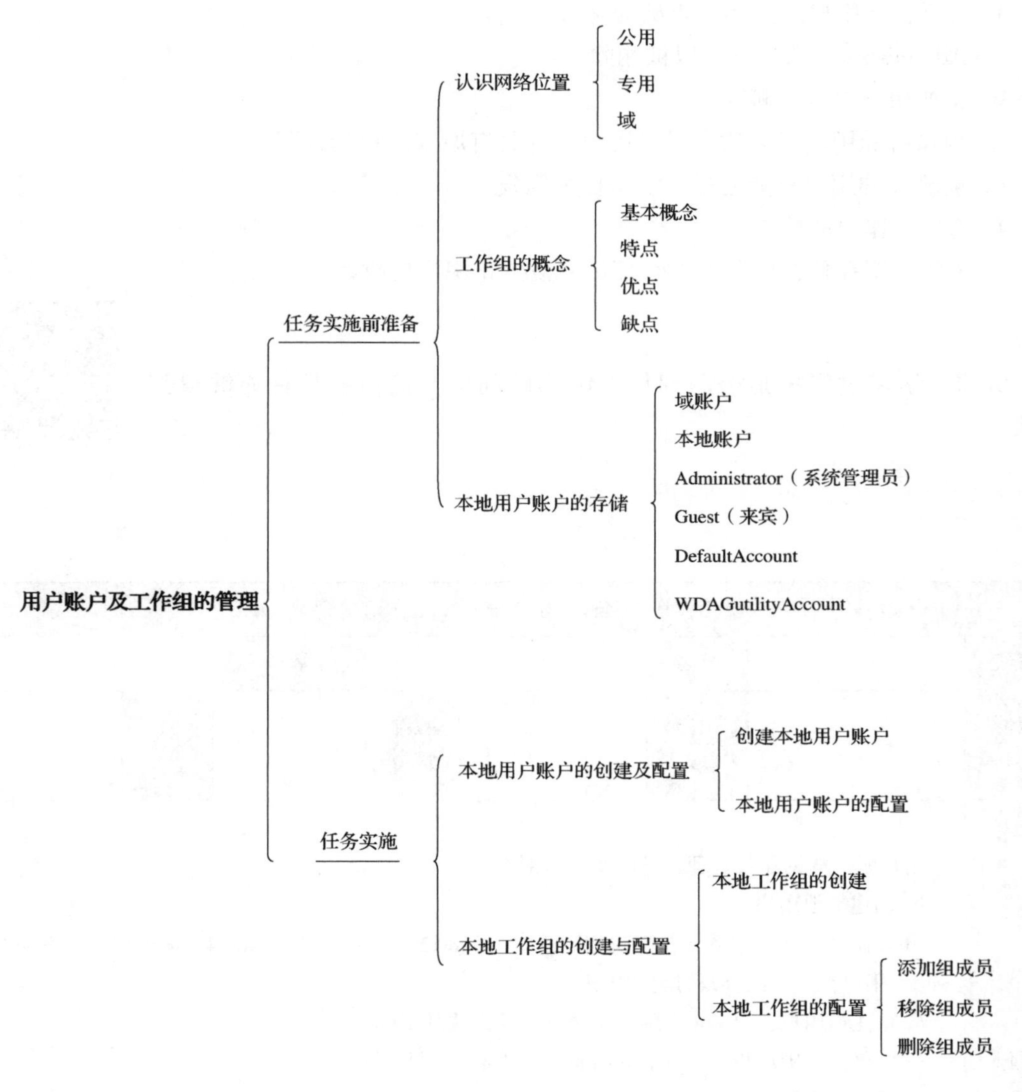

测试

小结在线测试

1. 在工作组中，默认每台 Windows 计算机的（　　）都能够在本地计算机的 SAM 数据库中创建并管理本地用户账户。

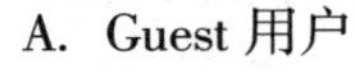
A. Guest 用户　　　　B. Guests 用户
C. 普通用户　　　　D. Administrator 用户

2. 基于 Windows 的组网模式有工作组和域两种。下列关于工作组的叙述中，正确的是（　　）。

A. 工作组中的计算机数量不宜太少

B. 工作组中的每台计算机都在本地存储账户

C. 工作组中的操作系统必须一样

D. 本机计算机的用户可以到其他计算机上登录

3. 关于删除用户的描述，正确的是（　　）。

A. Administrator 用户不可以被删除

B. 普通用户可以被删除

C. 删除后的用户可以建立同名用户，并具有原来用户的权限

D. 被删除的用户只能通过系统备份来恢复

4. 简述工作组的特点。

5. 举例说明在什么情况下，管理员应该禁止用户更改账户密码。

【答疑解惑】

大家在学习过程中是否遇到什么困惑的问题？扫扫看是否能够得到解决。

【任务工单与评价】

任务工单与评价

<table>
<tr><th colspan="8">考核任务名称：用户账户及工作组的管理</th></tr>
<tr><td>班级</td><td></td><td>姓名</td><td colspan="2"></td><td>学号</td><td colspan="2"></td></tr>
<tr><td>组间评价</td><td></td><td>组内互评</td><td></td><td>教师评价</td><td></td><td>成绩</td><td></td></tr>
<tr><td>任务要求</td><td colspan="7">用户账户的创建与管理，具体要求如下：
1. 创建本地用户。
（1）在服务器操作系统上创建“work1”“work2”“work3”“work4”4 个用户，并且要求 work1 用户在第一次登录时更改密码。
（2）注销用户，以 work1 用户身份登录并修改其密码。
（3）再次注销用户，以 administrator 用户身份登录。
2. 管理本地用户。
（1）“work2”用户忘记了密码，为其重设密码。
（2）由于 work3 用户出差，将其禁用。
（3）注销 work 用户，以 work3 用户登录，测试 work3 用户能否成功登录，若不能，请列出提示结果。
（4）“work4”用户辞职离开了公司，请删除。
3. 创建用户组 work，并将 work1、work2、work3 三个用户账户添加到用户组 work 中；由于部门名称的变更，将用户组 work 更改为 skill。</td></tr>
</table>

续表

<table>
<tr><td rowspan="2">任务完成过程记录</td><td>操作过程：</td></tr>
<tr><td>操作过程中遇到的问题：</td></tr>
<tr><td>小结</td><td>（将自己学习本任务的心得简要叙述一下，表述清楚即可）</td></tr>
</table>

任务评价分值

评价类型	占比/%	评价内容	分值
知识与技能	60	用户账户的创建	10
		用户账户设置密码、更改密码、重命名、禁用、删除等管理操作	20
		用户组的创建	10
		用户组添加成员、重命名、删除等	20
素质与思政	40	按时完成，认真填写任务工单	5
		任务工单内容操作标准、规范	5
		保持机位的卫生	5

续表

评价类型	占比/%	评价内容	分值
素质与思政	40	小组分工合理，成员之间相互帮助、提出创新性的问题	5
		按时出勤，不迟到早退	5
		参与课堂活动	5
		完成课后任务拓展	10

【拓展训练】

如何保护数据信息的安全，为移动端及电脑端提供安全保证？扫码了解一下。

任务四　共享资源的创建及管理

创建和访问共享文件夹

【任务背景】

公司内部设立有很多的部门，每个部分都拥有一些需要共享的数据信息，现在员工主要通过相互拷贝的方式来实现数据的分享，往往会造成病毒的传播及数据信息的不准确。作为网络管理员，现在需要整合公司的数据资源信息。把公司内部的网上公共资源设置成共享访问，又能保证一定的访问安全，是网络管理员的基本职责。

【任务介绍】

构建网络的一个重要目的或功能是实现网络资源的共享，本任务要求学生：

①将公司内部网络的公共资源设置为共享访问，实现高效管理和安全访问。

②结合工作内容的需求，能够创建隐藏共享文件，并对隐藏共享文件进行访问和管理。

【任务目标】

1. 知识目标

①掌握共享文件夹的创建、访问及管理方法。

②理解什么是隐藏共享文件。

2. 技能目标

①能够创建共享文件夹，并通过不同的方式访问并管理共享文件。

②能够创建、访问隐藏共享文件夹。

3. 素质与思政目标

①积极动手实践，培养学生积极劳动的意识。

②遵守国家法律法规，树立规矩意识，养成良好的网络运维管理员的职业素养。

③在管理共享文件夹的过程中，要认真、细心，做好严格的审核工作，确保信息资源的安全。

【任务实施前准备】

资源共享的互动练习

1. 认识资源共享

资源共享是计算机网络建设中最重要的意图之一，设置资源共享的目的就是使用户能够通过网络远程访问到该资源。

共享的资源包括：

✓ 软件资源，一般以文件的形式来组织其内容，如系统文件、数据库文件、应用程序文件等。

✓ 硬件资源，如打印机、扫描仪（在 Windows 操作系统中被视为设备文件）等。

2. 访问权限的种类

用户的权限级别有以下三种：

✓ 读取：表示用户对此文件夹的共享权限为“读取”。

✓ 更改：表示用户除了对文件夹拥有“读取”权限，还可以新建与删除文件和子文件夹、更改文件内的数据。

✓ 完全控制：表示用户除了对文件夹拥有“读取”和“更改”权限，还允许更改文件夹的权限。

3. 本机与 Windows Server 2019 互通性调试

首先在虚拟机上的 Windows Server 2019 上手动配置 IP 地址，流程为：虚拟机设置为“桥接模式”，开启 Windows Server 2019，打开 Windows Ser-ver 2019 操作系统下的“网络和共享中心”，关闭 Windows Server 2019 的防火墙，开启“网络发现”“文件共享”等选项，在网络配置界面手动配置 IP、子网掩码及网关。

测试：ping 本机 Windows 系统的 IP 地址，尝试 ping 网关（能否 ping 通）。

也可以采用自动获取 IP 地址的方式，要求虚拟机设置为 NAT 模式，同样，Windows Server 19 服务器上关闭防火墙。

【任务实施】

任务 4－1　共享文件夹的创建及管理

1. 共享文件夹的创建

创建共享文件夹的用户必须是 Administrator 组、Server Operator 组或 Power Users 组成员，具体操作如下：

在桌面上单击“开始”下的“管理工具”，如图 4－1 所示，在打开的“管理工具”窗口中双击“计算机管理”，打开计算机管理操作窗口，展开左窗格中的“共享文件夹”，该共享文件夹提供有关本地计算机上的共享、会话和打开的文件相关信息，可以查看本地和远程计算机的连接及资源使用情况。

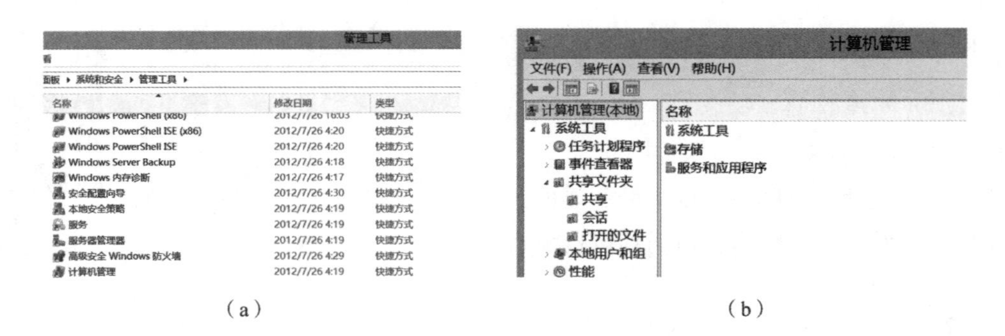

图 4-1　共享文件夹的打开

（a）计算机管理；（b）共享文件夹

在左窗格中单击“共享”，右窗格中即可显示系统自动创建的共享信息，包括共享名、文件夹路径等，如图 4-2 所示。

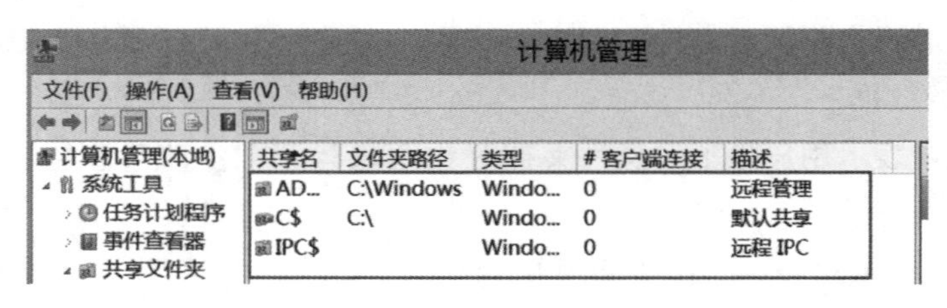

图 4-2　共享信息

在右窗格空白处右击，在弹出的快捷菜单中选择“新建共享”选项，如图 4-3 所示，即可打开“创建共享文件夹向导”对话框。继续下一步按钮操作，在弹出的对话框中，单击“浏览”按钮，选择要共享的文件夹。

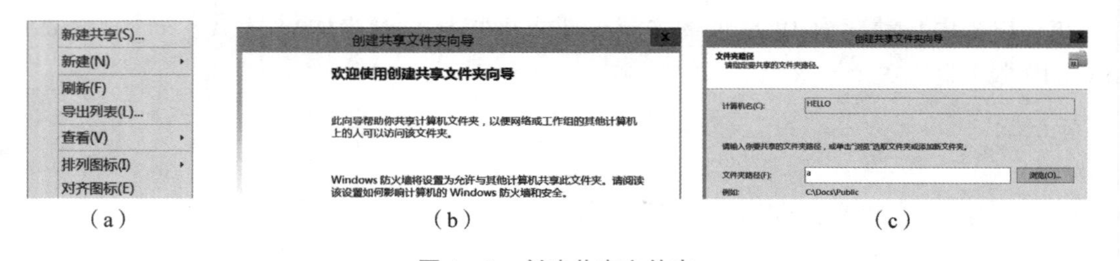

图 4-3　创建共享文件夹

（a）新建共享；（b）继续共享文件夹操作；（c）选择共享的文件夹

可以选择“本地磁盘 C”，单击下面的“新建文件夹”，输入文件名“weshare”，如图 4-4 所示，单击“确定”按钮后，返回到对话框，单击“下一步”按钮继续操作。对共享文件夹的名称、路径的设置可以保持默认不变，继续下一步操作。

在打开的共享文件夹权限配置页面，可根据权限的需求进行共享文件夹权限的分配，若选择“自定义权限”，如图 4-5 所示，可对用户进行自由权限的分配。

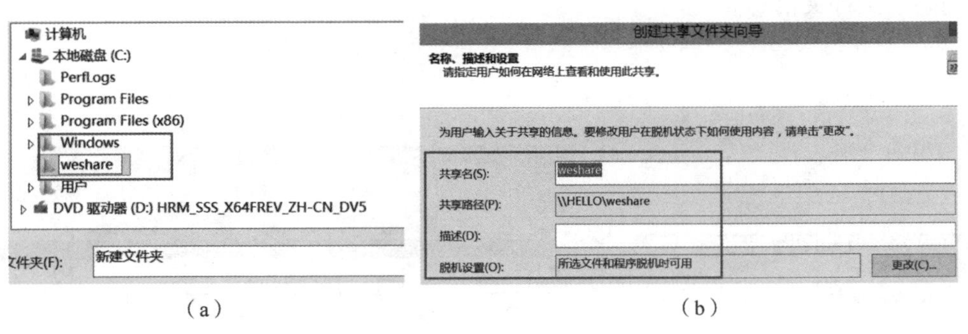

（a）　　　　　　　　　　（b）

图 4-4　新建共享文件夹

（a）新建共享文件夹；（b）保持共享文件夹信息

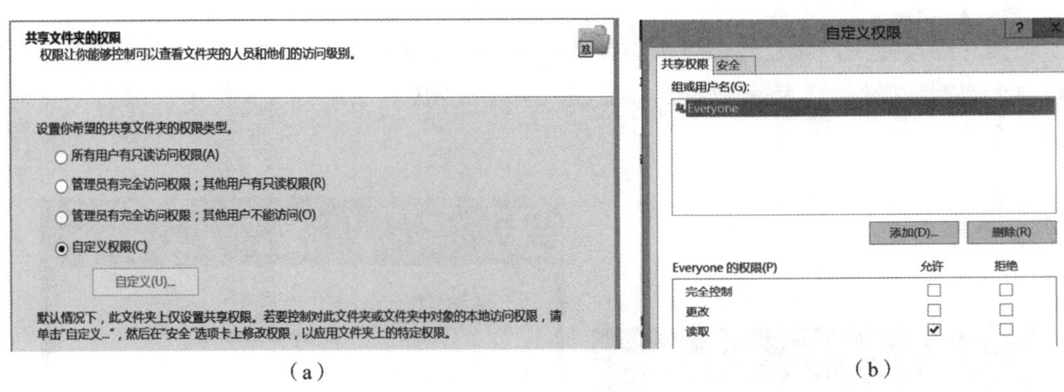

（a）　　　　　　　　　　（b）

图 4-5　共享文件夹自定义权限

（a）选择"自定义权限"；（b）用户自由权限分配

单击"添加"按钮，如图 4-6 所示，在"选择用户或组"对话框中单击"高级"按钮，在弹出的对话框中单击"立即查找"按钮，选择已经创建好的用户账户 yanmei，单击"确定"按钮，即可返回到"自定义权限"操作界面，分别选中 Everyone 和 yanmei 用户，分配指定的权限。

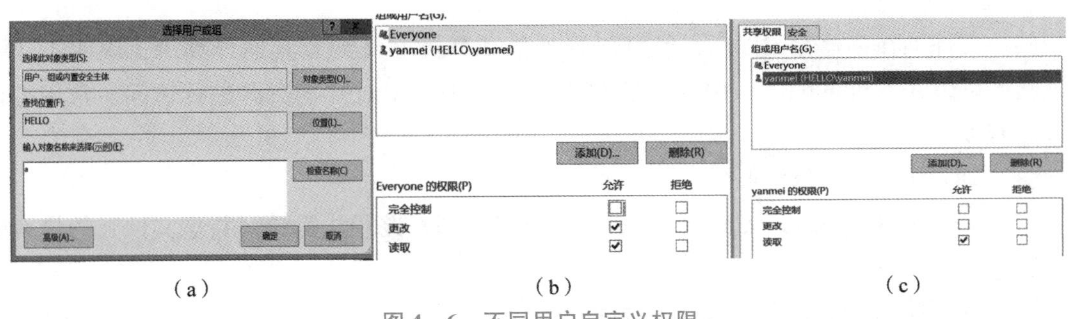

（a）　　　　　　（b）　　　　　　（c）

图 4-6　不同用户自定义权限

（a）单击"高级"按钮；（b）添加用户；（c）为不同用户自由分配权限

完成权限设置后，系统提示"共享成功"，并显示了共享文件名、文件的路径及共享的路径信息，如图 4-7 所示，单击"确定"按钮，在返回的"计算机管理"窗口中即可看到创建好的共享文件夹信息。

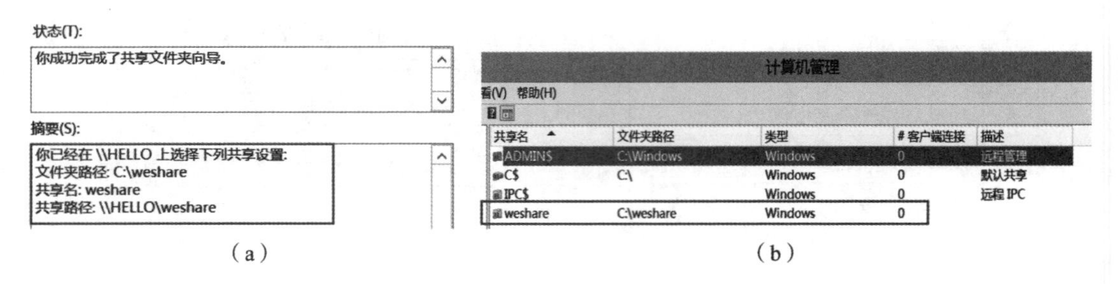

（a）　　　　　　　　　　　　　　　　（b）

图 4－7　共享文件夹创建成功

（a）共享成功；（b）创建好的共享信息

切换并用普通用户账户“yanmei”登录服务器，登录系统后，在对创建的共享文件夹进行重命名或删除操作时，系统则提示需要输入管理员密码，如图 4－8 所示，增加了系统资源的安全性。

（a）　　　　　　　　　　　　　　　　（b）

图 4－8　不同用户操作权限的体现

（a）切换普通用户账户登录；（b）提示输入管理员密码

2. 访问共享文件夹

共享文件夹在创建完成以后，就可以在其他计算机上（涉及其他计算机，说明不止一台电脑，可以在本机 Windows 10 上进行操作）通过网络来对共享资源进行访问，常用的访问方法有以下 3 种：

（1）通过 UNC 路径访问

UNC（Universal Naming Convention，通用命名规则）路径法是访问共享文件夹的最有效的方法。

UNC 路径格式：\\计算机名或 IP 地址\共享名，例如：\\192.168.113.23\共享文件夹。

可输入 UNC 路径的地方主要有以下几处：

➢ 在本机 Win10 操作系统下，同时按下 Windows 徽标＋R 组合键，在打开的“运行”对话框中输入 NUC 路径\\192.168.12.129\weshare，如图 4－9 所示，输入服务器的用户账号和密码，即可访问对方的共享文件资源。

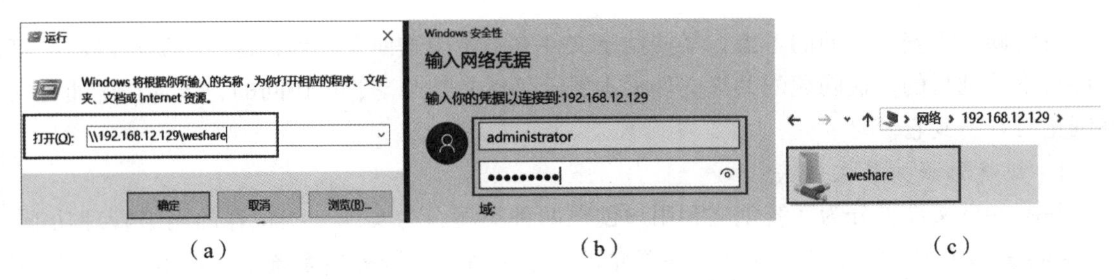

（a）　（b）　（c）

图 4－9　本机访问服务器上的共享资源

（a）输入 NUC 路径；（b）输入服务器密码；（c）访问共享的资源

➢ 在本机系统下浏览器的地址栏中输入 NUC 路径\\192. 168. 12. 129\weshare，如图 4－10 所示，也可访问服务器上共享文件资源。

图 4－10　使用本机系统浏览器访问服务器上的共享资源

（2）通过“映射网络驱动器”访问

对于经常要访问的共享文件夹，可以通过映射网络驱动器快速访问，在客户机设置映射网络驱动器的步骤如下：

在 Win10 中，通过前面的方法找到目标计算机上的共享文件夹，右击该共享文件，在弹出的快捷菜单中选择“映射网络驱动器”，在打开的“映射网络驱动器”对话框中选择驱动器（如：Z），单击“完成”按钮。设置成功后，映射网络驱动器就在客户端“计算机”中生成一个新的盘符图标，单击该盘符图标，便可访问对应的共享文件夹，如图 4－11 所示。

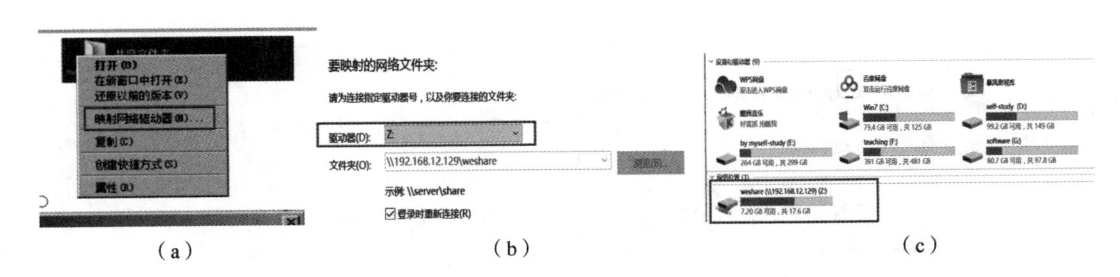

（a）　（b）　（c）

图 4－11　通过映射网络驱动器访问共享资源

（a）选择“映射网络驱动器”；（b）输入驱动器号；（c）生成驱动器盘符

任务 4 – 2　隐藏共享文件夹的创建及管理

有时候出于安全方面的考虑，某些共享文件夹不希望被他人看到，这时可通过隐藏共享文件夹来达到目的。被隐藏的共享文件夹本质上仍然是被共享、可访问的，区别在于通过网络浏览时看不到它。

1. 创建隐藏共享文件夹

隐藏共享文件夹分为系统创建和用户创建两种类型，为实现一些特殊的网络管理功能，Windows 系统安装后，会自动生成一些隐藏的共享资源。在服务器系统下，单击“开始”菜单，选择“管理工具”下的“计算机管理”菜单项，在打开“计算机管理”左窗格中依次展开“系统工具”下的“共享文件夹”，单击“共享”，此时在右窗格中便会出现本机所有的共享资源，而 C$ 、E$ 、IPC$ 及 ADMIN$ 就属于系统自动创建的隐藏共享资源，如图 4 – 12 所示。

计算机管理

看(V)　帮助(H)

共享名	文件夹路径	类型	# 客户端连接	描述
ADMIN$	C:\Windows	Windo...	0	远程管理
C$	C:\	Windo...	0	默认共享
IPC$		Windo...	0	远程 IPC

图 4 – 12　系统默认的隐藏共享资源

要隐藏共享文件夹，只需要在设置共享文件夹的共享名后面加一个“$”符号即可。按照共享文件夹创建的方法，创建隐藏共享文件夹 weshare $ ，创建完成后，在计算机管理窗口中即查看到该隐藏的共享文件夹，如图 4 – 13 所示。

共享名	文件夹路径	类型	# 客户端连接	描述
ADMIN$	C:\Windows	Windows	0	远程管理
C$	C:\	Windows	0	默认共享
IPC$		Windows	0	远程 IPC
weshare	C:\weshare	Windows	1	
weshare$	C:\weshare$	Windows	0	

图 4 – 13　创建的隐藏共享资源

2. 访问隐藏共享文件夹

由于在网络浏览时看不到隐藏共享文件夹，需要利用 UNC 路径或映射网络驱动器来访问隐藏共享文件夹，例如：在客户机的“运行”对话框输入隐藏共享的 UNC 路径，如图 4 – 14 所示。

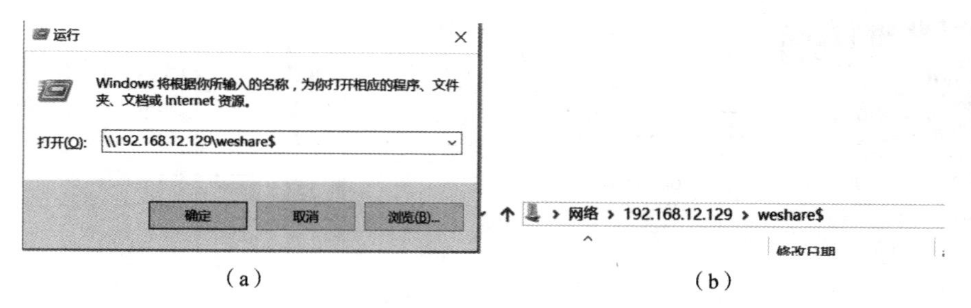

图 4 – 14　访问隐藏共享文件夹的两种方法

3. 隐藏共享文件夹的管理

系统默认生成的隐藏共享常常会被一些非法攻击者利用，只要对方知道管理员账号和密码，就可以访问所有的磁盘分区，显然给服务器造成很大的安全威胁，为此，必须及时切断服务器的默认共享“通道”。取消默认的隐藏共享的方法有多种，着重介绍注册表更改键值法，步骤如下：

在服务器的桌面上单击“开始”菜单，打开“运行”对话框并在编辑框内输入“regedit”，单击“确定”按钮，如图4－15所示，打开“注册表编辑器”窗口，在左窗口中按照“HKEY_LOCAL_MACHINE\SYSTEM\CurrentControlSet\Services\LanmanServer”路径展开。

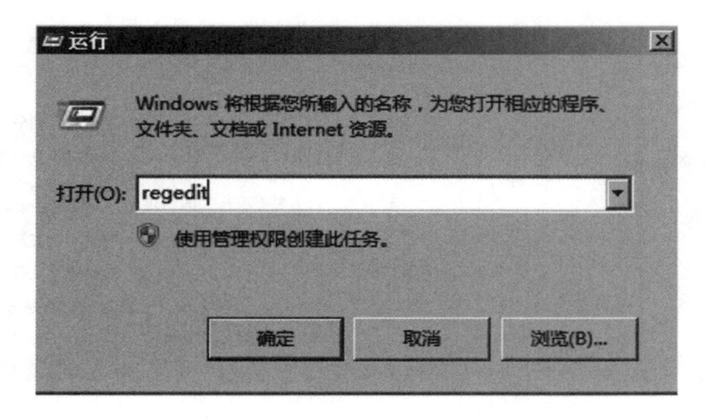

图4－15　输入“regedit”

在展开的注册表编辑器路径中，右击“Parameters”项，如图4－16所示，在弹出的菜单中选择“新建”下的“DWORD（32－位）值”。在右窗格中右击“新值#1”，在弹出的快捷菜单中选择“重命名”，将“新值#1”改为“AutoShareServer”，双击“AutoShareServer”项，在打开的对话框中输入数值“0”，单击“确定”按钮，重启系统后再次查看，相应的默认共享已经取消。

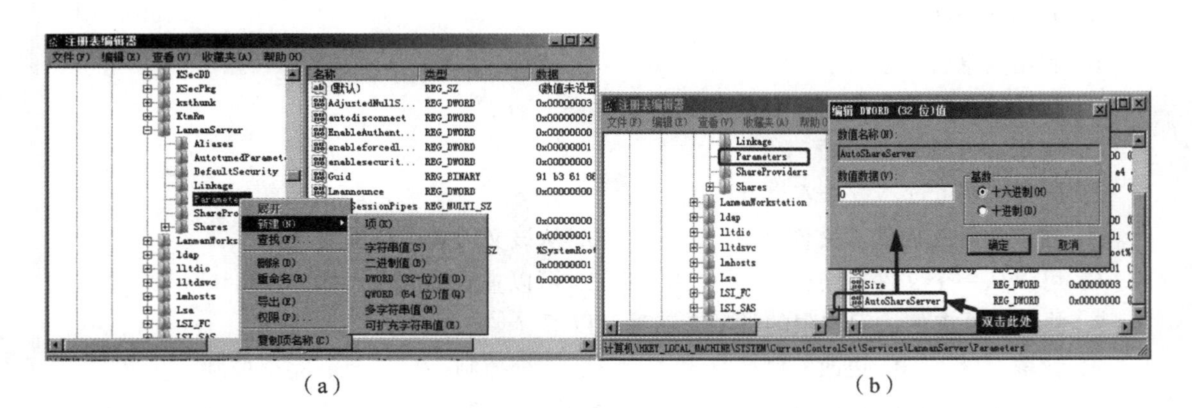

（a）　　　　（b）

图4－16　修改注册表编辑器中相应信息

（a）新建DWORD值；（b）更改新值

【任务小结与测试】

思维导图小结

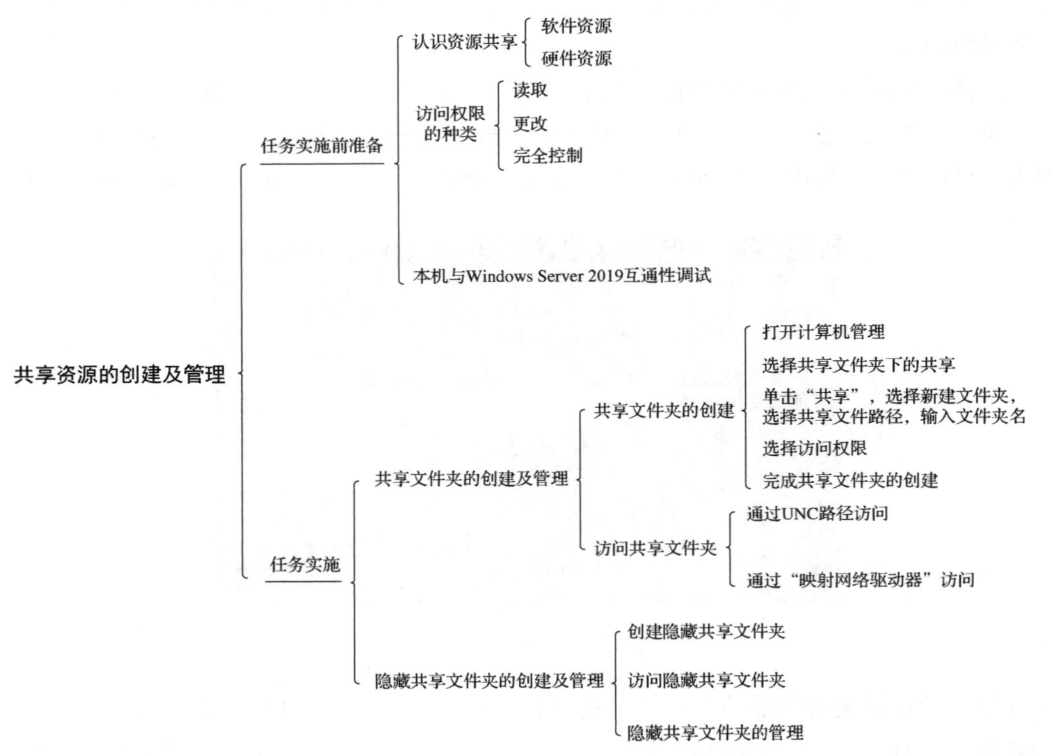

测试

在线小结测试

1. 在一台计算机上有多个共享文件夹，若要全面了解这台计算机上所有共享文件夹的位置，可以使用的方法有（　　）。

A. 利用资源管理器查看

B. 利用共享管理器查看

C. 在计算机管理控制台下利用“共享文件夹”查看

D. 利用文件管理器查看

2. 某文件夹可读，意味着（　　）。

A. 在该文件夹内建立文件　　B. 从该文件夹中删除文件

C. 可以从一个文件夹转到另一个文件夹　　D. 可以查看该文件夹内的文件

3. 共享文件夹的访问权限的类型有三种，以下（　　）不是。

A. 读取　　B. 更改　　C. 部分控制　　D. 完全控制

4. 在 Windows Server 2019 中，要创建隐藏共享文件夹，只需要在共享文件夹后添加（　　）符号。

A. %　　B. *　　C. $　　D. #

【任务工单与评价】

任务工单与评价

<table>
<tr><td colspan="8">考核任务名称：共享资源的创建及管理</td></tr>
<tr><td>班级</td><td></td><td>姓名</td><td colspan="2"></td><td>学号</td><td colspan="2"></td></tr>
<tr><td>组间
评价</td><td></td><td>组内
互评</td><td></td><td>教师
评价</td><td></td><td>成绩</td><td></td></tr>
<tr><td>任务要求</td><td colspan="7">共享资源的创建及管理具体要求如下：
1. 在服务器的 D 盘下创建两个文件夹：“工龄核对表”“个人信息收集表”，并在其中创建包含对应信息 Excel 表：“工龄核对表 . xlsx”“个人信息收集表 . xlsx”。
2. 设置所有用户对“工龄核对表 . xlsx”共享文件只具有访问的权限，设置所有用户对“个人信息收集表 . xlsx”共享文件具有更改的权限。
3. 在客户机上通过最少两种方式访问共享资源。
4. 在客户机上访问服务器的共享文件“工龄核对表”“个人信息收集表”，并验证对“工龄核对表 . xlsx”共享文件是否可以访问、是否可以更改、是否可以删除。验证对“个人信息收集表 . xlsx”共享文件是否可以访问、是否可以更改、是否可以删除。
5. 在服务器的 D 盘下创建隐藏共享文件“工资 . xlsx”，从客户端验证通过什么样的方式可以访问到该隐藏共享文件。</td></tr>
<tr><td rowspan="2">任务完成过程记录</td><td colspan="7">操作过程：</td></tr>
<tr><td colspan="7">操作过程中遇到的问题：</td></tr>
<tr><td>小结</td><td colspan="7">（将自己学习本任务的心得简要叙述一下，表述清楚即可）</td></tr>
</table>

任务评价分值

评价类型	占比/%	评价内容	分值
知识与技能	60	共享文件夹的创建	25
		通过不同的方式访问共享文件夹	20
		隐藏共享文件夹的创建	15
素质与思政	40	按时完成，认真填写任务工单	5
		任务工单内容操作标准、规范	5
		保持机位的卫生	5
		小组分工合理，成员之间相互帮助，提出创新性的问题	5
		按时出勤，不迟到早退	5
		参与课堂活动	5
		完成课后任务拓展	10

【拓展训练】

在线主题讨论

服务器作为为客户提供服务的关键核心部件，其数据的安全性尤其重要，在局域网内访问共享资源时，如何保护共享资源的数据信息？在日常生活中，经常会看到一些路人拍路边的建筑，如果遇到有人在军事要地随意拍照，应该怎么做呢？

任务五 域网络的创建及应用

【任务背景】

域网络基础

公司组建的工作组网络可以满足公司各部门内部的管理需求，但对于整个公司的网络而言，一些服务资源需要向外部互联网上的用户提供服务，这就需要采取安全措施来保护公司的内部网络，即让安全性要求较高的计算机加入域，对重要的公共资源和计算机使用人员的信息实现集中管理。

【任务介绍】

企业要构建一个办公网络，考虑到业务发展的需要，以及网络的安全性，需要对重要的公共资源和计算机使用人员的信息实现集中管理。本任务要求同学：搭建域环境，进行域的配置和管理，实现公司的集中管理。

【任务目标】

1. 知识目标

①了解域的概念、特点，活动目录的结构，域用户账户、域组账户和组织单位的概念、特点和用途。

②熟悉域控制器的条件、活动目录的管理与维护、域组账户的使用原则。

③掌握创建域、将计算机加入或脱离域、将域控制器降级为独立服务器或成员服务器的方法。

④掌握域用户账户、域组账户和组织单位的创建与管理的方法。

2. 技能目标

①会创建域，能将计算机加入或脱离域。

②会创建与管理域用户账户、域组账户和组织单元。

③能利用组策略技术对域中的计算机进行一些常用设置。

3. 素质与思政目标

①积极动手实践，培养学生积极劳动的意识。

②遵守国家法律法规，树立规矩意识，养成良好的网络运维管理员的职业素养。

③在构建域网络的过程中，培养学生举一反三、触类旁通及有效总结的学习和工作习惯。

【任务实施前准备】

1. 认识域网络

工作组（Work Group）中的计算机没有统一的管理机制，每台计算机的管理员只能管理本地计算机；而域网络中，至少一台服务器用于存储用户的信息，这台服务器称为域控制器。域控制器设置了一个专门的“管理机关”——活动目录（Active Directory，AD）。

活动目录是存储网络上的对象信息和配置信息，并使该信息供用户方便使用的目录服务。

2. 域中计算机的角色

域中计算机根据其功能的不同，可分为以下三个角色：

（1）域控制器

在域模式下，至少有一台计算机负责每一台联入网络的电脑和用户的验证工作，相当于一个单位的门卫，这台计算机称为域控制器。

域中角色的互动练习

①在一个域中，活动目录数据库必须存储在域控制器上。

②只有服务器级的计算机才能承担域控制器的角色。

③域控制器管理目录信息的变化，并把这些变化复制到同一个域中的其他域控制器上，使各域控制器上的目录信息处于同步状态。

④域控制器负责用户登录及与其他域有关的操作，比如：身份验证、目录信息查找等。

⑤一个域可以有一个或多个域控制器，各域控制器是平等的，管理员可以在任意一台域控制器上更新域的信息，更新的信息会自动传递到网络中其他域控制器。

⑥设置多台域控制器目的是提高域的容错能力。

（2）成员服务器

那些安装了服务器操作系统（如：Windows Server 2019/2016/2019），但未安装活动目录服务且加入域的计算机称为成员服务器。成员服务器不执行用户身份验证，也不存储安全策略信息，这些工作由域控制器完成。如果在成员服务器上安装活动目录，该服务器就会升级为域控制器；如果在域控制器上卸载了活动目录，该服务器就会降级为成员服务器。

（3）工作站

所有安装了 Windows XP/7/8/10 系统，并且加入域的计算机称为工作站。工作站由于没有安装服务器操作系统，所以无法升级为域控制器。

三者之间的关系：成员服务器和工作站都受域控制器的管理和控制；在一个域中，必须有域控制器，而其他角色的计算机可有可无。一个最简单的域只包含一台计算机，这台计算机一定是该域的域控制器。

3. 活动目录的组织结构

活动目录数据库中存储了大量且种类繁多的资源信息，这些信息不仅包括用户账户、用户组、计算机等基本对象，还包括由基本对象按照一定的层次结构组合起来的组合对象。Windows Server 2019 活动目录中，组合对象有以下几种：

（1）组织单位（Organizational Unit，OU）

OU 是组织、管理域内对象的一种容器，它能包容用户、计算机等基本对象和其他的 OU。

（2）域（Domain）

域是活动目录的核心单元，是对象的容器，这些对象有相同的安全需求。域管理员具有管理本域的所有权利，如果其他的域赋予他管理权限，他还能够访问或管理其他的域。

（3）域树（Domain Tree）

在一个活动目录中，可以根据需要建立多个域。建立的第一个域称为“父域”，而把各分支机构建立的域称为该域的“子域”。为了表明域之间的信任关系，要求子域的名称包含父域的域名。

（4）域森林（Domain Forest）

多棵域树就构成了域森林，域森林中的域树不共享邻接的命名空间。域森林中的每一棵域树都拥有唯一的命名空间，但共享同一个架构和同一个全局目录数据库。

【任务实施】

任务5-1　域控制器的安装与配置

1. 域控制器的安装

安装了活动目录的服务器就是域控制器，所以，安装活动目录的过程就是创建域控制器的过程，也是创建域的过程。

域控制器的安装条件：

- 安装者具有本地管理员权限。
- 操作系统版本必须满足条件。
- Windows Server 2012/2016/2019（Web版除外）。
- 至少要有一个NTFS分区。

原因：为了突破FAT32格式单个文件的大小≤4 GB的局限和安全设置。

- 有TCP/IP设置（IP地址、子网掩码、DNS的IP等）。
- 有相应的DNS服务器支持（其作用是定位域控制器）。
- 有足够的可用空间。

具体操作如下：以管理员身份登录计算机，打开服务器管理器窗口，选择“添加角色和功能”选项，如图5-1所示，进入“添加角色和向导”界面之后，单击下方的“下一步”按钮，进入“安装类型”界面后，选择“基于角色或基于功能的安装”，继续下一步操作。

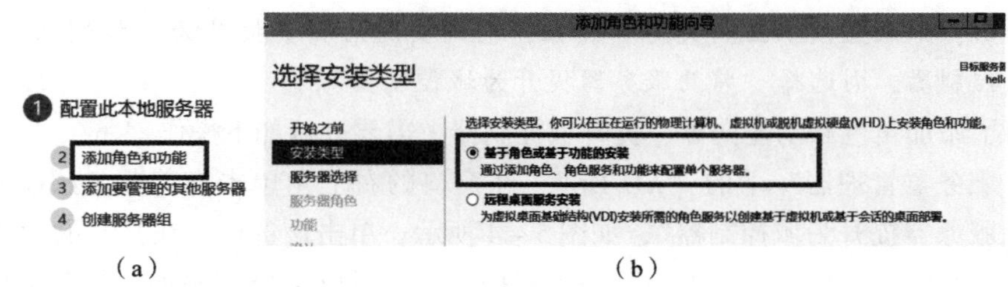

（a）　　（b）

图5-1　添加角色和功能

（a）添加角色和功能；（b）选择“基于角色或基于功能的安装”

进入“服务器选择”界面，在右窗格中选择“从服务器池中选择服务器”，继续单击“下一步”按钮，进入“服务器角色”选择界面，在下拉菜单中找到“Active Directory域服务”并选中，弹出“添加Active Directory域服务所需的功能”页面，单击“添加功能”按钮，如图5-2所示，进入功能页面继续下一步操作。

进入“AD DS”界面，如图5-3所示，注意阅读界面提示的注意事项。单击“下一步”按钮，进入“确认”界面，单击下方的“安装”按钮，系统进入角色安装界面，只需要等待安装完成就可以了。

等待进度条完成之后，在下方就会显示安装成功的提示，然后单击下方的“关闭”按钮即可完成安装。

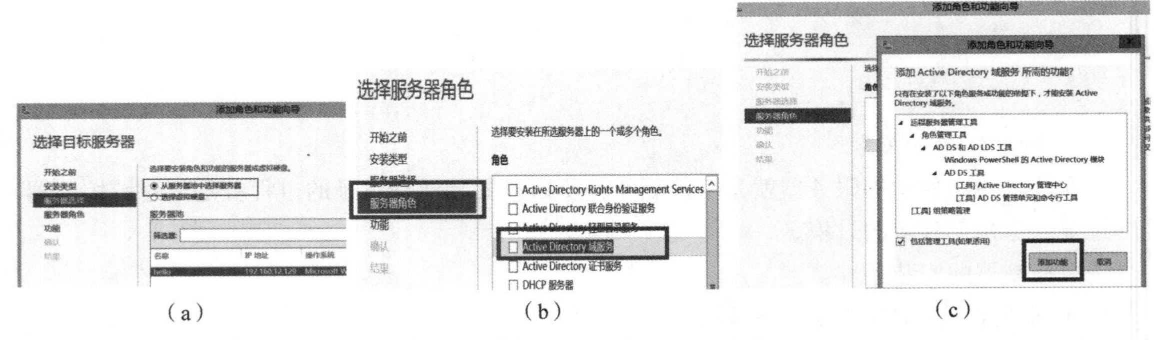

图 5－2　添加 Active Directory 角色

（a）选择“从服务池中选择服务器”；（b）选择“Active Directory 域服务”；（c）单击“添加功能”按钮

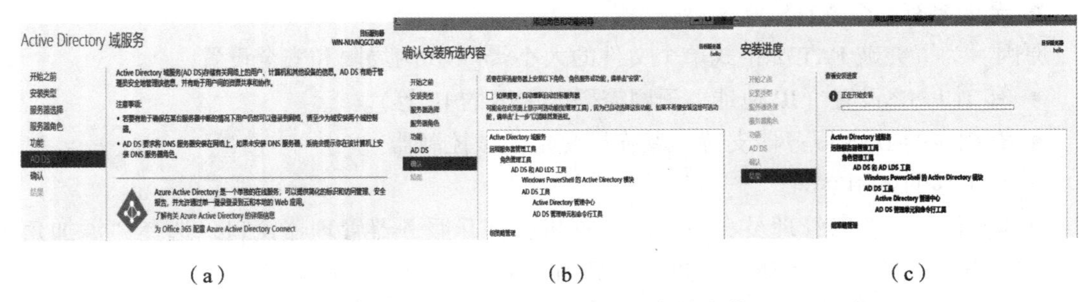

图 5－3　Active Directory 角色的安装

（a）“AD DS”界面；（b）确认角色安装界面；（c）AD 角色安装

温馨提示：如果直接单击“关闭”按钮，则需要随后将其提升为域控制器。若现在将其提升为域控制器，则选择“将此服务器提升为域控制器”。

若关闭了添加角色和功能向导，提升域控制器，需要进行如下操作：

打开“服务器管理器”下的“AD DS”，在窗口的右上角单击打着黄色感叹号的小旗，提示“将此服务器提升为域控制器”，如图 5－4 所示，单击该选项，在打开的“部署配置”窗口中，由于该服务器是域森林中的第一台域控制器，所以选择“添加新林”，并在根域名中输入新林的林根域名“sxjdxy. org”，单击“下一步”按钮继续操作。

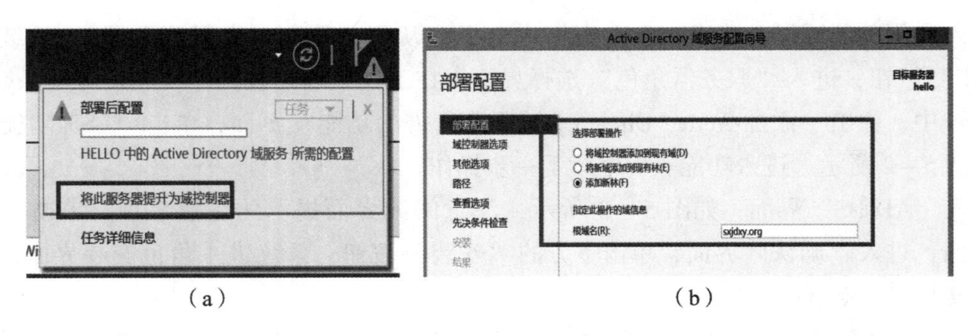

（a）　　　　　　　　　　　　（b）

图 5－4　将服务器提升为域控制器

（a）将此服务器提升为域控制器；（b）添加新林

进入“域控制器选项”窗口，在选择新林和根域的功能级别时，如图 5 – 5 所示，选择“Windows Server 2016”，保持“域名系统（DNS）服务器”勾选状态不变，输入管理员的密码。注意，该密码是出现系统灾难，要修复活动目录时，登录系统使用的密码。单击“下一步”按钮，进入“DNS 选项”窗口，提示警告信息，可以先忽略，继续下一步操作。

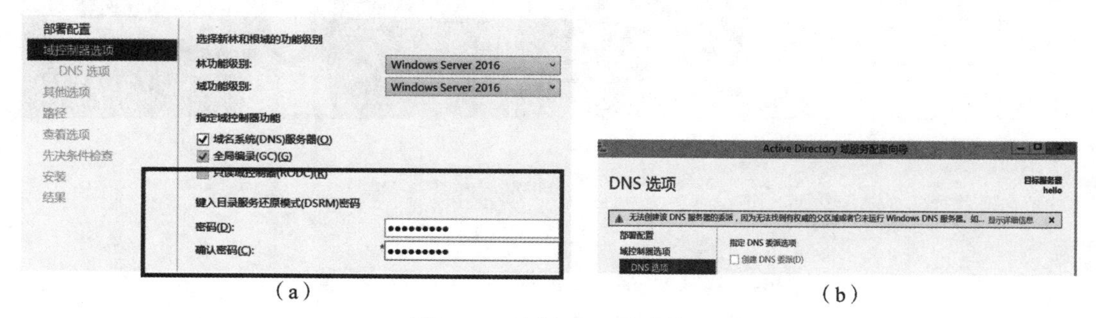

图 5 – 5　选择 2019 林功能

（a）选择林功能级别；（b）查阅提示的警告信息

进入“其他选项”窗口，如图 5 – 6 所示，在“NetBIOS 域名”编辑框中自动显示新的域名，保持默认不变，继续操作。进入“路径”窗口，保持默认不变，继续下一步操作。在打开的“查看选项”窗口中，显示了在创建域控制器过程中的所有配置信息。若要修改，单击“上一步”按钮；若没有更改，继续下一步操作。

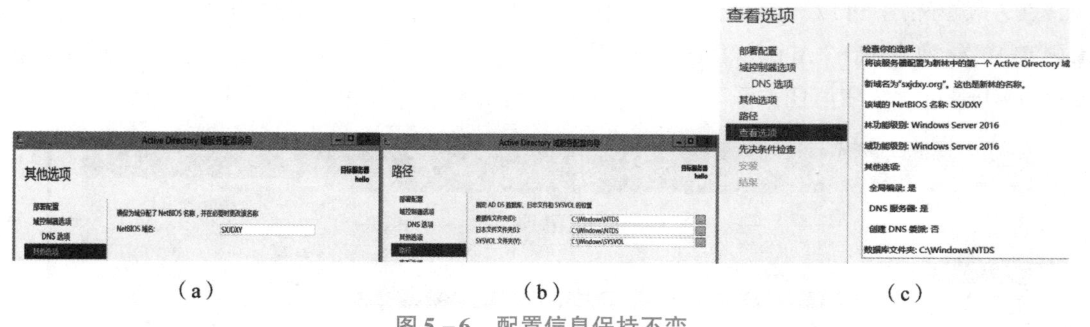

图 5 – 6　配置信息保持不变

（a）NetBIOS 保持不变；（b）路径保持不变；（c）查阅配置信息

进入“先决条件检查”窗口，如图 5 – 7 所示，系统检查安装的先决条件，所有条件通过后，单击“安装”按钮，在安装窗口中，系统开始进入安装活动目录安装等阶段。安装完成后，系统自动重新启动。系统重新启动后，升级为 Active Directory 域控制器，要登录系统，必须使用域用户账户登录，格式为：域名\用户账户。

2. 验证 Active Directory 域服务器的安装

活动目录安装之后，可以从许多方面进行验证。

（1）查看计算机名

右击，选择“属性”，可以看到计算机已经由工作组成员变成了域成员，而且是域控制器，如图 5 – 8 所示。

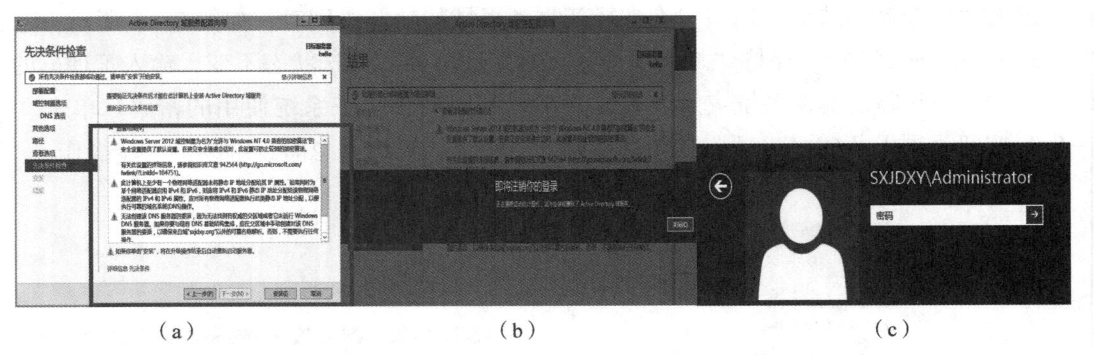

（a）　　　　　　　　（b）　　　　　　　　（c）

图 5－7　配置信息保持不变

（a）查看先决条件；（b）系统重启；（c）域账户登录系统

图 5－8　查看计算机名

（2）查看管理工具

活动目录安装之后，会添加一系列的活动目录管理工具。打开“服务器管理器”窗口，在左侧窗格中可以看到增加了 AD DS 和 DNS 内容，并且单击右上角的工具，可在下拉菜单中看到包括“Active Directory 用户和计算机”“Active Directory 站点和服务”“Active Directory 域和信任关系”等多个管理活动目录的工具菜单，如图 5－9 所示。

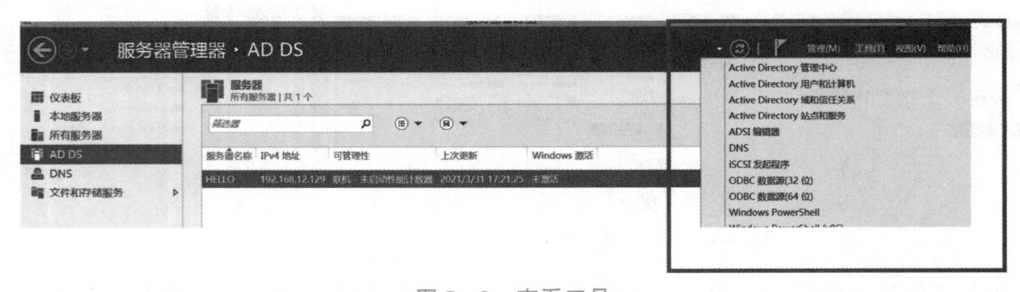

图 5－9　查看工具

3. 客户端计算机加入域

在安装活动目录之后，需要将其他的服务器或客户机加入域，用户才可以在这些计算机上使用域用户账户登录域，并访问域中允许访问的资源。

计算机能加入域的先决条件是：

- 该计算机与域控制器能连通；
- 在计算机上正确设置首选 DNS 服务器的 IP 地址（这里设为第一台域控制器的 IP 地址）

以本机操作系统计算机为例，将其加入域的步骤：

以该计算机的本地管理员身份登录本机，在系统桌面右下角选择“本地网络和共享中心”，右击“本地连接”，选择“属性”下的“Internet 协议版本 4（TCP/IPv4）”，单击“属性”按钮，在“首选 DNS 服务器”编辑框中输入维护该域的 DNS 服务器的 IP 地址，如图 5－10 所示，由于维护该域的 DNS 服务器通常在域控制器上，所以这里输入的就是域控制器的 IP 地址。

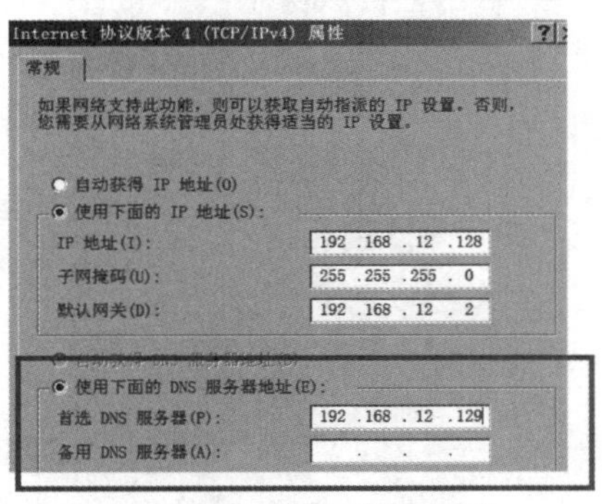

图 5－10　输入首选 DNS

打开系统桌面下的“开始”菜单，如图 5－11 所示，右击“计算机”，依次单击“属性”→“高级设置”→“计算机名”→“更改”，打开“计算机名/域更改”对话框，单击“隶属于”区域中的“域”选项，在“域”编辑框中输入域名（sxjdxy. org），单击“确定”按钮，完成操作。

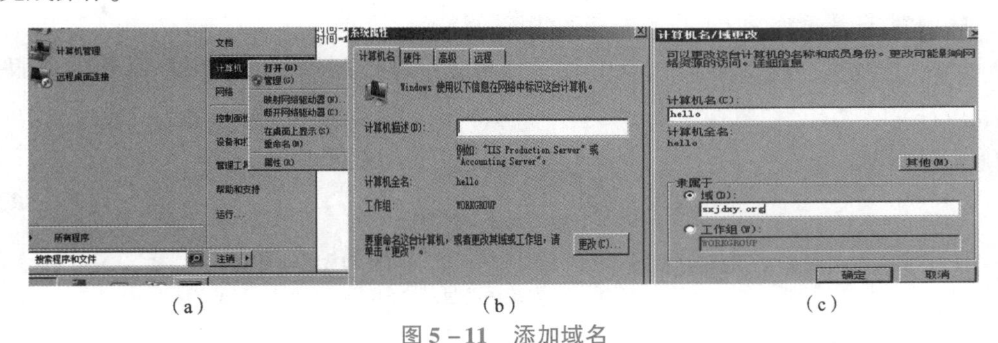

（a）　（b）　（c）

图 5－11　添加域名

（a）选择“属性”；（b）选择“更改”；（c）输入域名

系统提示登录对话框，在此输入具有把计算机加入域的权利的域用户账户名称和密码，单击“确定”按钮，若通过验证，则弹出“欢迎加入 sxjdxy. org 域”提示框，表明加入成功，单击“确定”按钮完成操作，如图 5－12 所示。

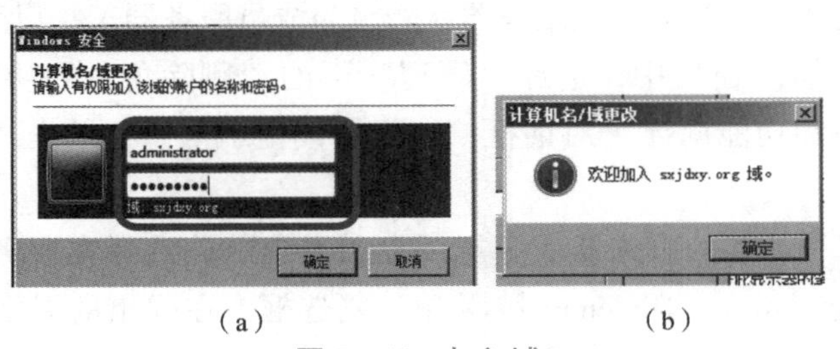

（a）　（b）

图 5－12　加入域

（a）输入账号和密码；（b）提示加入域

完成上述操作后，系统弹出“必须重新启动计算机才能应用这些更改”提示框，如图5－13所示，单击“确定”按钮，系统返回“系统属性”对话框，单击“关闭”按钮，在弹出的对话框中单击“立即重新启动”按钮，系统完成重新启动，配置信息生效。

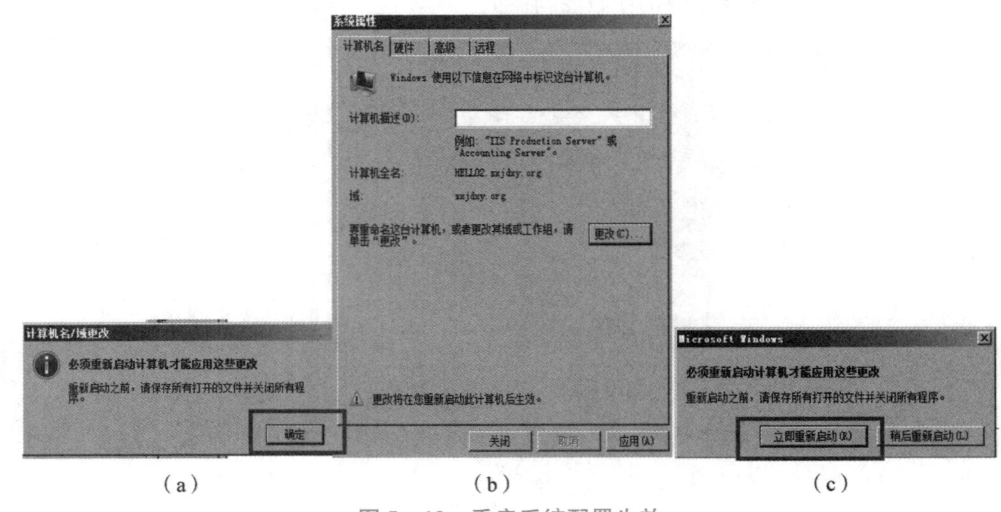

图5－13　重启系统配置生效

（a）单击“确定”按钮；（b）单击“关闭”按钮；（c）选择立即重新启动

4. 转换服务器角色

Windows Server 2019 服务器在域中有三种角色：域控制器、成员服务器和独立服务器（图5－14）。

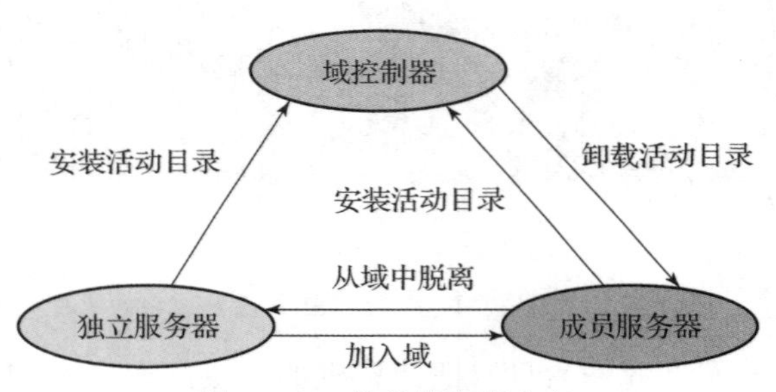

图5－14　转换服务器角色

（1）域控制器降级为成员服务器

在域服务器上把活动目录删除，服务器就降级为成员服务器了，以管理员身份登录，在打开的“服务器管理器”窗口中，选择“管理”下的“删除角色和功能”，如图5－15所示，打开“删除角色和功能向导”对话框，认真阅读提示信息，单击“下一步”按钮继续操作。

选择要删除角色和功能的服务器或虚拟硬盘，系统默认选择本服务器，在“删除服务器角色”窗口中勾选“Active Directory 域服务”复选框，在弹出的对话框中单击“删除功能”按钮，如图5－16所示。

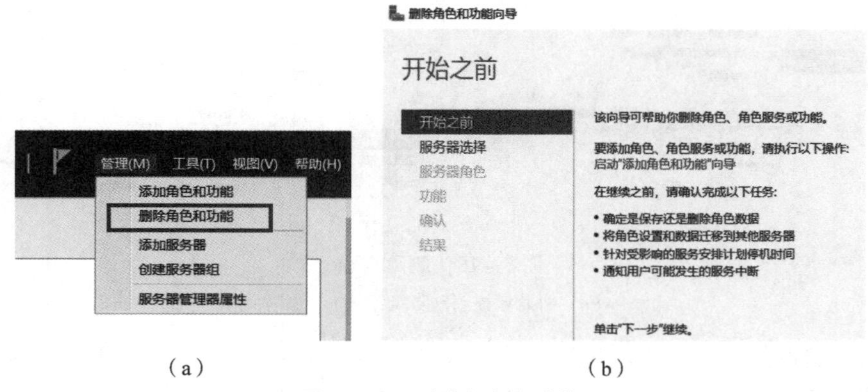

（a）　　　　（b）

图 5 – 15　删除角色和功能

（a）删除角色和功能；（b）开始之前确认事项

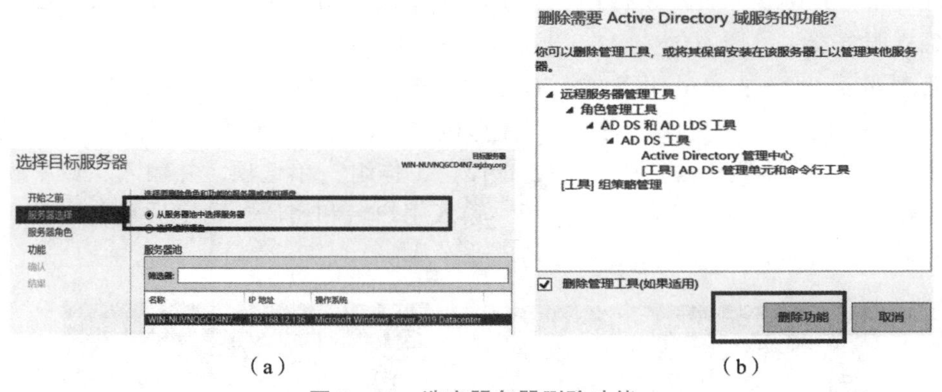

（a）　　　　（b）

图 5 – 16　选定服务器删除功能

（a）选定服务器；（b）删除功能

在删除角色和功能的过程中，系统提示“需要将 Active Directory 域控制器降级”，单击“将此域控制器降级”，进入“凭据”对话框，继续下一步操作，如图 5 – 17 所示。

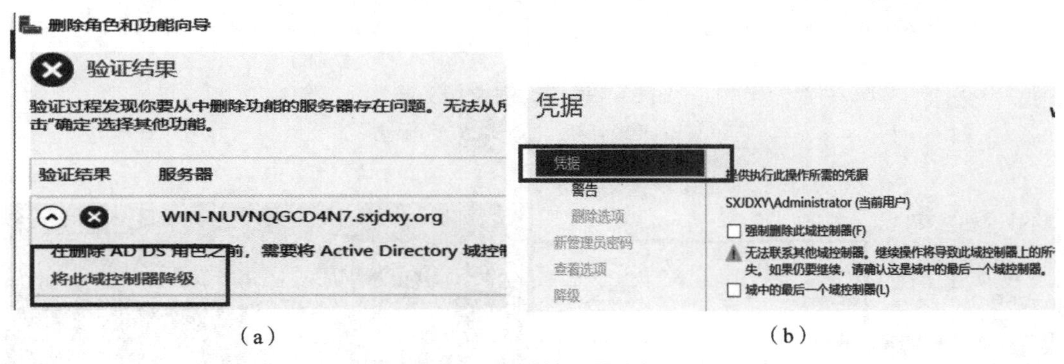

（a）　　　　（b）

图 5 – 17　域控制器降级

（a）将此域控制器降级；（b）凭据

在“警告”对话框中，勾选“继续删除”。在“删除选项”对话框中，勾选“删除 DNS 委派”“删除应用程序分区”“删除此 DNS 区域”，继续下一步，如图 5 – 18 所示。

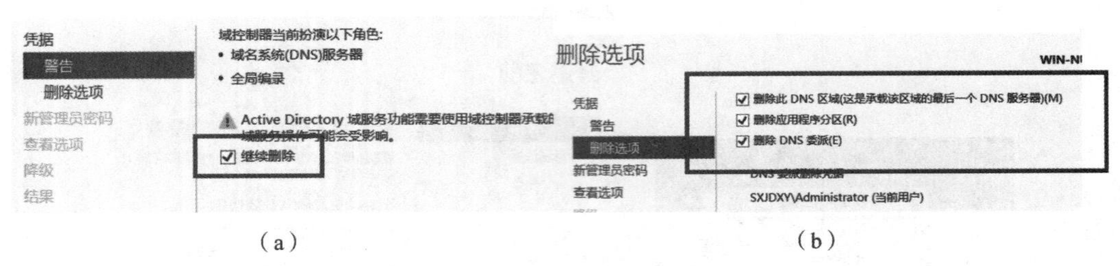

(a)　　　　(b)

图 5-18　删除选项

(a) 将此域控制器降级；(b) 凭据

输入域控制器的密码，查看选项信息，单击“降级”按钮。降级完成后，系统将提示重新启动计算机，即可完成域控制器的降级。

(2) 成员服务器降级为独立服务器

删除 Active Directory 域服务器，降级为 sxjdxy. org 成员服务器，现在将成员服务器继续降级为独立服务器。

以管理员身份登录成员服务器，右击“计算机”，依次单击“属性”→“高级设置”→“计算机名”→“更改”，打开“计算机名/域更改”对话框，弹出“计算机名/域更改”窗口，在“隶属于”选项区域中，选择“工作组”单选项，并输入从域中脱离后要加入的工作组的名字，单击“确定”按钮，输入用户名和密码，确定后重新启动，即可降级为独立服务器，如图 5-19 和图 5-20 所示。

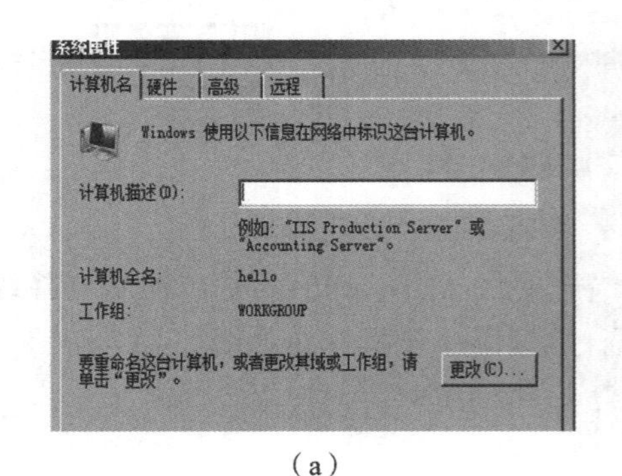

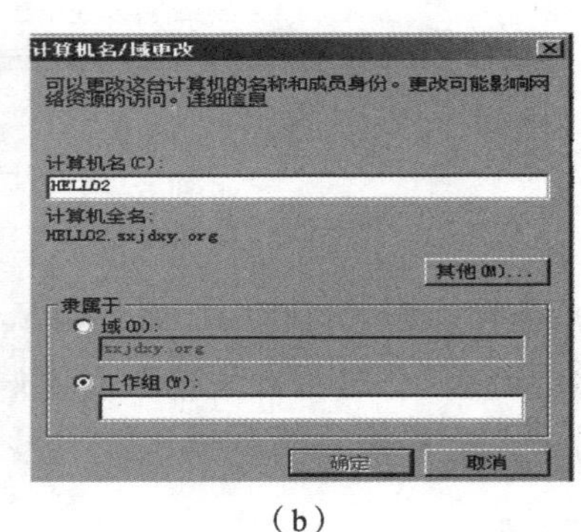

(a)　　　　(b)

图 5-19　降级独立服务器

(a) 更改计算；(b) 输入工作组名

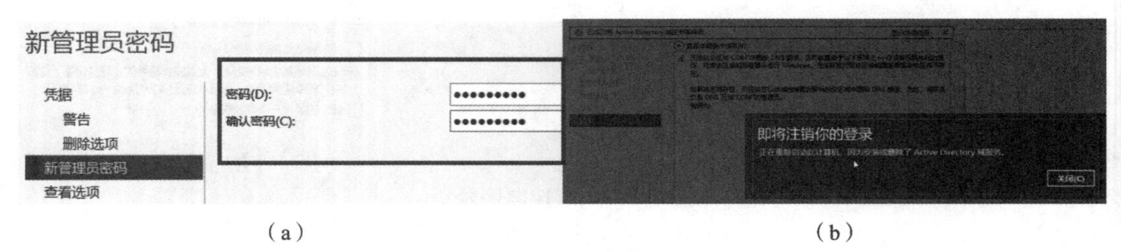

(a)　　　　(b)

图 5-20　降级

(a) 管理员密码；(b) 凭据

任务5－2　域用户及域组的创建及管理

1. 域用户的创建

域用户的创建

组中有组用户，同样，域中用户叫域用户。域用户的创建和删除都是在DC上完成的，由DC进行统一的管理。当一个域创建后，还有大量的管理工作需要去做。管理域的主要工具是“管理工具”菜单中的“Active Directory用户和计算机”“Active Directory域和信任关系”和“Active Directory站点和服务”。

以管理员身份登录到域控制器，依次单击“开始”→“管理工具”→“Active Directory用户和计算机”，如图5－15所示，在左窗格中展开域名（sxjdxy. org），在展开的内容中右击“Users”，选择“新建”下的“用户”，在打开的“新建对象－用户”对话框中输入信息，输入完成后，单击“下一步”按钮继续操作，如图5－21所示。

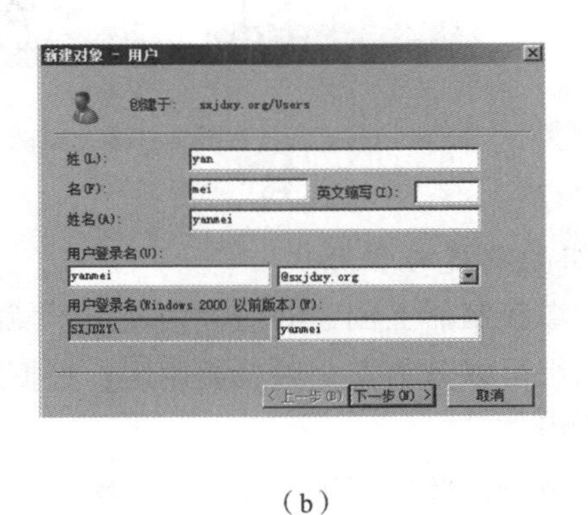

（a）　　　　（b）

图5－21　域用户信息输入

（a）选择新建用户；（b）输入域用户信息

输入域用户登录名后，如图5－22所示，继续操作，提示输入密码并选择密码控制箱，单击“下一步”按钮继续操作，系统提示用户创建完成，在右窗格中即可出现新建的用户信息。

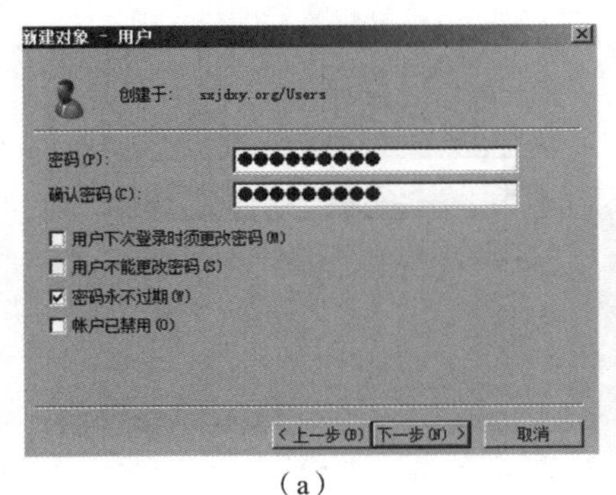

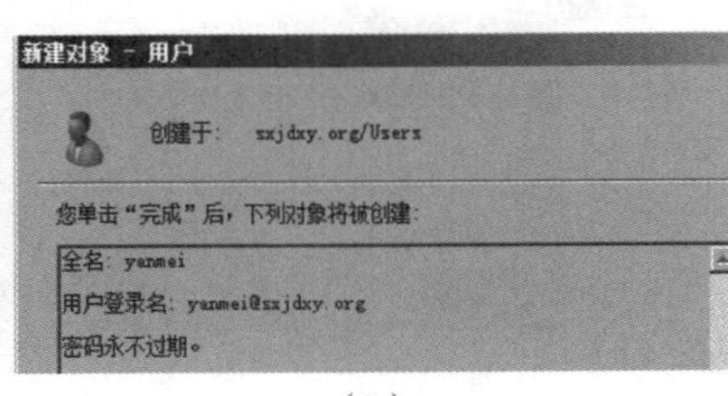

（a）　　　　（b）

图5－22　域用户创建完成

（a）输入用户密码；（b）域用户创建完成

2. 域用户的管理

默认情况下，域用户可以在任何时间登录域，若想限制其登录时间，设置过程如下：右击域用户“yanmei”，如图 5－23 所示，选择“属性”，打开该用户的“属性”对话框，单击“账户”选项卡下的“登录时间”按钮。在打开的“yanmei 的登录时间”对话框中选中指定的时间段，并选择“允许登录”或“拒绝登录”，实现对域用户登录时间的管理。

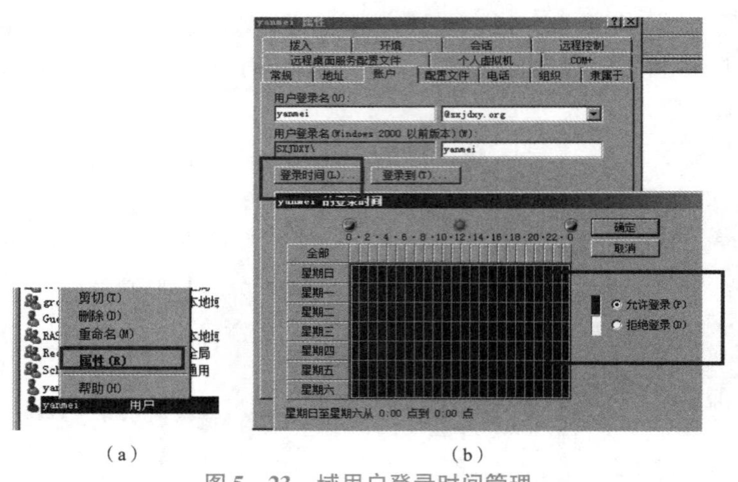

（a）　　　　　　　　　　（b）

图 5－23　域用户登录时间管理

（a）选择“属性”；（b）域用户登录时间设置

3. 域组的创建与管理

用户在域控制器上创建的组称为域组。域组的信息存储在活动目录数据库内，根据用途的不同，域组可以分为安全组、通用组；根据工作范围的不同，域组可以分为本地域组、全局组、通用组。

以管理员身份登录到域控制器，依次单击“开始”→“管理工具”→“Active Directory 用户和计算机”，在左窗格中展开域名“sxjdxy. org”，右击“Users”，选择“新建”下的“组”选项。在打开的“新建对象－组”对话框中，“组名”编辑框中输入组名，“组名（Windows 2000 以前版本）”编辑框中输入可供旧版操作系统访问的组名，单击“组作用域”和“组类型”区域的单选按钮，单击“确定”按钮完成域组的创建，如图 5－24 所示。

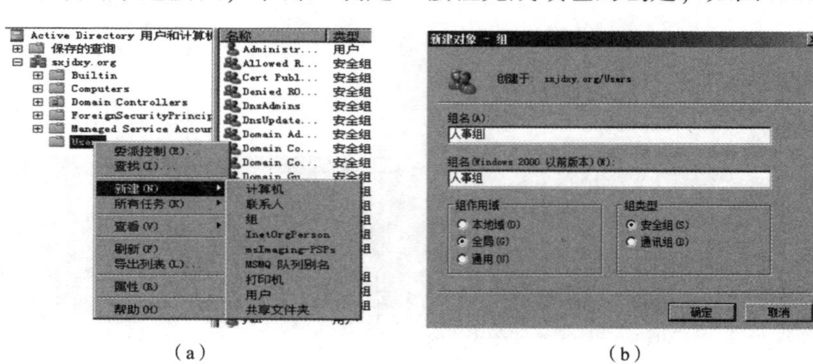

（a）　　　　　　　　　　（b）

图 5－24　域组的创建

（a）新建组；（b）输入组名等信息

将域用户 yanmei 添加到域组中，与本地组添加成员的方法类似，右击域用户“yan-mei”，选择“属性”，通过“隶属于”→“添加”→“高级”→“立即查找”，找到要添加的组，单击“确定”按钮完成域用户到域组的添加。

任务 5－3　组织单位的创建

组织单元是域中存放对象的容器，类似于资源管理器中的文件夹。在这个容器里，可以放组、文件、用户账号、打印机等。

1. 创建组织单位

通过管理工具进入“Active Directory 用户和计算机”，如图 5－25 所示，在左窗格中右击域名“sxjdxy. org”，选择“新建”下的“组织单位”。打开“新建对象－组织单位”对话框，在“名称”编辑框中输入组织单位的名称（技术支持部），单击“确定”按钮完成创建，如图5－25 所示。

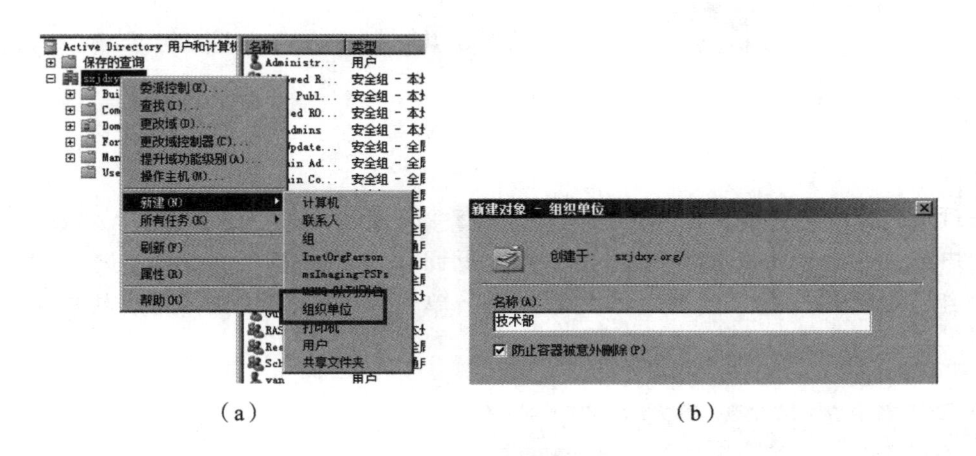

（a）　　　　　　　　（b）

图 5－25　组织单位的创建

（a）新建组织单元；（b）输入组织单位名称

2. 在组织单元中添加对象

在组织单位中可添加不同的对象，例如用户账户、组账户、计算机账户等。往组织单元里添加对象的情况有两种：添加新的对象和添加已有的对象。

①在 OU 中添加新的对象的过程是：在“Active Directory 用户和计算机”窗口中，右击要添加对象的组织单元，选择“新建”，按需单击“计算机”→“组”→“组织单元”，根据提示完成操作即可。

②在 OU 中添加已有的对象实际是移动对象至 OU 中，具体移动过程是：右击要移动的对象，在弹出的快捷菜单中选择“移动”，在打开的“移动”对话框中单击移动的目标 OU，单击“确定”按钮完成操作。

任务 5－4　组策略对象的创建与配置

组策略又称为 GROUP POLICY，用户管理计算机和用户，可以管理用户的工作环境、登录/注销时执行的脚本、软件的安装。类似于在机房统一安装软件。下面以为计算机设置统一的桌面壁纸为例，介绍创建、配置、链接和使用 GPO 的方法。

在域控制器或成员服务器的磁盘中建一个文件夹“share hello”，将桌面统一的桌面壁纸文件放入“share hello”中，按照共享文件夹创建的方式，如图 5 – 26 所示，右击该文件夹，在弹出的快捷菜单中选择“共享”，打开“文件共享”对话框，单击“添加”前面的下拉按钮并选择“查找”选项，在打开的“选择用户或组”对话框中单击“高级”按钮。

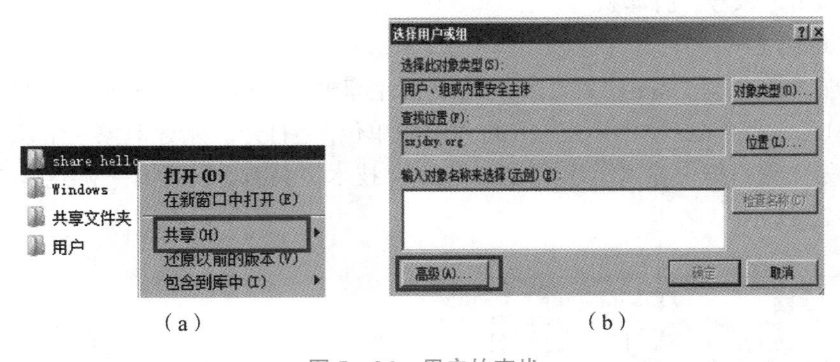

图 5 – 26　用户的查找

(a) 选择共享；(b) 查找用户

在打开的对话框中单击“立即查找”，如图 5 – 27 所示，在“搜索结果”列表框中选择一个用户组，两次单击“确定”按钮，系统返回“文件共享”对话框，单击“Domain Users”组并设置其具有“读者”的共享权限，单击“共享”按钮，完成共享文件夹的创建。

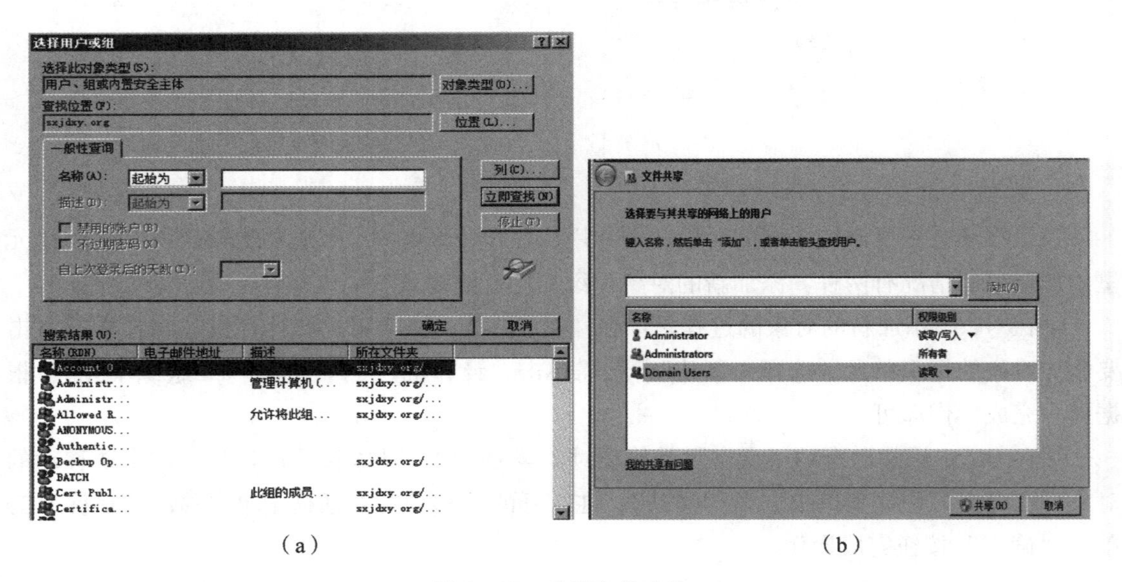

图 5 – 27　共享文件夹的

(a) 域组的选择；(b) 域组共享

【任务小结与测试】

思维导图小结

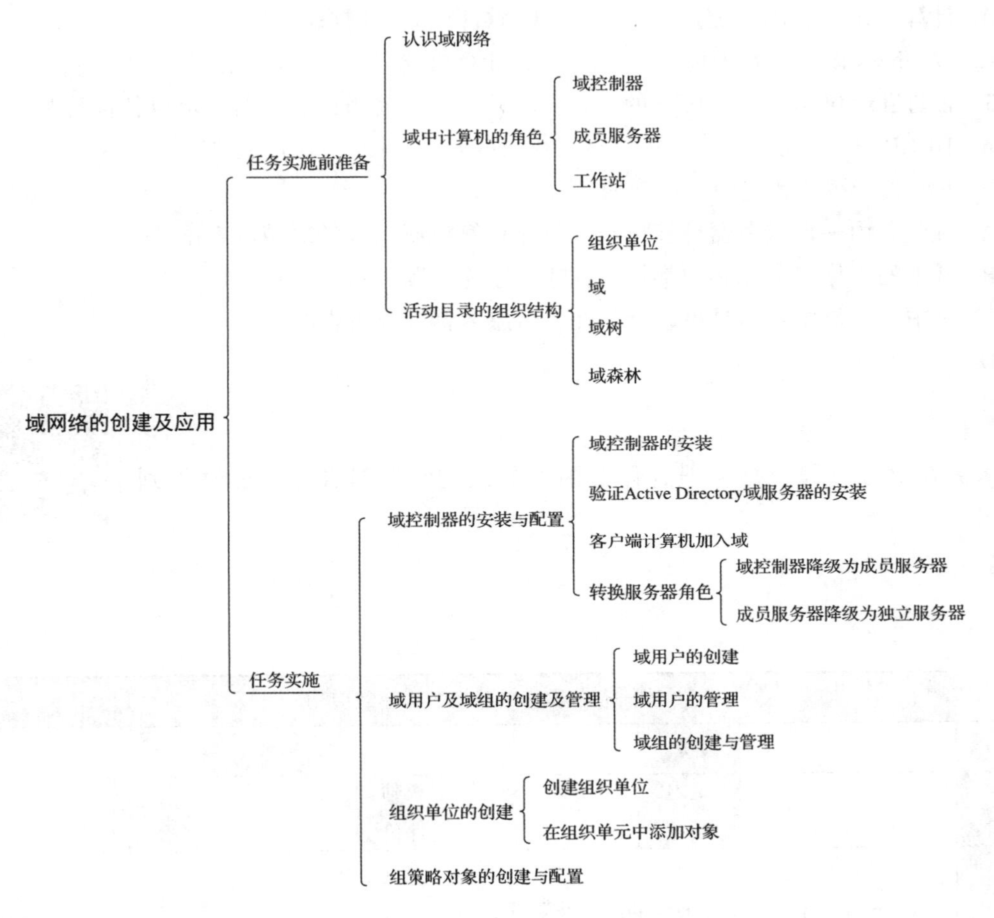

测试

1. 每个域里最少有（　　）台域控制器。

A. 1　　B. 2　　C. 3　　D. 4

2. 某台 Windows Server 2019 计算机安装了活动目录，是某个域的域控制器。因网络规划的需要，想卸载这台计算机上的活动目录，可以完成此项工作的是（　　）。

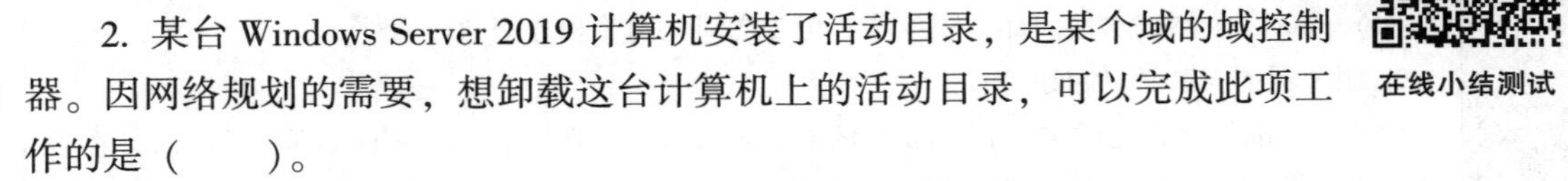

在线小结测试

A. 删除角色　　B. 重新安装 Windows Server 2019

C. 运行 winnt32. exe 命令　　D. 使用“添加/删除程序”

3. 网络管理员在一台安装了 Windows Server 2019 的计算机上执行活动目录的安装后，这台计算机上原有的本地用户账户和组账户（　　）。

A. 被全部删除

B. 变为新域中的域用户账户和组账号的形式存在

C. 仍然保留，在 DC 上以本地用户账户和组账号的形式存在

D. 转移到原来计算机所在工作组中的其他计算机上

4. Windows Server 2019 组策略由两部分组成，分别是（　　）。

A. 计算机配置、用户配置　　B. 软件设置、用户配置

C. Windows 设置、管理模板　　D. 计算机配置、Windows 设置

5. 活动目录和（　　）服务的关系密不可分，可使用该服务器来定位各种资源。

A. DHCP　　B. FTP　　C. DNS　　D. HTTP

6. 下面关于域的叙述中，正确的是（　　）。

A. 域就是由一群服务器计算机与工作站计算机所组成的局域网系统

B. 域中的工作组名称必须都相同，才可以连上服务器

C. 域中的成员服务器是可以合并在一台服务器计算机中的

D. 以上都对

【答疑解惑】

大家在学习过程中是否遇到什么困惑的问题？扫扫看是否能够得到解决。

【任务工单与评价】

任务工单与评价

<table>
<tr><td colspan="8">考核任务名称：域网络的构建及应用</td></tr>
<tr><td>班级</td><td></td><td>姓名</td><td colspan="2"></td><td>学号</td><td colspan="2"></td></tr>
<tr><td>组间评价</td><td></td><td>组内互评</td><td></td><td>教师评价</td><td></td><td>成绩</td><td></td></tr>
<tr><td>任务要求</td><td colspan="7">1. 准备工作，网络连通性的配置及测试。
（1）查看克隆后服务器 2 的 IP 地址；
（2）配置服务器 1 操作系统的 IP 地址与服务器 2 地址在同一网段；
（3）配置虚拟机的“网络适配器”“网络编辑器”；
（4）ping 命令测试本地回环、服务器 1 与 2 之间、网关和外网的连通性。
2. 服务器上安装活动目录。
使用“yanmei（自己的名字）.com”的方式定义域名，在安装 Active Directory 的同时，在该机器上安装与之配套的 DNS 服务器；将另外一台服务器加入域，以管理员账号登录域，并指出在域控制器的什么地方可以观察到计算机成功加入域的效果。
3. 创建域账户。
在域控制器上创建 work1 用户，限制 work1 用户只能从名字为 hello 的计算机上登录；在成员服务器上注销当前用户，以 work1 用户重新登录，能否成功？为什么？
4. 创建组织单元，并通过组策略对象统一设置桌面背景。</td></tr>
</table>

续表

任务完成过程记录	操作过程：
	操作过程中遇到的问题：
小结	（将自己学习本任务的心得简要叙述一下，表述清楚即可）

任务评价分值

评价类型	占比/%	评价内容	分值
知识与技能	65	域控制器的安装	15
		将计算机加入或脱离指定的域	10
		创建与管理域用户账户	10
		创建与管理域组账户	10
		创建与管理组织单元	10
		创建与配置组策略对象	10
素质与思政	35	按时完成，认真填写任务工单	5
		任务工单内容操作标准、规范	5
		保持机位的卫生	5
		小组分工合理，成员之间相互帮助，提出创新性的问题	5
		按时出勤，不迟到早退	5
		参与课堂活动	5
		完成课后任务拓展	5

【拓展训练】

在线主题讨论及视频

域网络作为一个有安全边界的计算机集合，在同一个域中的计算机，计算机域彼此之间已经建立了信任关系，在域内访问其他机器时，不再需要被域控制器许可，共同维护域网络的安全。那么，在团队中，团队成员应该如何维护团队的荣誉呢？当今国际形势多变，为维护国家的安全稳定，保持国家的强竞争力，作为一名公民，该怎么做呢？

【项目评价】

考核项目工单

<table>
<tr><th colspan="8">考核任务名称：项目一　办公网络的组建</th></tr>
<tr><td>班级</td><td></td><td>姓名</td><td colspan="2"></td><td>学号</td><td colspan="2"></td></tr>
<tr><td>组间评价</td><td></td><td>组内互评</td><td></td><td>教师评价</td><td></td><td>成绩</td><td></td></tr>
<tr><td>项目要求</td><td colspan="7">根据项目需求分析，本项目共需 3 台服务器，均需要安装 Windows Server 2019，需要更改服务器的主机名；为每台服务器创建用户账户和工作组，配置远程登录配置，使客户机远程登录服务器进行操作；配置服务器和客户机之间的网络连通性。根据公司网络规模以及集中管理的要求，采用域网络结构即可满足企业需求，为此，配置一台域控制器 DC1 来保证域的可靠性，在安装活动目录（AD）的过程中，要安装 DNS 服务，以保证域名解析服务正常运行。
1. 根据公司提出的需求，经过调研给出服务器选购清单及参数列表。
2. 安装 Windows Server 2019 操作系统。
（1）虚拟机的安装。
（2）操作系统的安装。
（3）操作系统的克隆。
3. 基本配置（计算机名、用户账户、远程登录、网络连通、共享资源）。
（1）主机名的更改。
（2）用户账户的创建及管理。
（3）网络连通性的配置及测试。
（4）共享资源的创建及访问。
4. 域网络的创建及管理。
（1）域控制器的安装。
（2）客户机加入域。
（3）域用户账户的创建及管理。
（4）组策略的应用。
5. 根据在线课程资源内容及所学内容，通过思维导图总结本项目。
6. 组内团结合作，按时完成本项目。</td></tr>
</table>

续表

项目完成过程记录	操作过程：
	操作过程中遇到的问题：
小结	（将自己学习本任务的心得简要叙述一下，表述清楚即可）

项目一　考核表

序号	主要内容	考核项目	评分标准	成绩分配	得分
1	服务器的选购	选购服务器参考信息表	没有提供信息表扣除5份	5	
2	操作系统的安装	安装虚拟机	不会安装扣5分	5	
		安装Windows Server 2019网络操作系统并完成克隆	不会安装扣5分，不会克隆扣5分	10	
		修改密码并登录系统	不会修改扣5分	5	
3	操作系统的基本配置	更改主机名	不会更改主机名扣2分	2	
		修改TCP/IP信息，并测试	不会修改其中一项扣3分	5	
		远程登录	不会修改扣2分；不能登录到系统扣3分	5	
4	用户和工作组的管理	创建并管理本地用户	不会创建本地用户扣2分，不会管理扣3分	5	
		创建并管理本地组	不会创建本地组扣2分，不会管理扣3分	5	

续表

<table>
<tr><th>序号</th><th>主要内容</th><th>考核项目</th><th colspan="2">评分标准</th><th>成绩分配</th><th>得分</th></tr>
<tr><td>5</td><td>共享资源的管理</td><td>共享文件夹的设置与管理</td><td colspan="2">不会创建共享文件夹扣 5 分，不会管理扣 5 分</td><td>10</td><td></td></tr>
<tr><td rowspan="7">6</td><td rowspan="7">域网络的管理</td><td>安装域控制器</td><td colspan="2">不会安装扣 5 分</td><td>5</td><td></td></tr>
<tr><td>将计算机加入或脱离指定的域</td><td colspan="2">不能将计算机加入或脱离指定的域扣 5 分</td><td>5</td><td></td></tr>
<tr><td>创建与管理域用户账户</td><td colspan="2">不能创建与管理域用户账号扣 3 分</td><td>5</td><td></td></tr>
<tr><td>创建与管理域组账户</td><td colspan="2">不能创建与管理域组账户扣 3 分</td><td>3</td><td></td></tr>
<tr><td>创建与管理组织单元</td><td colspan="2">不能创建与管理组织单元扣 3 分</td><td>3</td><td></td></tr>
<tr><td>创建与配置组策略对象</td><td colspan="2">不能创建与配置组策略对象扣 5 分</td><td>5</td><td></td></tr>
<tr><td>统一设置客户机桌面</td><td colspan="2">不能统一设置客户机桌面扣 2 分</td><td>5</td><td></td></tr>
<tr><td rowspan="4">7</td><td rowspan="4">素质与思政</td><td>按时完成，认真填写任务工单</td><td colspan="2">没有按时提交扣除 3 分</td><td>3</td><td></td></tr>
<tr><td>任务工单内容操作标准、规范</td><td colspan="2">操作不规范扣除 3 分</td><td>3</td><td></td></tr>
<tr><td>保持机位的卫生</td><td colspan="2">机位不整洁扣除 3 分</td><td>3</td><td></td></tr>
<tr><td>小组分工合理，成员之间相互帮助，提出创新性的问题</td><td colspan="2">小组管理混乱扣除 3 分</td><td>3</td><td></td></tr>
<tr><td>组内评价 30%</td><td colspan="2"></td><td>组间评价 40%</td><td></td><td>教师评价 40%</td><td></td></tr>
<tr><td>备注</td><td colspan="2">班级：
姓名：
学号：</td><td colspan="4">任课教师：
成绩合计：
评分日期：　年　月　日</td></tr>
</table>

项目二

网络服务器的搭建

【项目背景】

公司的网络管理员在日常的工作中主要负责公司服务器、网络的正常运行和维护，能够对遇到的故障进行及时的处理。近期公司计划对办公网络进行重新改造，根据公司的未来发展需求，需要网络管理员搭建网络服务器，满足公司网站的发布、资源的共享等。

企业已经组建了企业网，然而随着笔记本电脑的普及，职工移动办公的现象越来越多，当计算机从一个网络移动到另一个网络时，需要获知新网络的 IP 地址、网关等信息，并对计算机进行设置。这样，客户端就需要知道整个网络的部署情况，了解自己处于哪个网段、哪些 IP 地址是空闲的以及默认网关是多少等信息，不仅用户觉得烦琐，同时也为网络管理员规划网络分配 IP 地址带来了困难。要使公司用户无论处于公司网络中什么位置，不要频繁地手动配置 IP 地址、默认网关等信息就能够上网，就需要在网络中部署 DHCP 服务器。同时，公司想要通过网站来实现信息发布、资料查询、数据处理、网络办公等功能，搭建网站需要靠 Web 服务器来实现，资源的共享通过搭建 FTP 服务器来实现，通过访问权限的设置确保数据来源的正确性和数据存取的安全性。网络中唯一能够用来标识计算机和定位计算机位置的方式就是 IP 地址，但当访问网络上的众多服务器，比如 Web 服务器、FTP 服务器时，记忆这些纯数字的 IP 地址不仅特别枯燥，而且容易出错。如果借助于 DNS 服务器，将 IP 地址与形象易记的域名一一对应起来，使员工通过简单的域名方式访问本地网络及 Internet 上的资源，就能够解决易记与寻址不能兼顾的问题了。

【项目结构】

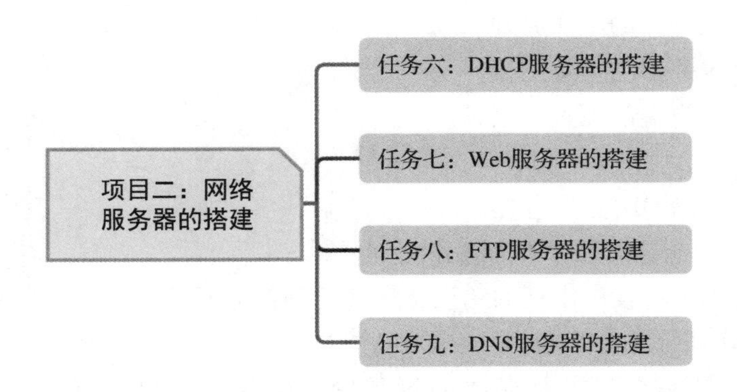

【项目目标】

为了实现网络服务器的搭建，本任务要求大家：

①在搭建好的办公网络基础上，根据公司对网络服务器搭建的任务定位、任务目标、现有的设备等情况，合理规划服务器搭建的过程；

②搭建 DHCP 服务器，实现笔记本电脑或办公电脑 IP 地址的自动获取；

③搭建 Web 服务器，实现网络内容的正常发布及访问；

④搭建 FTP 服务器，提高共享数据的来源及存取的安全性；

⑤搭建 DNS 服务器，实现域名到 IP 地址的解析；

⑥在各任务学习的过程中，课前利用在线课程资源完成自主学习，课中参与到互动、交互式的课堂互动中，课后利用答疑解惑、课后拓展等在线资源巩固学习内容，在学习的过程中培养学生的家国情怀，树立热爱劳动、精益求精的工匠精神等。

任务六 DHCP 服务器的搭建

【任务背景】

企业已经组建了企业网，然而随着笔记本电脑的普及，职工移动办公的现象越来越多，当计算机从一个网络移动到另一个网络时，需要获知新网络的 IP 地址、网关等信息，并对计算机进行设置。要求用户无论处于网络中什么位置，都不用配制 IP 地址、默认网关等信息就能够上网，这就需要在网络中部署 DHCP 服务器。

【任务介绍】

为了节省 IP 地址资源及简化管理，先需要对 DHCP 服务器进行配置。本任务要求同学：

①能够对 DHCP 服务器进行角色安装并创建工作域。

②能够配置中继代理 DHCP 服务器。

③能在客户端通过命令自动获取不同的 IP 地址。

【任务目标】

1. 知识目标

①掌握 DHCP 服务器的工作原理。

②掌握 DHCP 服务器的基本配置。

③掌握 DHCP 客户端的配置与测试。

2. 技能目标

①能够构建完整的 DHCP 服务器。

②能够在客户端通过命令自动获取 IP 地址。

③能够排除在配置过程中出现的错误，最终达到任务要求。

3. 素质与思政目标

①在对 DHCP 服务器配置及搭建的过程中，培养学生提前规划、合理安排工作的

工作习惯。

②遵守国家法律法规，树立规矩意识，养成良好的网络运维工程师的职业素养。

③树立热爱劳动、崇尚劳动的态度和精益求精的工匠精神。

【任务实施前准备】

DHCP 服务器基础

1. 认识 DHCP 服务器

DHCP 是“Dynamic Host Configuration Protocol”（动态主机配置协议）的缩写。DHCP 服务采用“客户机/服务器”的工作模式，安装 DHCP 服务器角色的计算机被称为“DHCP 服务器”，其他要使用 DHCP 服务功能的计算机被称为“DHCP 客户机”。

DHCP 服务器不仅能给其他计算机自动且不重复地分配 IP 地址，从而解决 IP 地址冲突问题，还能及时回收 IP 地址，以提高其利用率。

2. DHCP 服务器的工作原理

DHCP 客户机启动后，会自动与 DHCP 服务器之间通过图 6－1 所示 4 个数据包交互来获取一个 IP 地址。

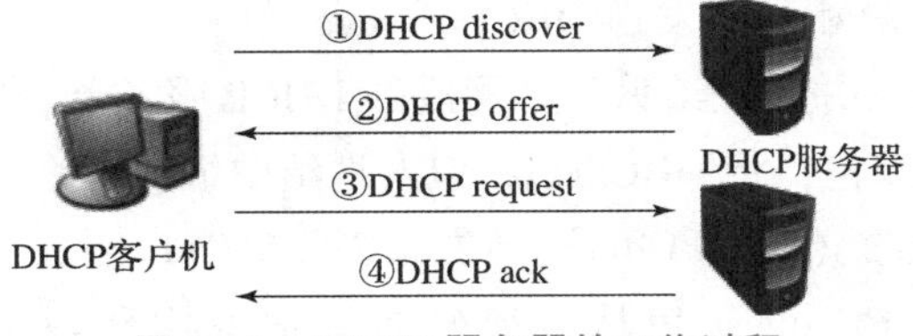

图 6－1　DHCP 服务器的工作过程

※ DHCP discover（客户机 IP 请求）

DHCP 客户端寻找 DHCP 服务器的阶段。由于客户机没有 IP 地址，只能以广播方式发送 DHCP discover 包，只有 DHCP 服务器才会响应。

※ DHCP offer（服务器以广播自己的 IP 身份响应）

DHCP 服务器提供 IP 地址的阶段。DHCP 服务器接收到客户端的 DHCP discover 报文后，从 IP 地址池中选择一个尚未分配的 IP 地址分配给客户端，向该客户端发送包含租借的 IP 地址和其他配置信息的 DHCP offer 包。

※ DHCP request（客户机选择提供 IP 的服务）

DHCP 客户端选择 IP 地址的阶段。如果有多台 DHCP 服务器向该客户端发送 DHCP offer 包，客户端从中随机挑选，然后以广播形式向各 DHCP 服务器回应 DHCP request 包，宣告使用它挑中的 DHCP 服务器提供的地址，并正式请求该 DHCP 服务器分配地址。其他所有发送 DHCP offer 包的 DHCP 服务器接收到该数据包后，将释放已经 offer（预分配）给客户端的 IP 地址。

※ DHCP ack（服务器确认 IP 租约）

DHCP 服务器确认所提供 IP 地址的阶段。当 DHCP 服务器收到 DHCP 客户端回答的 DHCP request 包后，便向客户端发送包含它所提供的 IP 地址及其他配置信息的 DHCP ack 确认包。然后，DHCP 客户端将接收并使用 IP 地址及其他 TCP/IP 配置参数。

3. DHCP 租约的更新

客户机从 DHCP 服务器获取的 TCP/IP 配置信息的默认租期为 8 天（可以调整）。为了延长使用期，DHCP 客户机需要更新租约，更新方法有两种：

- 自动更新

在客户机重新启动或租期达到 50% 时，客户机会向当前提供租约的服务器发送 DHCP request 请求包，要求更新或延长租约。租期达到 87.5% 时，如果租约过期或一直无法与任何 DHCP 服务器通信，DHCP 客户机将无法使用现有的地址租约。

- 手动更新

网络管理员可以在 DHCP 客户机上对 IP 地址租约进行手动更新，命令为：ipconfig/renew。此外，网络管理员还可以随时释放已有的 IP 地址租约，命令为：ipconfig/release。

4. 认识 DHCP 中继代理

所谓中继代理，就是以点对点的单播方式，为处于不同子网的客户机与 DHCP 服务器之间中转消息包的一种特殊程序，从而实现用一台 DHCP 服务器为多个子网分发 IP 地址的目的。

5. DHCP 中继代理的工作过程

DHCP 中继代理工作过程如图 6－2 所示。

①DHCP 客户机申请 IP 租约，发送 DHCPDiscover 包。

②中继代理收到该包，并转发给另一个网段的 DHCP 服务器。

③DHCP 服务器收到该包，将 DHCPOffer 包发送给中继代理。

④中继代理将地址租约（DHCPOffer）转发给 DHCP 客户端。

接下来的过程，DHCPRequest 包从客户机通过中继代理转发到 DHCP 服务器，DHCPACK 消息从服务器通过中继代理转发到客户机。

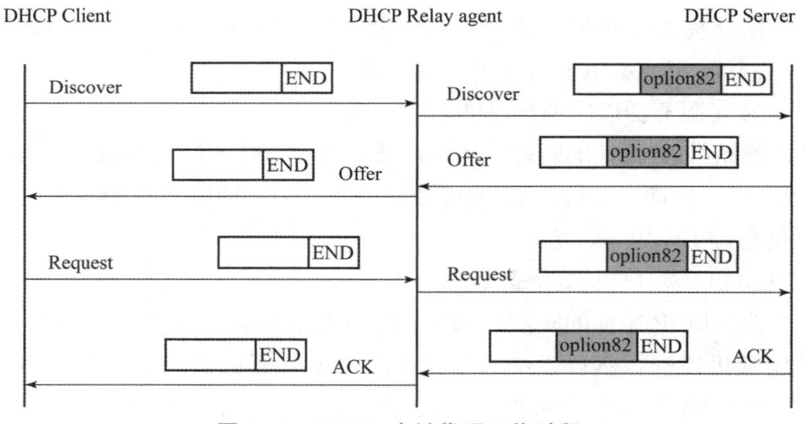

图 6－2　DHCP 中继代理工作过程

【任务实施】

任务 6－1　单网段下 DHCP 服务器的搭建

DHCP 的安装与授权

1. DHCP 服务器的安装与授权

（1）DHCP 服务器的安装要求

- 需要选择一台运行 Windows Server 2019 系统的服务器，并为其指定静态 IP 地址。

● 根据网络中所拥有的计算机数量来确定一段 IP 地址范围。

（2）安装 DHCP 服务器

以管理员身份登录到服务器，打开“服务器管理器”窗口，在右窗格中单击“添加角色和功能”，如图 6－3 所示，打开“添加角色和功能向导”对话框，进入“开始之前”页面，继续下一步操作。

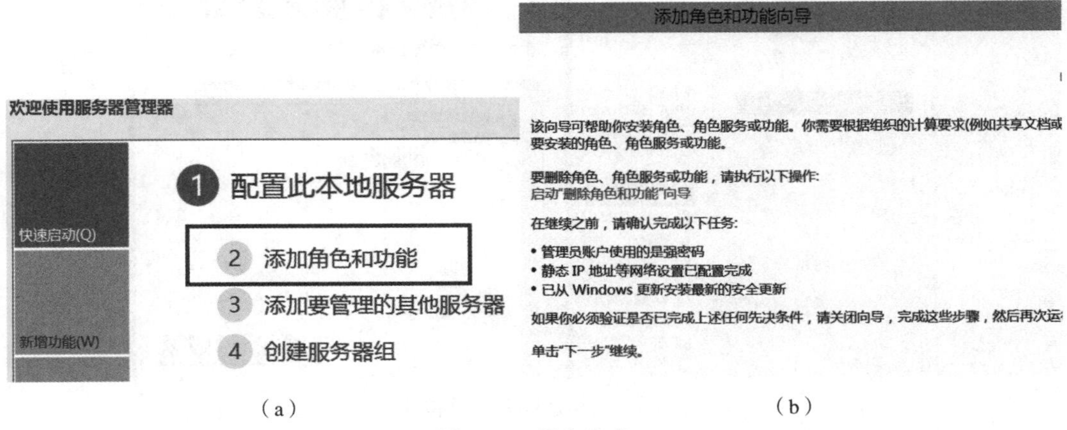

（a）　　　　（b）

图 6－3　添加角色

（a）添加角色和功能；（b）添加角色前准备工作

进入“安装类型”页面，选择“基于角色或基于功能的安装”，继续下一步操作，如图 6－4 所示。

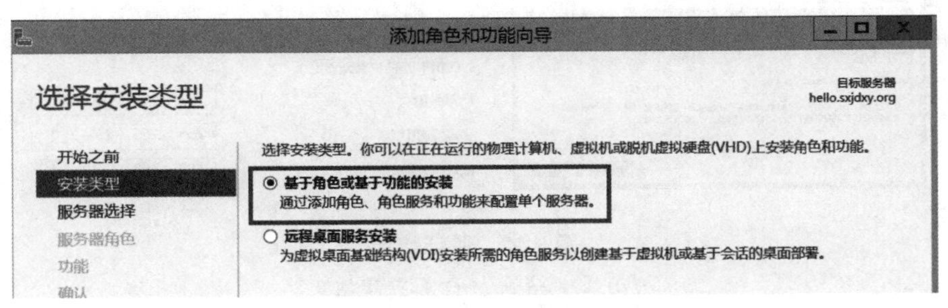

图 6－4　选择安装类型

进入“服务器选择”页面，保持默认的选择不变，继续下一步操作，如图 6－5 所示。

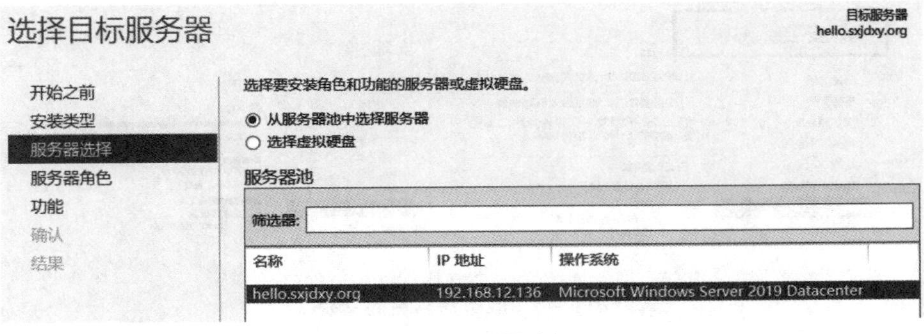

图 6－5　服务器选择

在“服务器角色”页面，勾选“DHCP 服务器”，系统弹出“添加 DHCP 服务器所需的功能?”对话框，如图 6-6 所示，单击“添加功能”按钮，系统返回“服务器角色”页面，“DHCP 服务器”处于勾选状态。

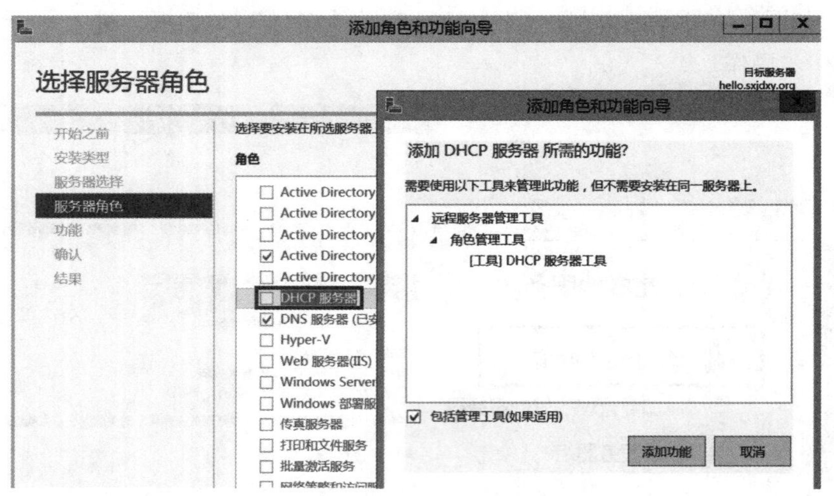

图 6-6　添加 DHCP 所需功能

温馨提示：若未给服务器配置静态的 IP 地址，单击“添加功能”选项后，系统提示“验证结果”。解决办法：在服务器上配置静态的 IP 地址，如图 6-7 所示。

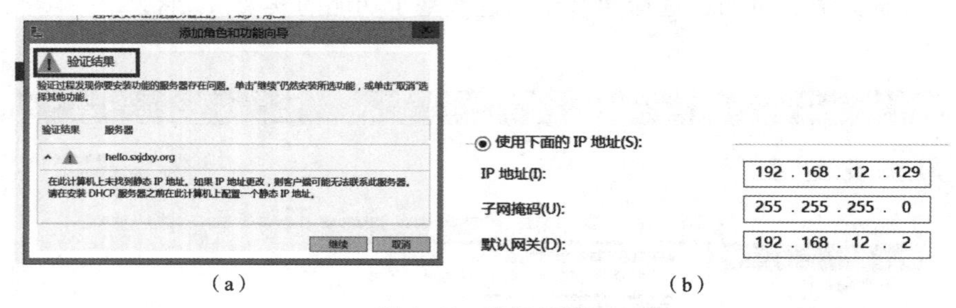

（a）　　　　　　　　　　　（b）

图 6-7　验证结果

（a）验证结果；（b）配置 IP 地址

继续下一步操作，出现“确认安装所选内容”页面，核对信息无误后进入安装阶段。如图 6-8 所示。安装完成后，系统提示安装完成。

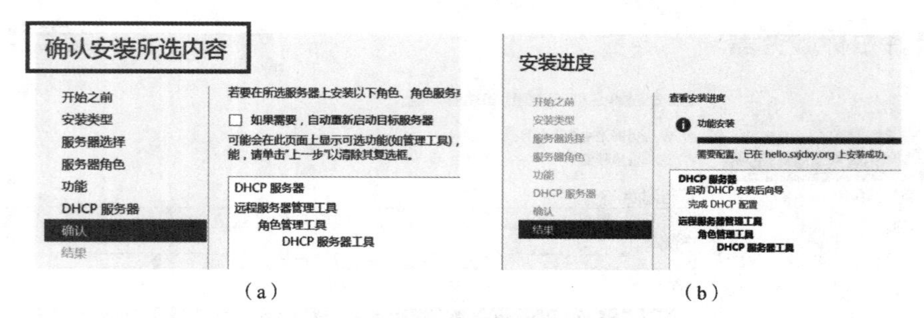

（a）　　　　　　　　　　　（b）

图 6-8　服务器角色的安装

（a）确认内容；（b）功能安装

（3）授权 DHCP 服务器

当网络是一个域环境时，只有经过活动目录“授权”后才能使 DHCP 服务生效，从而阻止其他非法的 DHCP 服务器提供服务。当网络环境只是一个工作组时，DHCP 服务器无须经过授权就可使用，当然，也就无法阻止那些非法的 DHCP 服务器了。

对 DHCP 服务器授权的步骤如下：

由于将 DHCP 服务器安装在域控制器上，用域管理员用户（如：HEELO\administrator）登录到 DHCP 服务器，在打开的“服务器管理器”窗口右上角单击黄色的感叹号，提示需要完成 DHCP 配置，单击“完成 DHCP 配置”，如图 6－9 所示。

图 6－9　DHCP 配置

打开“DHCP 安装后配置向导”下的“描述”页面，页面提示了需要完成的操作步骤，继续下一步操作。在“授权”页面，选择“使用以下用户凭据”，用户名处属于域名账户：SXJDXY\Administrator，单击“提交”按钮，如图 6－10 所示。

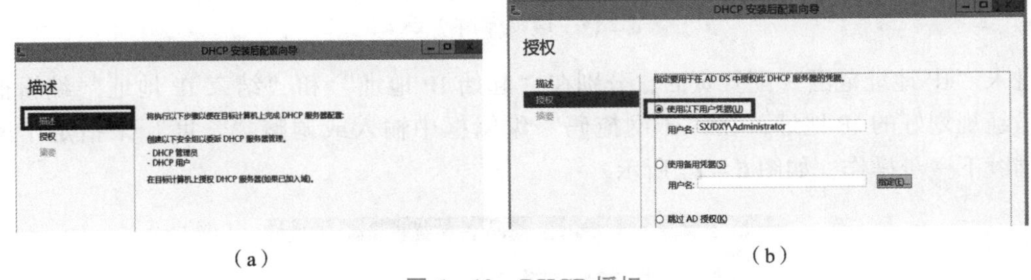

（a）　　　　　　　　　　（b）

图 6－10　DHCP 授权

（a）DHCP 配置向导；（b）DHCP 授权

在打开的“摘要”页面，提示安装后的状态，显示已经完成。在返回的“服务器管理器”窗口中，选择“工具”下的“DHCP”，在打开的 DHCP 配置页面中，展开左窗格中的 DHCP，可看到 IPv4 和 IPv6 左侧向下为绿色的标志，表名该服务器被成功授权，如图 6－11 所示。

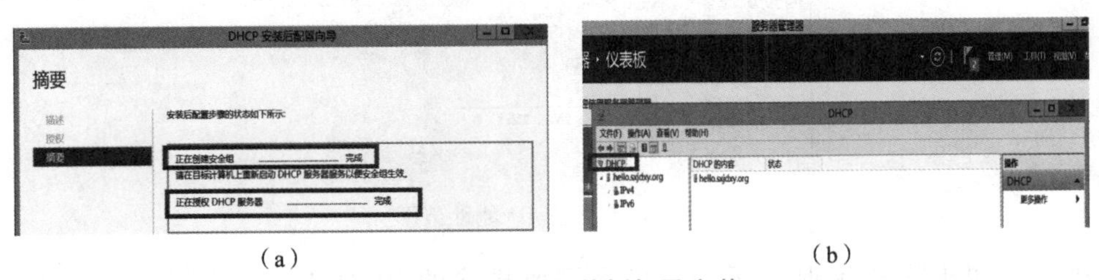

（a）　　　　　　　　　　（b）

图 6－11　DHCP 的授权及安装

（a）DHCP 安装进度；（b）DHCP 授权完成

2. 作用域的创建、激活与配置

（1）创建与激活作用域

DHCP 服务器为作用域内的 PC 分配 IP 地址，在完成 DHCP 服务器的安装及授权后，接下来需要完成作用域的创建。

进入“服务器管理器”窗口，选择“工具”下的“DHCP”，打开“DHCP”操作界面。在左侧窗口中展开“IPv4”节点，右击“IPv4”，在弹出的快捷菜单中选择“新建作用域”，如图 6－12 所示，进入“欢迎使用新建作用域向导”界面，继续下一步操作。

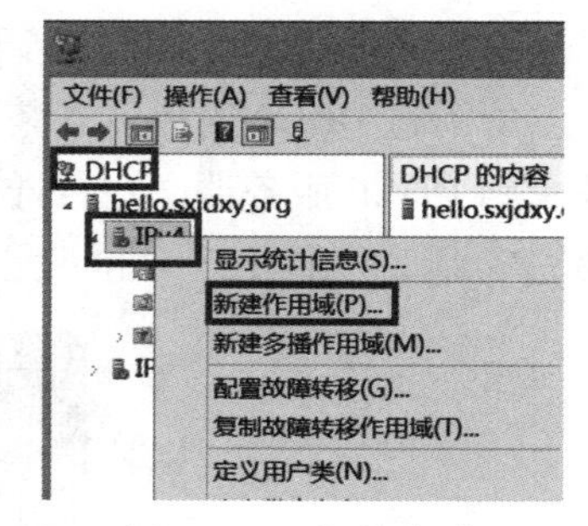

图 6－12　授权完成

进入“作用域名称”页面，在“名称”编辑框中为该作用域输入一个名称，比如人事部，在“描述”编辑框中输入描述性的文件，继续下一步操作，如图 6－13 所示。

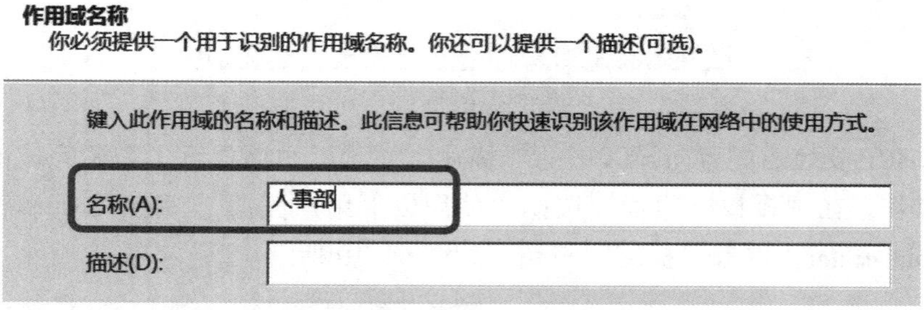

作用域名称
你必须提供一个用于识别的作用域名称。你还可以提供一个描述(可选)。

键入此作用域的名称和描述。此信息可帮助你快速识别该作用域在网络中的使用方式。

名称(A): 人事部

描述(D):

图 6－13　编辑作用域名称

进入“IP 地址范围”配置页面，分别在“起始 IP 地址”和“结束 IP 地址”编辑框中输入已经规划好的 IP 地址，在“子网掩码”编辑框中输入或调整“长度”来指定子网掩码，继续下一步操作，如图 6－14 所示。

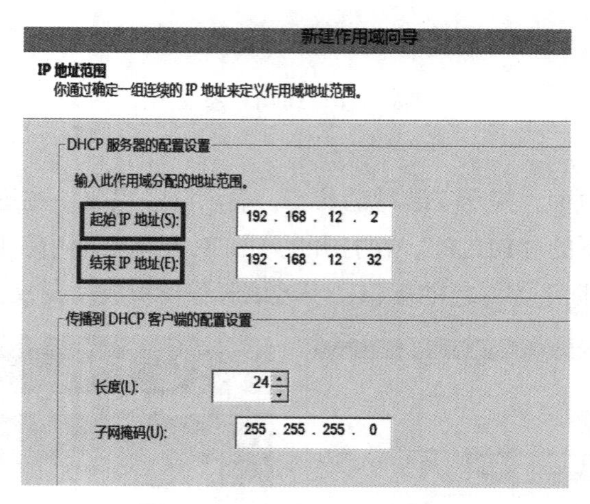

图 6－14　配置 IP 地址范围

打开“添加排除和延迟”页面，输入需要排除的 IP 地址，继续下一步操作。进入“租用期限”对话框中，默认期限是 8 天，可以根据实际需要进行更改，继续下一步操作，如图6－15 所示。

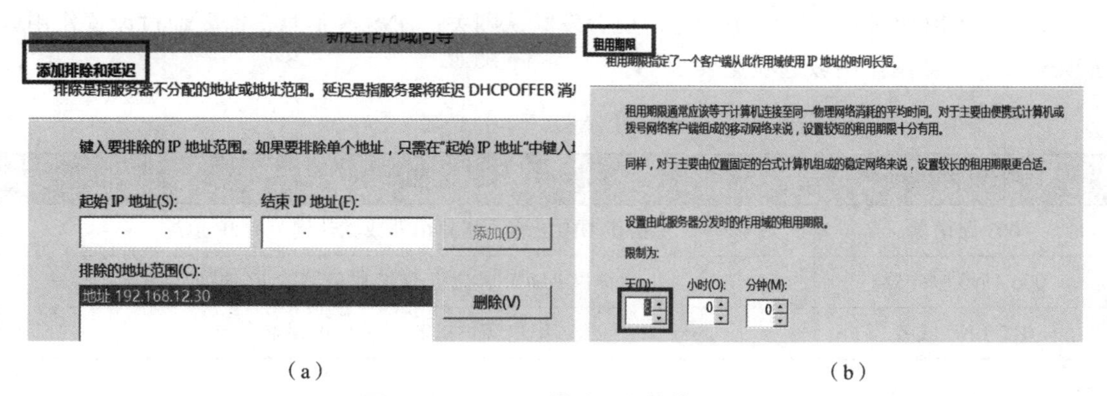

（a）　　　　　　　　　　　　（b）

图6－15　DHCP 排除及租约的设置

（a）添加排除地址；（b）设置租约

在打开的“配置 DHCP 选项”页面中选择“否，我想稍后配置这些选项”，继续下一步操作，如图6－16 所示。单击“完成”按钮，提示已经成功完成新建作用域向导。

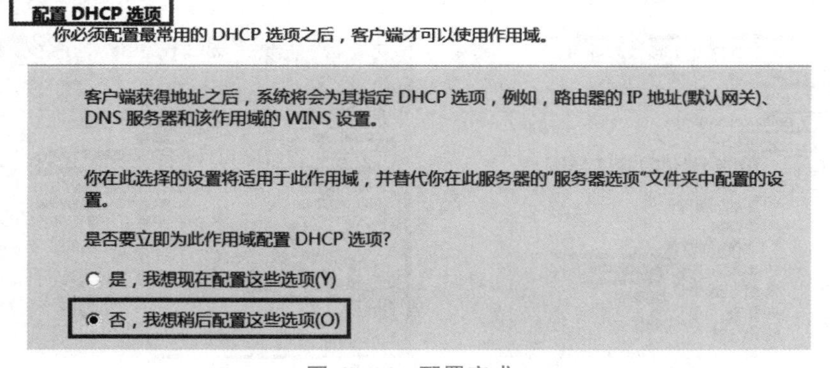

图6－16　配置完成

系统返回“DHCP”控制台窗口，在左侧窗格中可看到创建好的作用域。在“DHCP”控制台窗口左侧窗格中，右击“作用域［192.168.12.0］人事部”，在弹出的快捷菜单中选择“激活”，激活该作用域，如图6－17 所示。

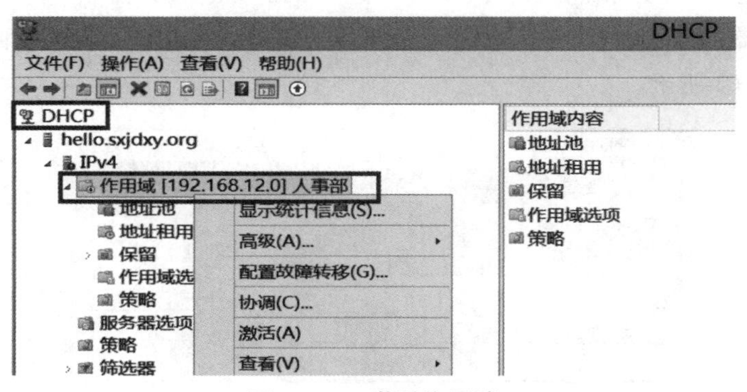

图6－17　激活作用域

(2) 设置作用域选项

要使 DHCP 服务器向网络中的客户机分发默认网关、DNS 等信息，需要通过设置作用域选项来实现。常用作用域选项见表 6－1。

表 6－1 常用作用域选项

选项代码与名称	功能简介
003 路由器	提供 DHCP 客户机路由器或默认网关的 IP 地址
006 DNS 服务器	提供 DHCP 客户机 DNS 服务器的 IP 地址
015 DNS 域名	用户客户机解析的 DNS 域名

作用域设置步骤如下：

在“DHCP”控制台窗口的左窗格中，展开“IPv4”节点，右击“作用域选项”，在弹出的快捷菜单中选择“配置选项”，打开“作用域选项”对话框。若要配置本网段默认网关的 IP 地址，则单击“常规”选项卡，在“可用选项”列表框内勾选“003 路由器”，在“IP 地址”编辑框中输入默认网关的 IP 地址，单击“添加”按钮，如图 6－18 所示。

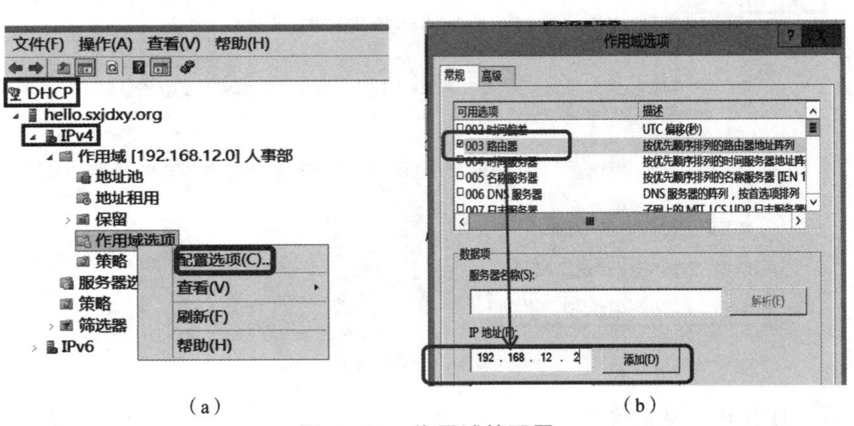

(a)　　(b)

图 6－18 作用域的配置

(a) 配置作用域选项；(b) 设置路由器

拖动“可用选项”区域滚动条，找到并勾选“006 DNS 服务器”，在“IP 地址”编辑框中输入 DNS 服务器的 IP 地址，单击“添加”按钮，应用并确定，系统返回“DHCP”控制台窗口，如图 6－19 所示。

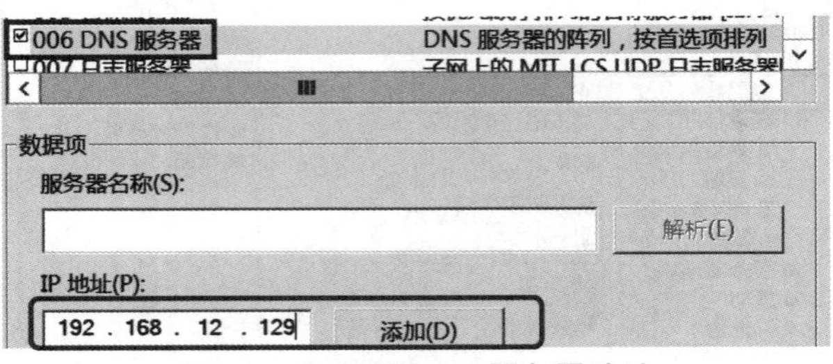

图 6－19 配置 DNS 服务器地址

设置完成后，在“DHCP”控制台窗口左窗格中，选择“作用域选项”时，可以在右窗格中看到“003 路由器”和“006 DNS 服务器”选项的设置值，如图 6－20 所示。

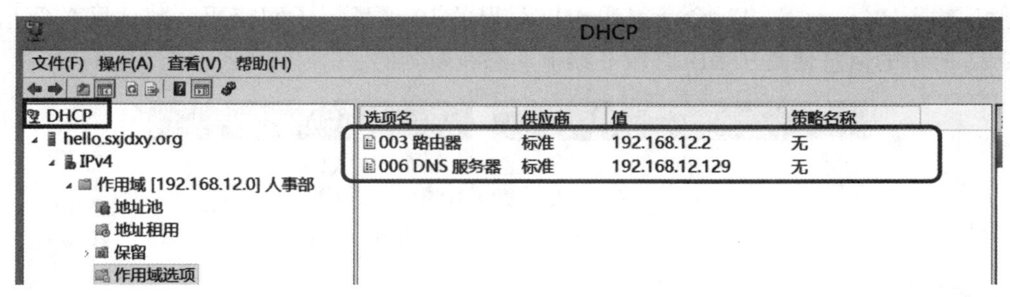

图 6－20　作用域选项配置完成

3. DHCP 客户端的设置与验证

要使局域网内的计算机通过 DHCP 服务器自动获取 IP 地址等参数，还必须对 DHCP 客户端计算机进行相应的设置。具体设置如下：

在客户端计算机上右下角，找到“网络和 Internet 设置”并打开，选择并打开“网络和共享中心”窗口，选择“以太网”，在打开的“网络连接”窗口中选择“属性”，双击“TCP/IPv4 属性”，在对话框中选择“自动获得 IP 地址”和“自动获得 DNS 服务器地址”，单击“确定”按钮，如图 6－21 所示。

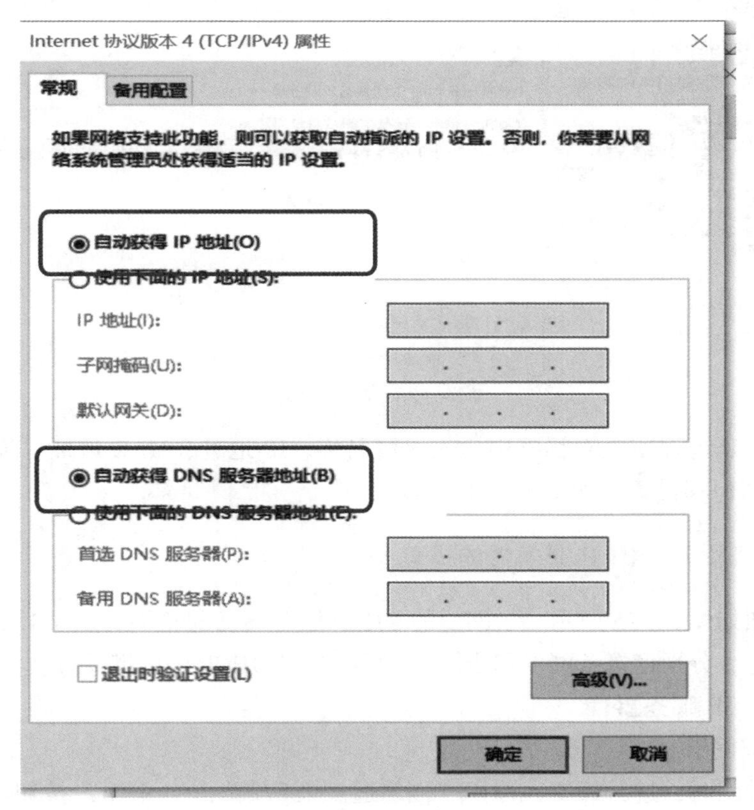

图 6－21　客户端配置

同时按住 Windows 徽标 + R 组合键，输入 cmd 并回车，在打开的命令行窗口下输入“ipconfig/renew”命令更新 IP 地址租约。

然后输入“ipconfig/all”命令查看本机获得的 IP 地址、子网掩码、默认网关等信息。图 6-22 所示的信息便是从 DHCP 服务器上动态获取到的。

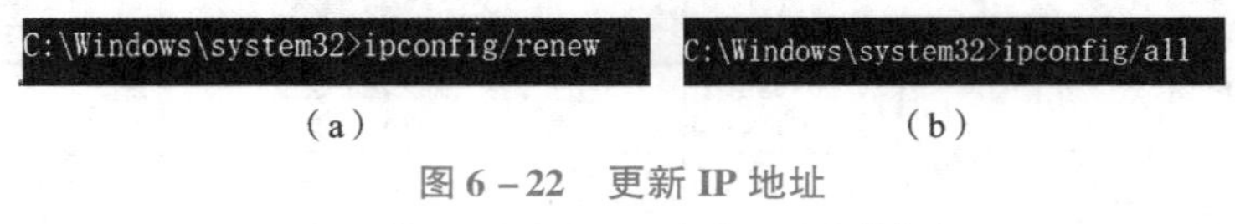

图 6-22　更新 IP 地址

(a) 更新 IP 地址；(b) 查看 IP 地址等信息

4. 保留配置

保留是指 DHCP 服务器可以将某个特定的 IP 地址分配给指定的客户机，即使该客户机未开机，也不会将此 IP 地址分配给其他计算机。保留配置就是将 DHCP 服务器地址池中特定的 IP 地址与指定客户的物理地址进行绑定。

以刚才的客户机为例，看到本客户机的物理地址为 8C-8C-AA-B6-3E-87。

在 DHCP 服务器上，进入“DHCP”控制台窗口，在左窗格中依次展开服务器名和作用域节点，右击“保留”，在弹出的快捷菜单中选择“新建保留”，如图 6-23 所示。

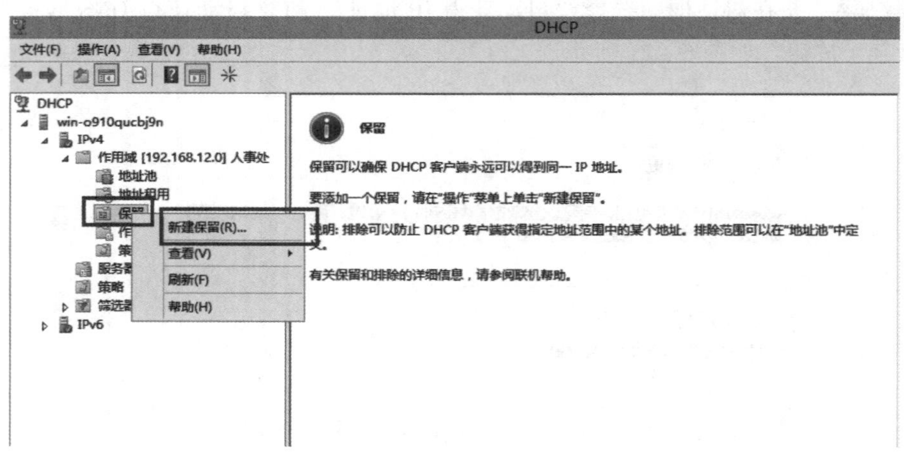

图 6-23　保留配置

在打开的“新建保留”对话框中输入保留名称、IP 地址、MAC 地址、描述等信息，单击“添加”按钮保存设置，如图 6-24 所示。

任务 6-2　多网段下 DHCP 服务器的搭建

拓扑结构图如图 6-25 所示。子网 1 的 DHCP 服务器已配置 192.168.1.0 作用域，服务器安装两块网卡，分别连接子网 1 和子网 2，现需配置 DHCP 的中继代理功能。

1. 配置 DHCP 服务器

(1) 安装双网卡

服务器在关闭时，进行编辑，选择“网络适配器”，单击“添加”按钮，单击“完成”按钮，如图 6-26 所示。

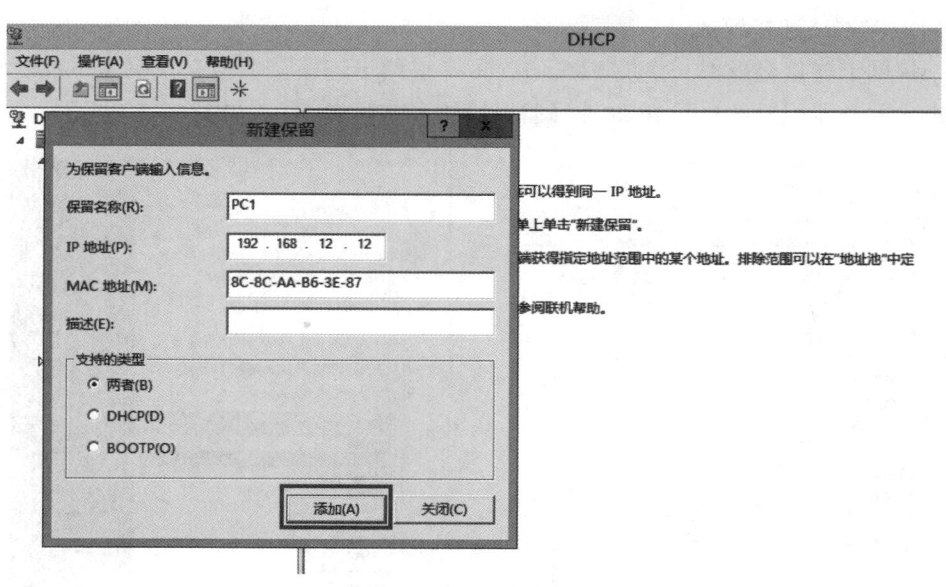

图 6－24　保留配置

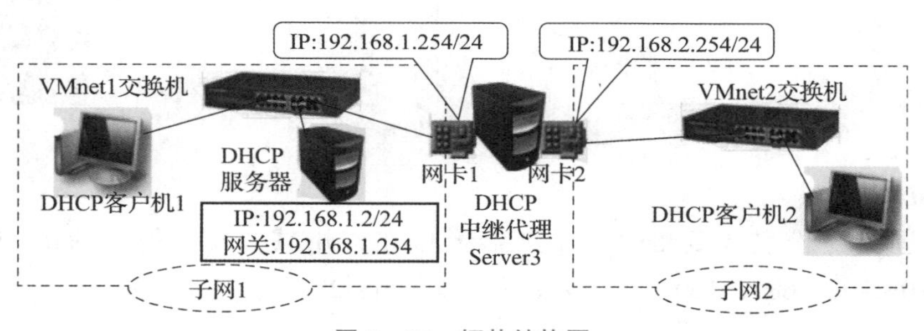

图 6－25　拓扑结构图

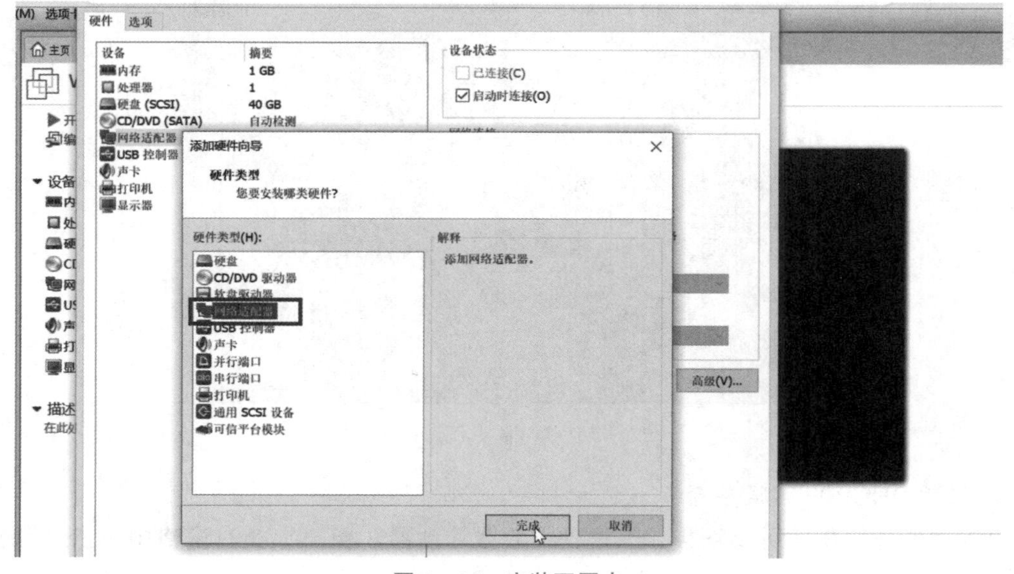

图 6－26　安装双网卡

（2）设置网络连接模式

将一块网卡连接至虚拟交换机 VMnet1，另一块网卡连接至虚拟交换机 VMnet2，并且按拓扑图进入服务器配置各自的 IP 地址（打开网络和共享中心），如图 6－27 所示。

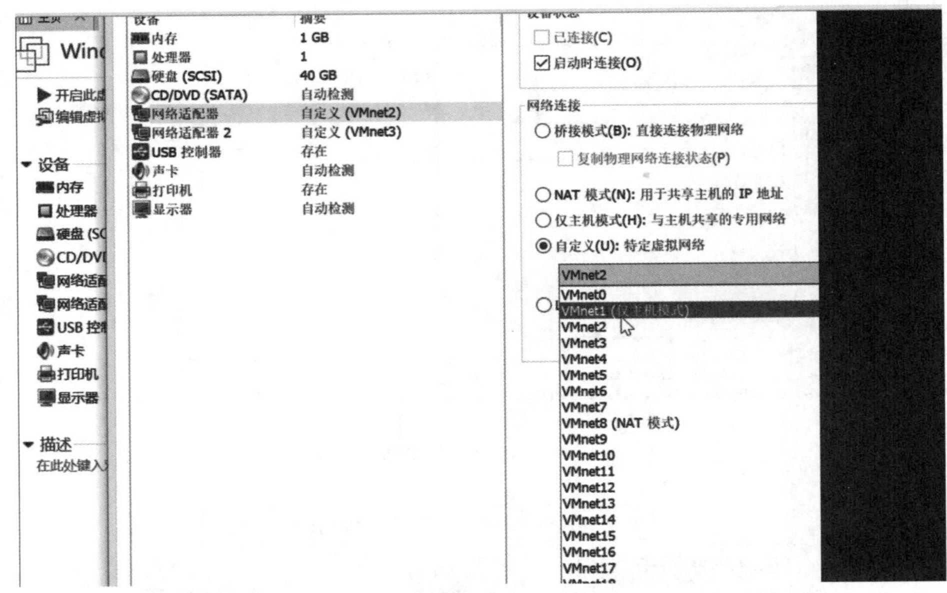

图 6－27　网络连接模式

（3）创建作用域

以域管理员身份登录到 DHCP 服务器上创建作用域，该作用域的 IP 地址范围为 192.168.2.10～192.168.2.100，租约为 8 天，如图 6－28 所示。

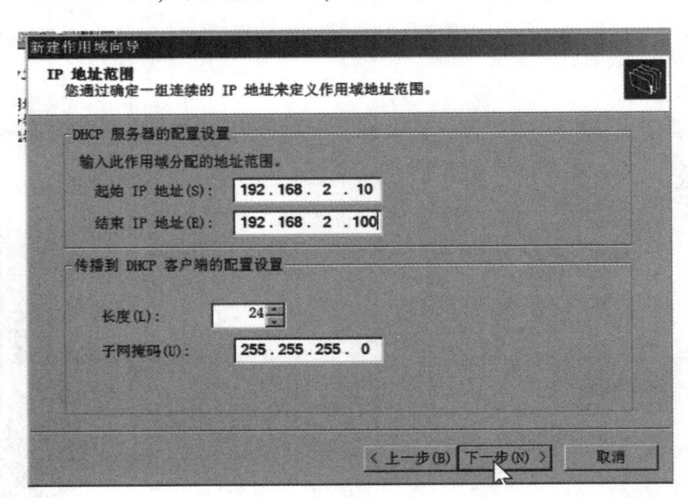

图 6－28　IP 地址范围的设置

2. 配置 DHCP 中继服务器

以管理员身份登录到服务器，打开“服务器管理器”窗口，在右窗格中单击“添加角色和功能”。打开“添加角色和功能向导”对话框，进入“开始之前”页面，继续下一步操作。如图 6－29 所示，在左窗格中单击“服务器角色”，在“角色”列表中勾选“远程访问”，单击“下一步”按钮。在“角色服务”列表中勾选“路由”进行安装，安装完成后关闭，如图 6－30 所示。

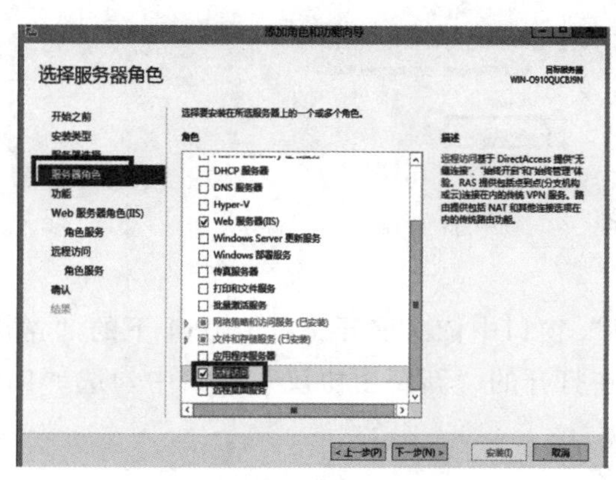

图 6－29　添加角色

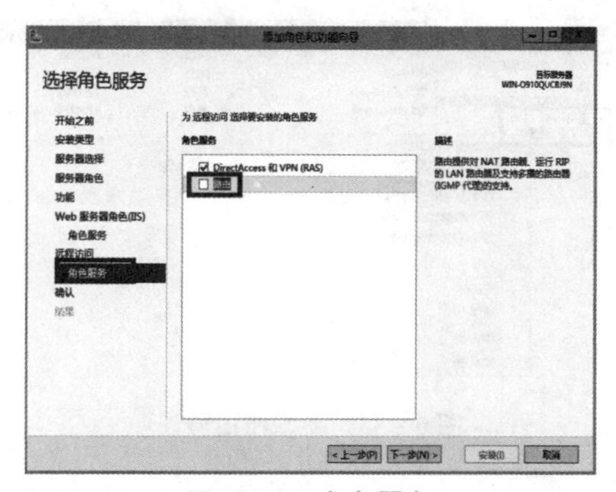

图 6－30　角色服务

单击“工具”，打开“路由和远程访问”窗口，右击计算机名称，选择“配置并启用路由和远程访问”，如图 6－31 所示。在配置对话框中单击“下一步”按钮，选择“自定义配置”，勾选“LAN 路由”按钮，如图 6－32 所示。单击“下一步”按钮，单击“完成”按钮，在弹出的对话框中单击“启动服务”按钮，系统开始启动路由和远程访问服务。

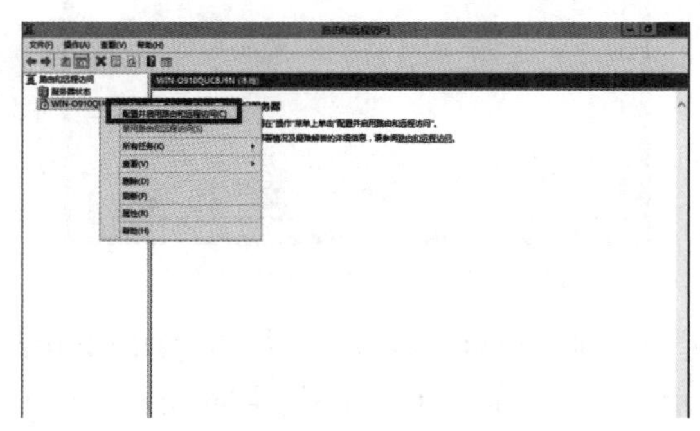

图 6－31　启用路由

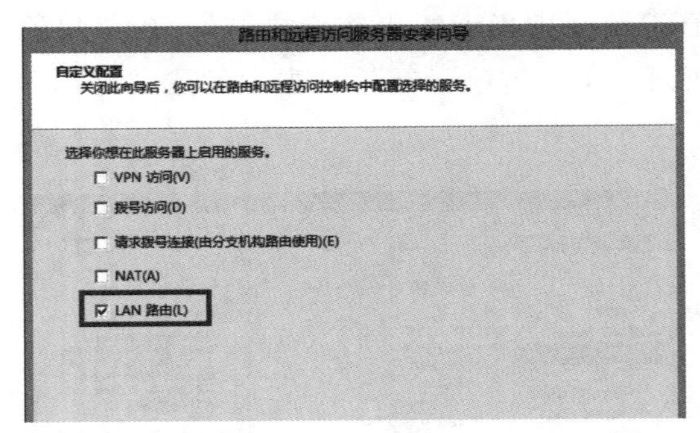

图 6－32　LAN 路由

在“路由和远程访问”窗口中依次展开，右击 IPv4 下的“常规”，选择“新增路由协议”，如图 6－33 所示。在打开的“新路由协议”窗口中勾选“DHCP 中继代理程序”，如图 6－34 所示。

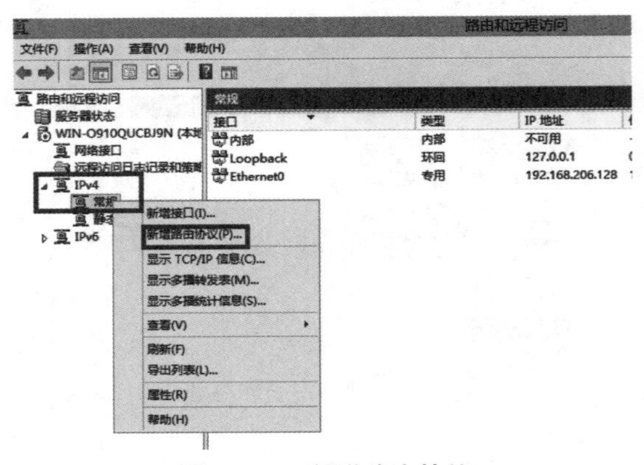

图 6－33　新增路由协议

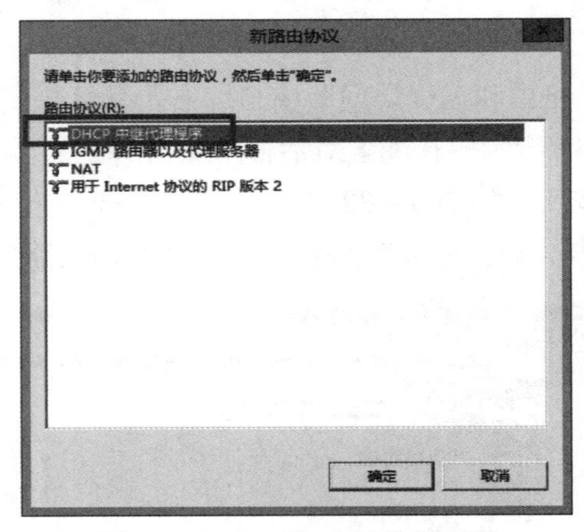

图 6－34　DHCP 中继代理程序

系统返回“路由和远程访问”窗口，右击刚添加的“DHCP 中继代理程序”，选择“新增接口”，如图 6－35 所示。选择 Ethernet0，如图 6－36 所示。单击“确定”按钮，打开属性对话框，继续下一步操作。

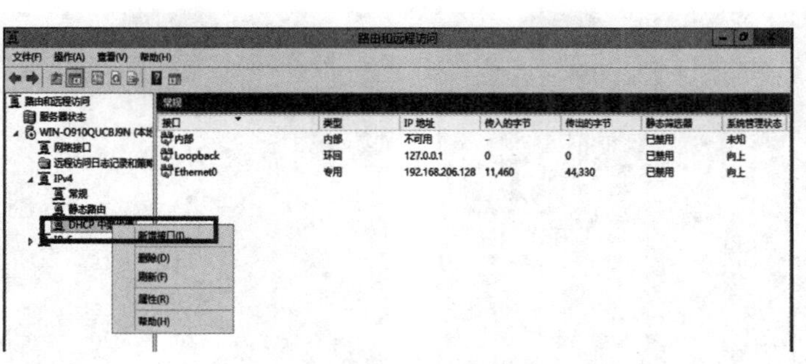

图 6－35　新增路由协议

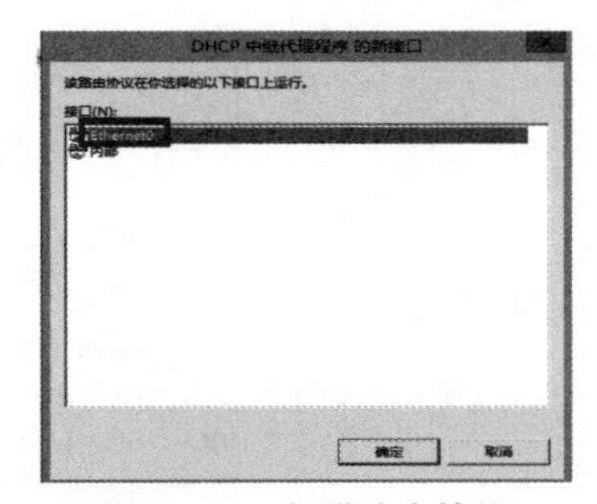

图 6－36　新增路由协议

系统返回“路由和远程访问”窗口，右击“DHCP 中继代理程序”，选择“属性”，在“服务器地址”编辑框中输入 DHCP 服务器的地址 192.168.1.10，单击“添加”和“确定”按钮，如图 6－37 所示。

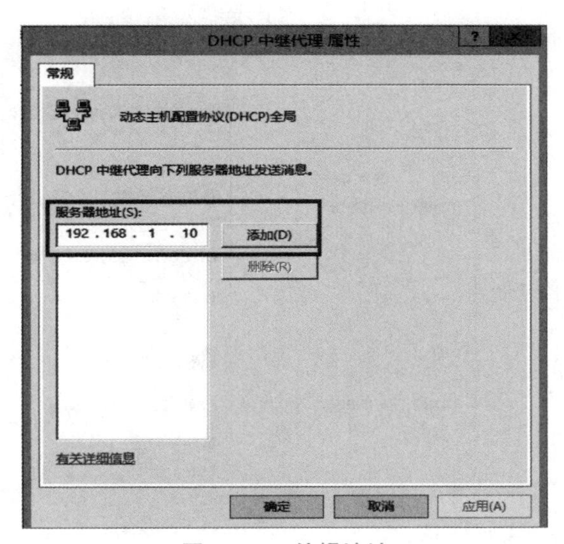

图 6－37　编辑地址

3. 客户端验证

将虚拟机的网卡先后连接至虚拟交换机 VMnet1 和 VMnet2，在两个不同的子网中，客户机成功获取相应的 IP 地址参数，如图 6－38 所示。

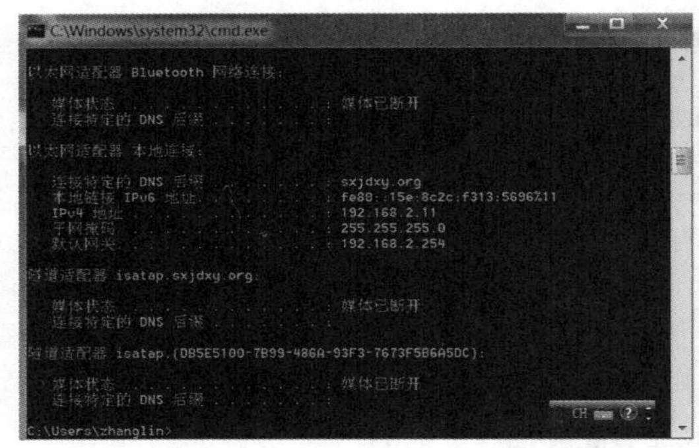

图 6－38　客户端验证

【任务小结与测试】

思维导图小结

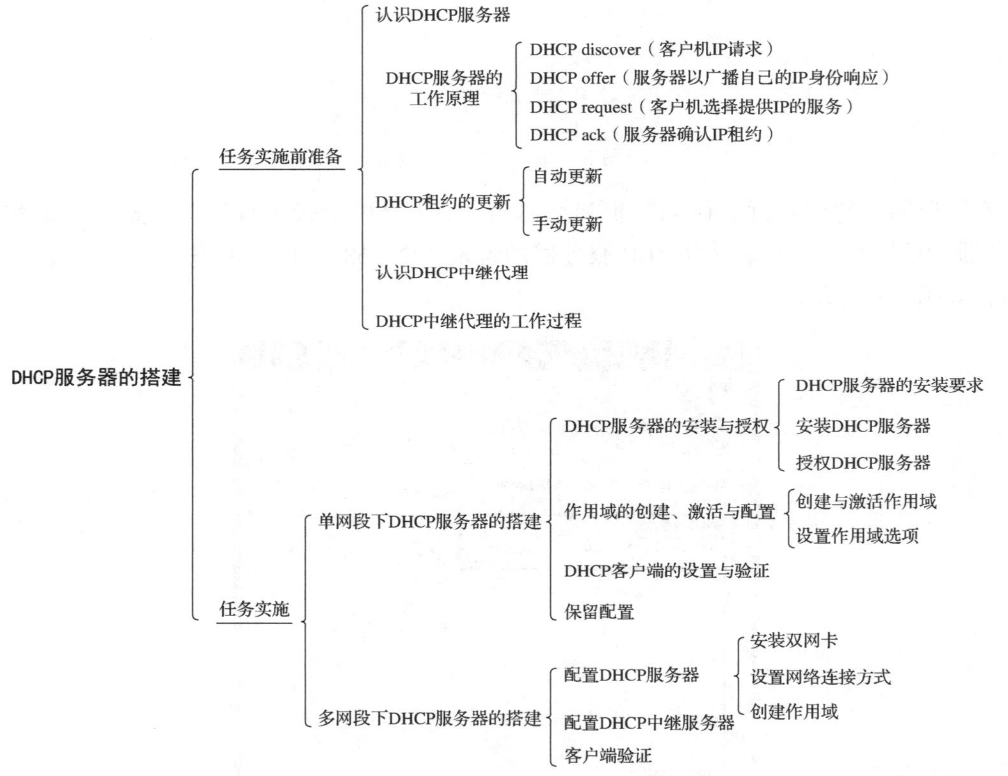

测试

在线小结互动练习

1. 使用 DHCP 服务器的好处是（　　）。

A. 降低 TCP/IP 网络的配置工作量

B. 增加系统安全与依赖性

C. 对那些经常变动位置的工作站，DHCP 能够迅速更新位置信息

D. 以上都是

2. 当 DHCP 客户机使用 IP 地址的时间达到租约的（　　）时，会自动尝试续订租约。

A. 87.5%　　B. 50%　　C. 80%　　D. 90%

3. 出于安全的考虑，在域中安装 DHCP 服务器后，必须经过（　　）后才能正常提供 DHCP 服务。

A. 创建作用域　　B. 配置作用域选项

C. 授权 DHCP 服务器　　D. 激活作用域

4. 当安装了一台 DHCP 服务器后，使用 DHCP 管理工具配置服务时发现，服务器上出现了一个红色向下的箭头。该情况是由（　　）引起的。

A. 该用户没有管理权限　　B. 没有激活作用域

C. 服务器故障　　D. 服务器未授权

5. DHCP 中继代理的功能是（　　）。

A. 可以帮助没有 IP 地址的客户机跨网段获得 IP

B. 可以帮助有 IP 地址的客户机跨网段获得 IP

C. 可以帮助没有 IP 地址的客户机在本网段获得 IP

D. 可以帮助有 IP 地址的客户机跨网段注册 IP

【答疑解惑】

大家在学习过程中是否遇到什么困惑的问题？扫扫看是否能够得到解决。

【任务工单与评价】

任务工单与评价

考核任务名称：DHCP 服务器的搭建							
班级		姓名			学号		
组间评价		组内互评		教师评价		成绩	
任务要求	在 Windows Server 2019 服务器上创建 DHCP 服务器，具体要求如下： 1. 创建并激活一个作用域，IP 地址为 192.168.1.1 ~ 192.168.1.200，排除地址为 192.168.1.1 ~ 192.168.1.10，在作用域选项中配置默认网关为 192.168.1.254，在服务器选项中配置 DNS 的 IP 地址为 192.168.1.1。 2. 测试：启动客户端，设置 IP 地址及 DNS 的获取方式为自动，在命令行窗口下使用“ipconfig”命令测试客户机能否从 DHCP 服务器上获得 IP 地址等参数。 3. 保留配置：使用“ipconfig /all”命令查看客户机的 MAC 地址，在 DHCP 服务器上为该客户机配置保留，使它能从 DHCP 服务器上获取固定的 IP 地址 192.168.1.66。						

续表

<table>
<tr><td>任务完成过程记录</td><td>操作过程：</td></tr>
<tr><td></td><td>操作过程中遇到的问题：</td></tr>
<tr><td>小结</td><td>（将自己学习本任务的心得简要叙述一下，表述清楚即可）</td></tr>
</table>

任务评价分值

评价类型	占比/%	评价内容	分值
知识与技能	60	DHCP 服务器搭建	10
		作用域创建	20
		客户端获取 IP 地址	10
		DHCP 中继代理	10
		客户端获取不同网段 IP 地址	10
素质与思政	40	按时完成，认真填写任务工单	5
		任务工单内容操作标准、规范	5
		保持机位的卫生	5
		小组分工合理，成员之间相互帮助，提出创新性的问题	5
		按时出勤，不迟到早退	5
		参与课堂活动	5
		完成课后任务拓展	10

【拓展训练】

服务器内部的结构是怎么样的？

任务七 Web服务器的搭建

【任务背景】

为了扩大公司的影响力，公司规划设立企业网站，通过互联网使目标客户了解企业，建立企业与客户之间沟通的渠道，借助网站发布企业研制的产品、新技术等，用户可以随时随地搜索企业的相关信息，快速了解企业的产品，扩大营销的范围；同时，企业内部设立人事部、财务部、业务部、技术部等，每个部门有一些需要对外公布的信息需求，因此，在搭建Web服务器之前，需对各部门网站设立的需求进行调研并进行合理规划；作为网络管理员，现在根据实际的需求为企业选搭建Web服务器，并通过服务器发布Web网站。

Web服务器架设前的准备工作

【任务介绍】

为了帮助企业搭建Web服务器，本任务要求同学：在学习Web服务器工作原理的基础上，结合企业需求的实际情况，搭建Web服务器。

【任务目标】

1. 知识目标

①理解Web网络服务器的概念。

②概述Web网络服务器的工作原理。

③熟悉Web网络服务器的部署流程。

2. 技能目标

①能够正确安装和配置Web网络服务器。

②能够排除Web网络服务器在安装、配置、运行过程中出现的故障。

3. 素质与思政目标

①感受国家的强大，培养学生的家国情怀，认识到国家科技的快速发展，提升竞争意识、创新意识。

②遵守国家法律法规，树立规矩意识，养成良好的网络运维管理员的职业素养。

③树立热爱劳动、崇尚劳动的态度和精益求精的工匠精神。

【任务实施前准备】

1. 认识 WWW

WWW 是 World Wide Web（环球信息网）的缩写，经常表述为 3W、Web 或 W3，中文名叫“万维网”。WWW 通过超文本传输协议（HyperText Tarnsfer Protocol，HTTP）向用户提供多媒体信息，比如：访问学校的网站时，通过在浏览器地址栏中输入 http://www.sxjdxy.org 进行访问，http 就是超文本传输协议。

当制作好网站文件后，需要通过 Web 服务器来发布网站文件，在 Web 服务器上可以建立 Web 站点，网页文件就存放在 Web 站点中，客户机通过访问服务器上的站点，就可以访问到设计的网站。那么客户如何准确定位到网站呢？这时就需要“统一资源定位符”，即 URL 来唯一标识和定位网页信息，通用的 URL 格式为：

信息服务类型：//信息资源地址［：端口号］/路径名/文件名

比如

http://60.220.246.27:9080/jwWeb/

https://www.taobao.com/

信息服务类型是指访问资源时所需使用的协议，如 HTTP、HTTPS（比 HTTP 安全）；信息资源地址指提供信息服务的极端及的 IP 地址或完全合格的域名，如“60.220.246.27:9080”；路径名/文件名指所要访问的网页所在的目录以及网页文件的名称，如“/jwWeb/。”

2. Web 服务器的工作原理

Web 服务系统由 Web 服务器、客户端浏览器和通信协议三个部分组成。

客户端与服务器的通信过程（图 7－1）：

①客户端（浏览器）和 Web 服务器建立 TCP 连接，连接建立以后，客户机通过在浏览器地址栏中输入 URL 来向 Web 服务器发出访问请求（该请求中包含了客户端的 IP 地址、浏览器的类型和请求的 URL 等一系列信息）。

②Web 服务器收到请求后，寻找所请求的 Web 页面（若是动态网页，则执行程序代码生成静态网页），然后将静态网页内容返回到客户端。如果出现错误，那么返回错误代码。

③客户端的浏览器接收到所请求的 Web 页面，并将其显示出来。

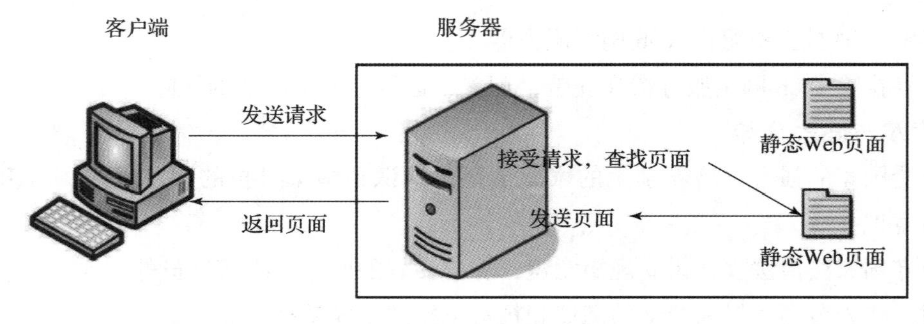

图 7－1　客户端与服务器的通信过程

3. 主流 Web 服务器软件简介

（1）IIS

IIS（Internet Information Services，Internet 信息服务）是 Microsoft 公司开发的功能完善的信息发布软件。其可提供 Web、FTP、NNTP 和 SMTP 服务，分别用于网页浏览、文件传输、新闻服务和邮件发送等方面。IIS 集成在 Windows Server 2019 系统中。

（2）Apache

Apache 取自“a patchy server”的读音，意思是充满补丁的服务器。因为它是自由软件，所以不断有人来为它开发新的功能、新的特性，修改原来的缺陷。

（3）Nginx

Nginx 是一个很强大的高性能 Web、Web 缓存和反向代理服务器（负载均衡），由俄罗斯的程序设计师 Igor Sysoev 开发。其特点是占用内存少，并发能力强，可以在 UNIX、Windows 和 Linux 等主流系统平台上运行。

全球 Web 服务器市场份额中，Apache、Nginx、IIS 仍占据主要地位。

【任务实施】

Web 服务器的安装及配置

任务 7－1　Web 服务器的搭建

1. Web 服务器角色的安装

在 Windows Server 2019 服务器系统中集成的 Web 服务器角色是 IIS8，默认情况下并没有安装，需要用户手动安装。安装 Web 服务器角色的步骤如下：

在服务器桌面的工具栏下打开“服务器管理器”窗口，在右窗格中单击“添加角色和功能”选项，打开“添加角色和功能向导”对话框。在“开始之前”界面中，提示了在添加角色前需要完成的一些准备工作，如图 7－2 所示。

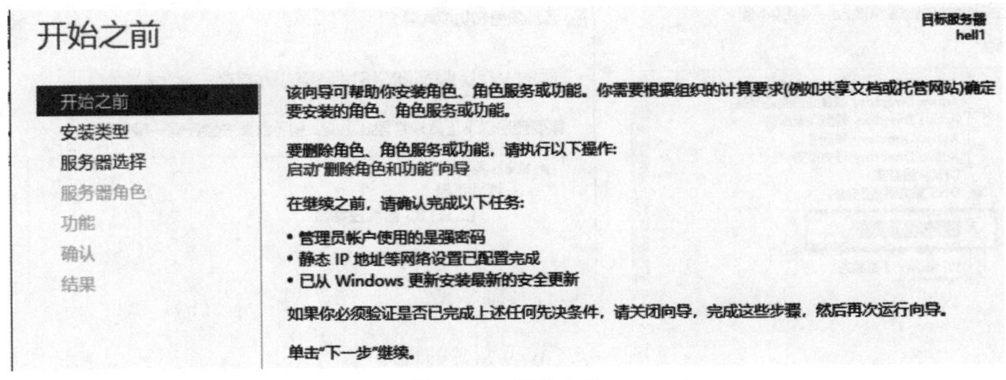

图 7－2　开始之前

在确认完成准备工作后，单击“下一步”按钮，进入“安装类型”界面，选择“基于角色或基于功能的安装”，继续下一步操作，如图 7－3 所示。

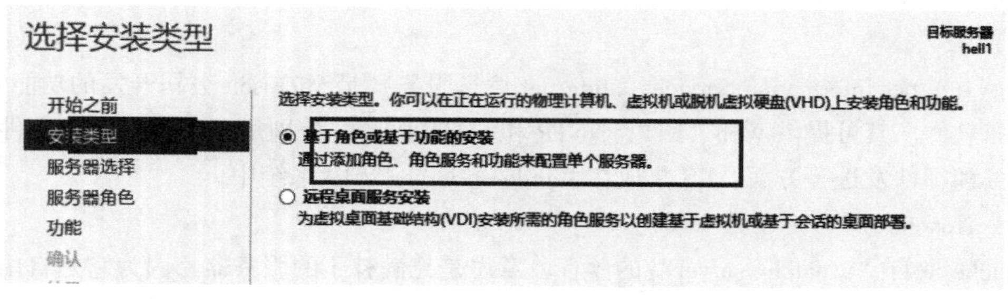

图 7－3 安装类型

在打开的“服务器选择”界面中，系统自动选中服务器的 IP 地址信息，继续下一步操作，如图 7－4 所示。

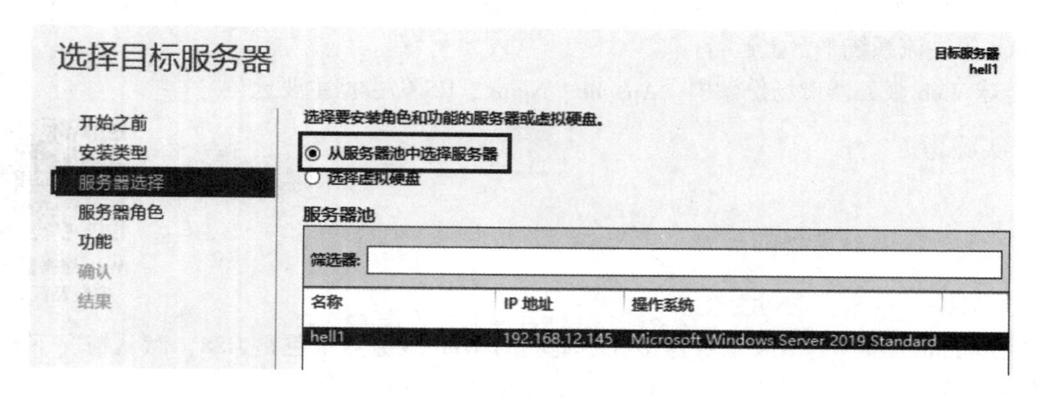

图 7－4 服务器选择

进入“服务器角色”界面，在右窗格中找到并勾选“Web 服务器（IIS）”，弹出“添加 Web 服务器（IIS）所需的功能”，单击“添加功能”按钮，继续下一步操作，如图 7－5 所示。

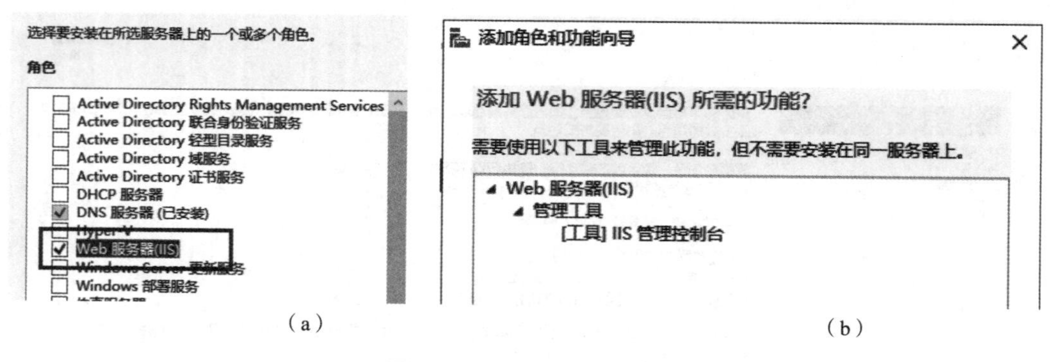

（a） （b）

图 7－5 Web 角色的选择

（a）选择角色；（b）添加功能

在“功能”界面，保持默认继续下一步操作，在打开的“角色服务”窗口中，可以根据安全的需求，勾选相应的功能。继续操作，系统提示完成操作的摘要信息，核对无误后，单击“安装”按钮，进入安装阶段，如图 7－6 所示。

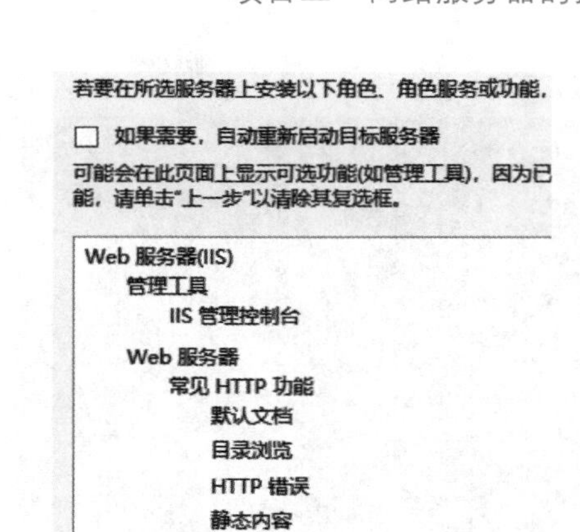

（a）　　（b）

图 7－6　添加角色服务

（a）角色服务；（b）摘要信息

安装完成后，单击“关闭”按钮，系统返回“服务器管理器”界面，在左窗格中可看到安装的 IIS，如图 7－7 所示。

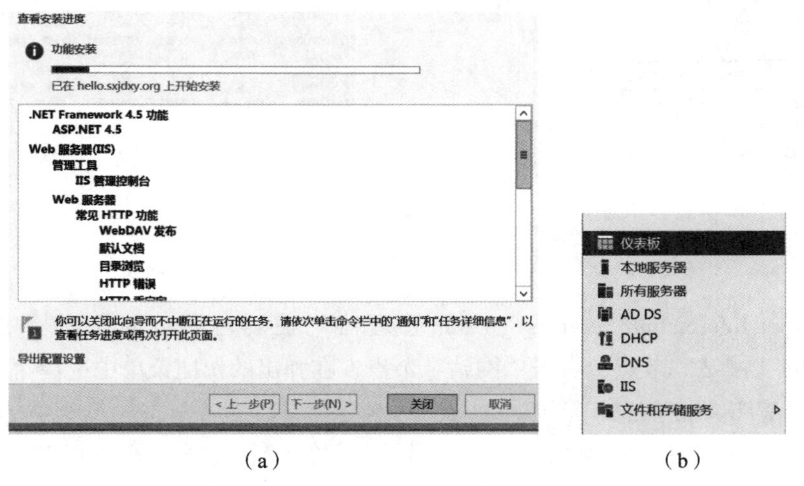

（a）　　（b）

图 7－7　Web 服务器安装

（a）服务的安装；（b）安装完成

IIS 安装完成后，会自动建立一个名为“default Web site”的默认站点，启动 IE 浏览器，在地址栏中按照格式“http://IP 地址或 localhost”（例如：http://localhost）输入访问地址，则会显示默认站点的首页，如图 7－8 所示。

2. 发布 Web 网站服务器的配置

（1）新建 Web 站点

在服务器桌面的工具栏上，打开“服务器管理器”窗口，在菜单栏中单击“工具”→“Internet Information Services（IIS）管理器”，打开“Internet Information Services（IIS）管理器”控制台窗口，如图 7－9 所示。

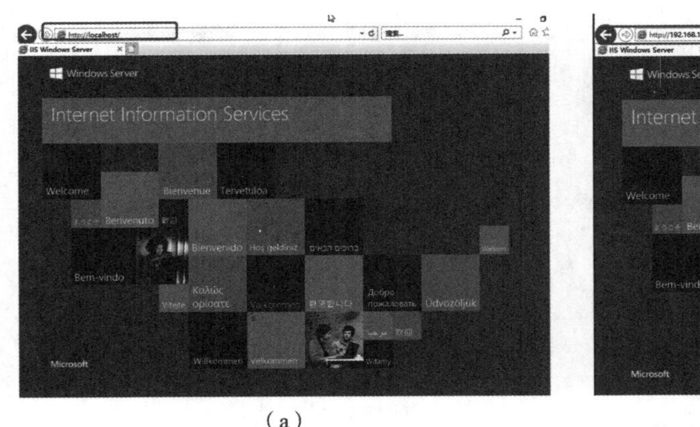

(a)

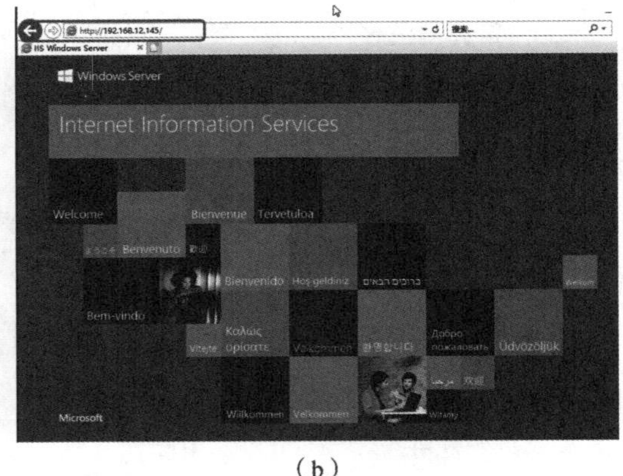

(b)

图 7－8　Web 服务器测试

(a) localhost 访问；(b) IP 地址访问

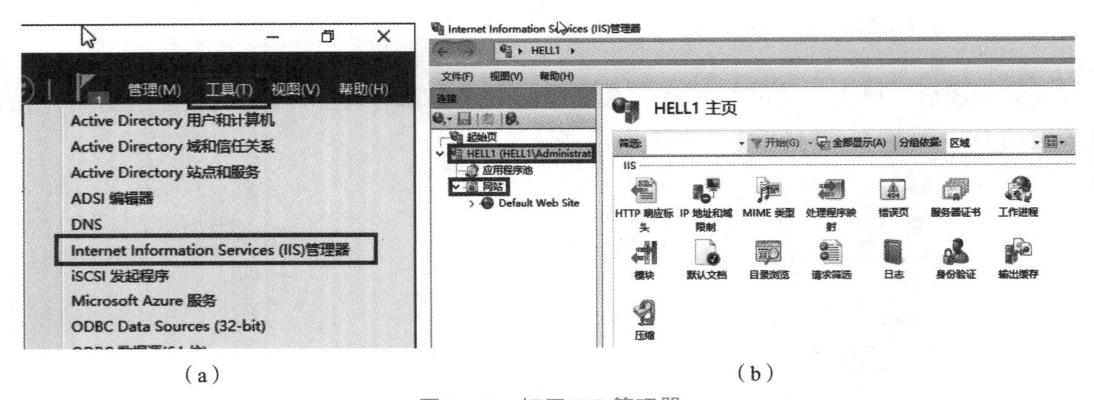

(a)　　　　(b)

图 7－9　打开 IIS 管理器

(a) 工具；(b) 打开 IIS 管理器

在“Internet Information Services（IIS）管理器”控制台窗口的左窗格中，依次展开“HELL1”下的“网站”节点，右击“网站”节点，在弹出的快捷菜单中选择“添加网站”。

（2）编辑 Web 站点信息

在打开的“添加网站”窗口中，在“网站名称”输入框中输入网站的名称（比如 sxjd），如图 7－10 所示。“物理路径”是存放网站网页文件的文件夹，单击“物理路径”编辑框后的“浏览”按钮，在打开的“浏览文件夹”对话框中选择相应的目录，单击“确定”按钮，即可确定主目录的存储位置。每个 Web 网站都对应一个 IP 地址和端口号，若一台计算机配有多个 IP 地址，则需要为计算机中的 Web 网站指定唯一的 IP 地址和端口号，通过“绑定”可实现 IP 和端口号与网站的绑定。“类型”选择 http 协议。“IP 地址”通过下拉框选择服务器的 IP 地址。“端口”指定运行 Web 服务的端口，默认端口是 80。该项必须填写，不能为空。80 端口是指派给 Web 网站的默认端口，即用户的浏览器会默认连接 Web 网站的 80 端口实现双方通信。如果该 Web 网站有特殊的用途，需要增强其安全性，那么可以设置特定的端口号。这样用户在不知道网站的端口号时，其访问会失败，只有知道端口号的用户才能成功访问。

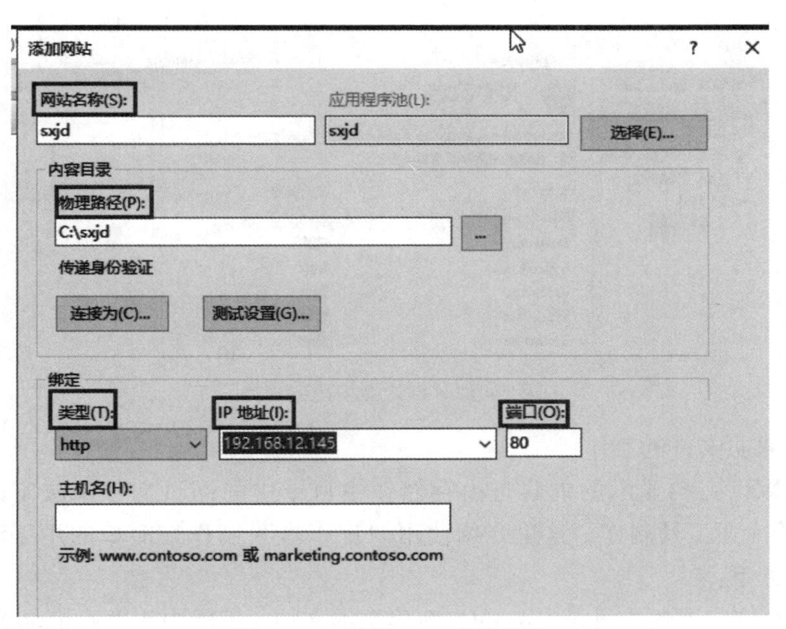

图 7-10　编辑 Web 站点信息

(3) 网站首页文件——默认文档的配置

默认文档的配置指定网站显示的首页文件，在“Internet Information Services (IIS) 管理器”左侧窗格中，单击刚才创建的“sxjd”Web 站点，在中间窗格中即可显示 sxjd 主页的一些信息，找到并双击“默认文档”图标，右侧窗格中单击“添加”按钮，在打开的“添加默认文档”对话框中输入默认文档的名称“index2. html”，单击“确定”按钮，即可看到创建好的默认文档信息，如图 7-11 所示。

图 7-11　默认文档的配置

(a) 默认文档；(b) 添加默认文档

如图 7-12 所示，多个默认文档的排列顺序是有讲究的，当用户访问网站的时候，系统会按照从上到下的顺序在主目录中先查找第一个文件，如果有，就显示该文件，如果没有，就检查有没有第二个文件，依此类推。为了缩短查找时间，可以在右窗格中通过单击“上移”或“下移”按钮来调整这些文件的排列顺序。

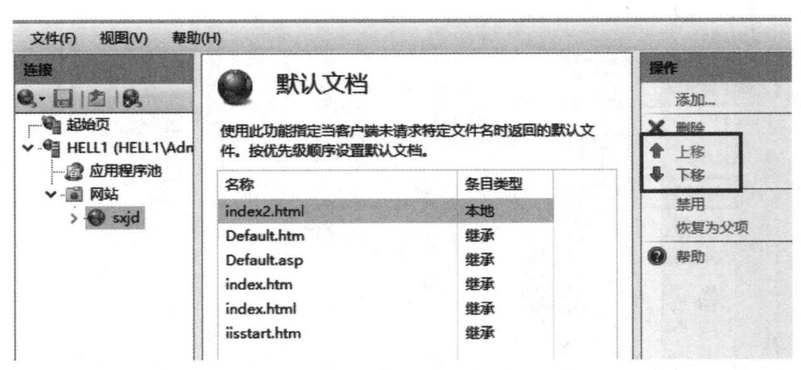

图 7－12　默认文档排列顺序

(4) 网站首页文件的制作

Web 网站默认文档显示的内容是由存储在主目录中的网页文件来决定的，可以使用 Dreamweaver 等专业工具制作，这里介绍使用“记事本”制作最简单的用于测试网页的方法，具体过程如下：

打开网站存储位置的主目录 C:\sxjd，新建文本文档，编辑内容并重命名为 index2. html。单击菜单栏中的“查看”选项，勾选“文件扩展名”，新建的 index2. html 变为 index2. html. txt，通过重命名删除 . txt，如图 7－13 所示。

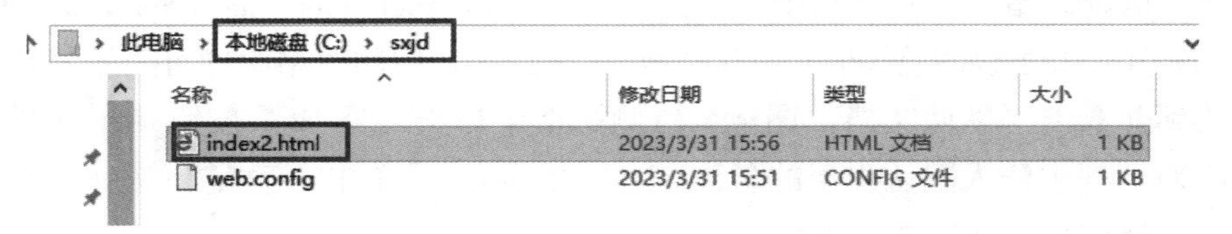

图 7－13　首页文件的制作

(5) 访问自建的 sxjd 站点

在本机上启动浏览器，在地址栏中输入 http://本机 IP，比如（http://192. 168. 12. 129/），测试结果如图 7－14 所示，成功访问山西机电职业技术学院网站。

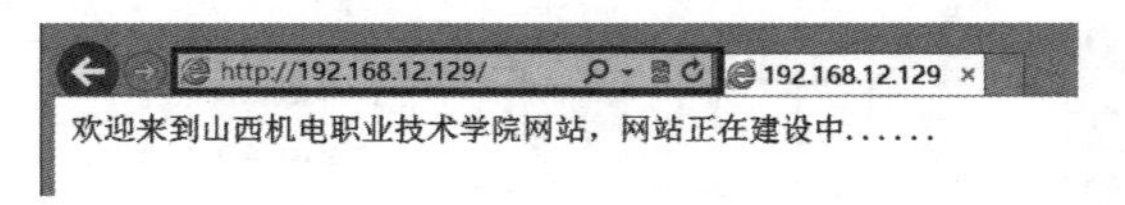

图 7－14　访问自建 Web 站点

任务 7－2　Web 服务器发布多个 Web 站点

主网站下设很多部门的子网站，如果每一个网站占用一台服务器，那么需要服务器的数量较多。为了提高 Web 服务器的利用率，需要通过不同的方式实现在一台 Web 服务器上发布多个 Web 网站，提高服务器的利用率。要让用户能够区分它们，从而连接到指定的网站，必须为每个网站指定唯一的标识，由于每一个 Web 网站都是由 IP 地址、端口号、域名三个标识共同决定其收发数据包的流向的，因此，变更三者中的任何一个，都可以在同一台计算机上架设不同的 Web 网站。

1. 利用虚拟目录发布多个 Web 站点

Web 网站中的网页及其相关文件可以全部存储在网站的主目录下，也可以在主目录下建立多个子文件夹，然后按照网站不同栏目或不同网页文件类型，分别存放到各个子文件中，主目录及主目录下的子文件夹都称为“实际目录”。然而，随着网站内容的不断丰富，主目录所在的磁盘分区的空间可能会不足，此时可以将一部分网页文件存放到本地其他分区的文件夹或者其他计算机的共享文件夹中，这种物理位置上不在网站主目录下，但逻辑上归属于同一网站的文件夹称为“虚拟目录”。

（1）建立虚拟目录

使用虚拟目录技术，为山西机电职业技术学院“人事部”建立一个部门的子站点。进入“IIS 管理器”窗口，在左侧窗格中右击“sxjd”，在弹出的快捷菜单中选择“添加虚拟目录”。在打开“添加虚拟目录”对话框中，在“别名”编辑框中输入一个反映该虚拟目录用途的名称（比如 rsc），在“物理路径”编辑框内输入或单击“..”按钮，选择该虚拟目录的主目录所在的位置（比如 C:/rsc）。该位置可以是本地计算机的其他磁盘分区，也可以是网络中其他计算机的共享文件夹，单击“确定”按钮后，完成虚拟目录的创建，如图 7－15 所示。

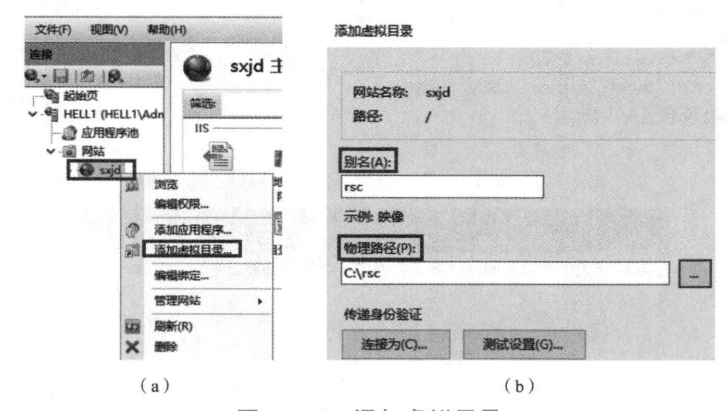

（a）　　　　　　　　　　（b）

图 7－15　添加虚拟目录

（a）添加虚拟目录；（b）虚拟目录信息

（2）配置虚拟目录

虚拟目录由于是宿主网站的子站点，所以虚拟目录和宿主网站共用了 IP 地址和端口，因此不能为虚拟目录指定 IP 地址和端口。添加虚拟目录完成后，系统返回 IIS 管理器主窗口，在左窗格中单击新建立的虚拟目录（比如：rsc），在中间窗格中找到并双击“默认文档”图标，在右窗格中单击“添加”链接，在弹出的“添加默认文档”对话框中输入“rsc_index. html”，单击“确定”按钮即可看到创建好的默认文档信息，如图 7－16 所示。

（3）默认文档的创建

打开 rsc 存储位置的虚拟目录 C:\rsc，新建文本文档，编辑内容，并重命名为 rsc_index. html，如图 7－17 所示。

（4）访问虚拟目录的站点

在本机上启动浏览器，在地址栏中输入 http://本机 IP，比如（http://192. 168. 12. 129/），测试结果如图 7－18 所示，成功访问山西机电职业技术学院网站。

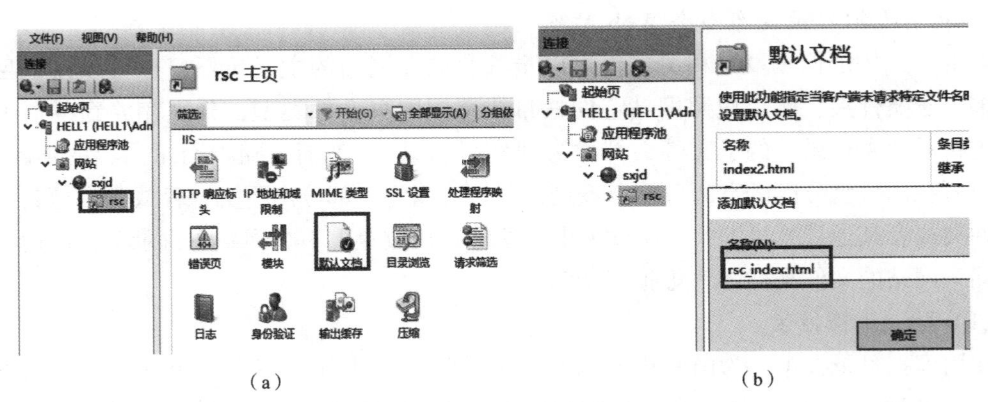

(a) (b)

图 7－16　默认文档的创建

（a）默认文档；（b）添加默认文档

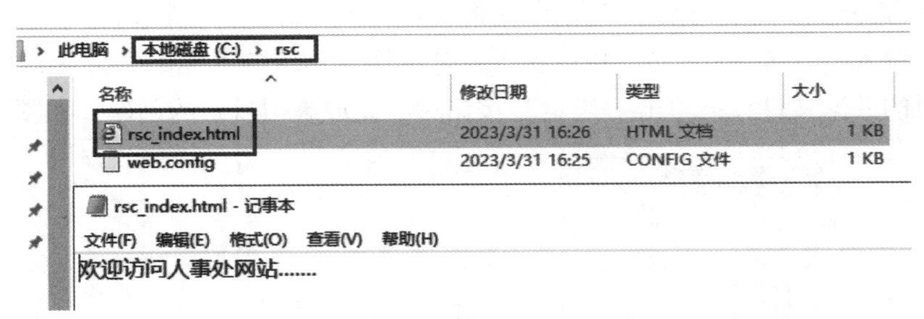

图 7－17　默认文档的制作

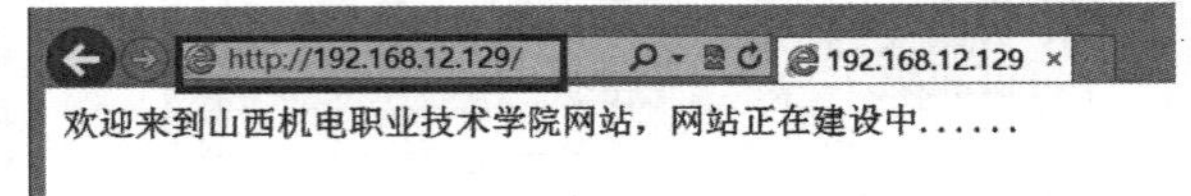

图 7－18　访问主站点

在浏览器地址栏中输入“http://192.168.12.129/rsc”，可以成功访问人事部网站，如图 7－19 所示。

图 7－19　访问主站点下的 rsc 站点

2. 使用不同的 IP 地址搭建多个网站

若一台计算机上具有多个 IP 地址，则可以分别在每个 IP 地址上绑定一个 Web 网站，这样用户可以通过不同的 IP 地址来访问绑定在各自 IP 地址上的 Web 网站，见表 7－1。

表 7－1　网站信息表

网站描述	IP 地址	TCP 端口	主机名	主目录
山西机电职业技术学院网站	192. 168. 12. 145	80	空	C:\sxjd
Web 网站 A	192. 168. 12. 146	80	空	C:\WebA

可以按照任务 7 – 1 的方法进行后续操作。

3. 使用不同的 TCP 端口搭建多个网站

例如，山西机电职业技术学校的教务管理网站：http://60.220.246.27:9080/jwWeb/，学校的学工管理网站：http://60.220.246.27:9081/，这两个网站就是利用不同的端口号，在只有一个 IP 地址的服务器上架设 Web 网站的，那么如何通过不同的端口号来搭建网站呢?

使用不同的 TCP 端口搭建多个站点，不同站点的信息见表 7 – 2。

表 7 – 2 网站信息表

网站描述	IP 地址	TCP 端口	主机名	主目录
山西机电职业技术学院网站	192.168.12.145	80	空	C:\sxjd
Web 网站 A	192.168.12.145	8081	空	C:\WebA

(1) 山西机电职业技术学院网站的创建

山西机电职业技术学院网站的创建可以使用任务 7 – 1 已经创建的 sxjd 网站。

(2) Web 网站 A 的创建

在菜单栏中，单击“工具”菜单，选择“Internet Information Services (IIS) 管理器”，打开“Internet Information Services (IIS) 管理器”控制台窗口，如图 7 – 20 所示。

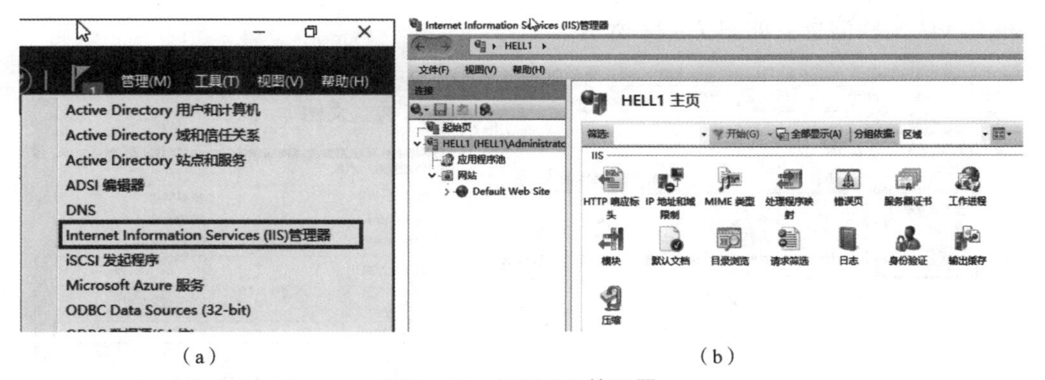

(a)　　(b)

图 7 – 20 打开 IIS 管理器

(a) 工具；(b) 打开 IIS 管理器

在“Internet Information Services (IIS) 管理器”控制台窗口的左窗格中，依次展开“HELL1”下的“网站”节点，右击“网站”节点，在弹出的快捷菜单中选择“添加网站”。

在打开的“添加网站”窗口中，在“网站名称”输入框中输入网站的名称，如图 7 – 21 所示。“物理路径”是存放网站网页文件的文件夹，单击“物理路径”编辑框后的“浏览”按钮，在打开的“浏览文件夹”对话框中选择相应的目录，单击“确定”按钮，即可确定主目录的存储位置。每个 Web 网站都对应一个 IP 地址和端口号，若一台计算机配有多个 IP 地址，则需要为计算机中的 Web 网站指定唯一的 IP 地址和端口号。通过“绑定”可实现 IP 和端口号与网站的绑定。“类型”选择 http 协议，“IP 地址”通过下拉框选择服务器的 IP 地址，“端口”根据网站信息表，使用端口号 8081。

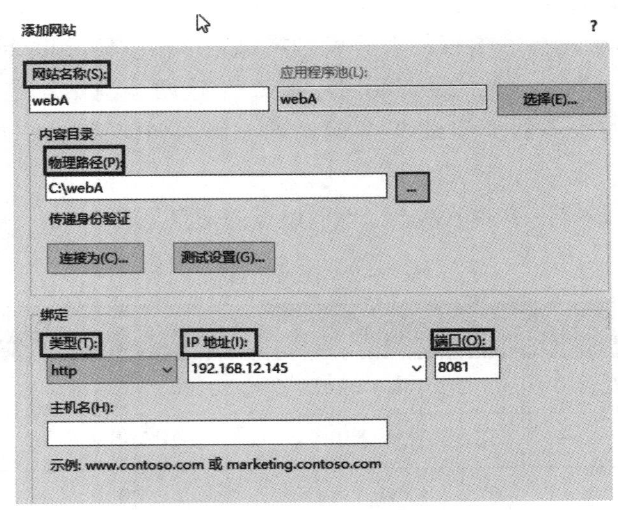

图 7－21　编辑 Web 站点信息

默认文档的配置指定网站显示的首页文件，在“Internet Information Services（IIS）管理器”左侧窗格中，单击刚才创建的“webA”Web 站点，在中间窗格中即可显示 webA 主页的一些信息，找到并双击“默认文档”图标，在右侧窗格中单击“添加”按钮，在打开的“默认文档”对话框中输入默认文档的名称“indexA. html”，单击“确定”按钮，即可看到创建好的默认文档信息，如图 7－22 所示。

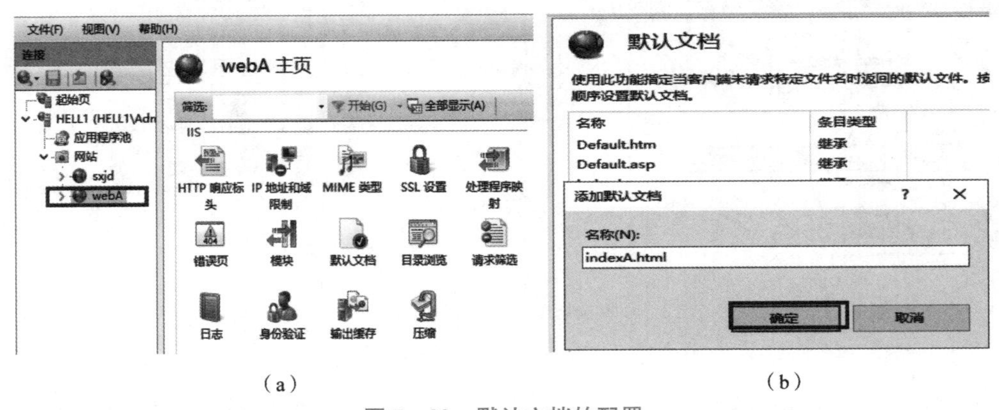

（a）　　　　　　　　　　　　（b）

图 7－22　默认文档的配置

（a）默认文档；（b）添加默认文档

打开网站存储位置的主目录 C:\webA，新建文本文档，编辑内容，并重命名为 indexA. html，如图 7－23 所示。

在本机上启动浏览器，首先访问山西机电职业技术学院，在地址栏中输入 http://本机 IP：端口号，比如 http://192. 168. 12. 145:80/，测试结果如图 7－24 所示，成功访问山西机电职业技术学院网站。默认端口号 80 可以省略不写。

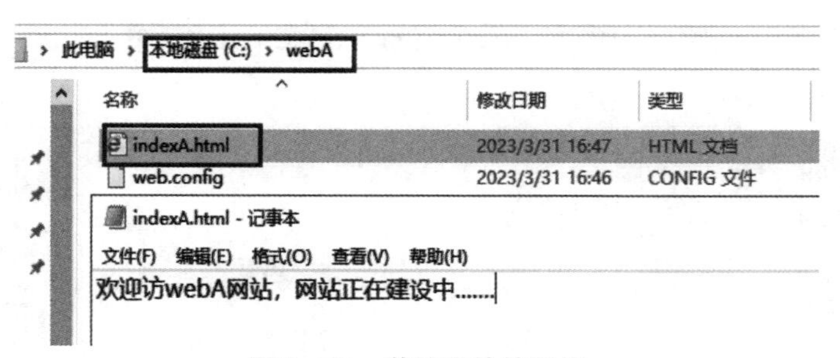

图 7－23　首页文件的制作

图 7－24　访问山西机电职业技术学院网站

在地址栏中输入 http://本机 IP：端口号，比如 http://192.168.12.145:8081/，测试结果如图 7－25 所示，成功访问 webA 网站。

图 7－25　访问 webA 网站

4. 使用不同的主机名搭建多个网站

当一台服务器上仅有一个 IP 地址，并且希望多个网站使用相同的 TCP 端口时，就可以为每个不同的网站分配不同的主机名（域名）来搭建多个 Web 网站。下面使用主机名来搭建多个网站，网站信息表见表 7－3。

表 7－3　网站信息表

网站描述	IP 地址	TCP 端口	主机名	主目录
山西机电职业技术学院	192.168.12.145	80	www.sxjdxy.com	C:/sxjd
Web 网站 C	192.168.12.145	80	hi.sxjdxy.com	C:/WebC

（1）为山西机电职业技术学院网站添加主机名

在 IIS 管理器窗口的左窗格中单击“sxjd”，在右窗格中单击“绑定”链接，在打开的“网站绑定”对话框中单击绑定的参数行。单击“编辑”按钮，打开“编辑网站绑定”对话框，在“主机名”编辑框内输入主机名“www.sxjdxy.com”，单击“确定”按钮，系统返回“网站绑定”对话框，单击“关闭”按钮，可看到绑定好的主机名信息，如图 7－26 所示。

（2）Web 网站 C 的创建

在 IIS 管理器窗口的左窗格中右击“网站”节点，在弹出的快捷菜单中选择“添加网站”，打开“添加网站”对话框。在“网站名称”编辑框中输入“Web 网站 C”，在“物理路径”编辑框中输入或选择主目录，在“IP 地址”编辑框内选择或输入 IP 地址，根据网站信息表，在“主机名”编辑框中输入主机名（hi. sxjdxy. com），单击“确定”按钮完成网站的创建，如图 7-27 所示。

图 7-26　添加主机名

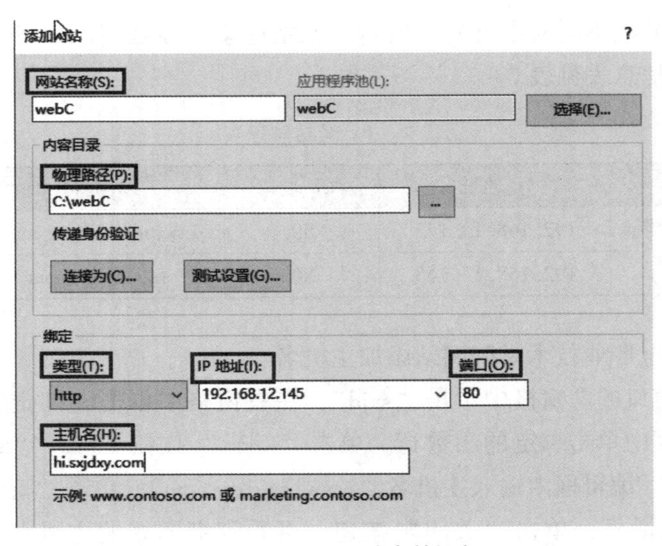

图 7-27　webC 站点的添加

系统返回 IIS 管理器窗口，在左窗格中单击“webC”，在中间窗格中双击“默认文档”图标，完成默认文档的添加，如图 7-28 所示。

（3）域名解析

在客户机的 C:\WINDOWS\system 32\drivers\etc\hosts 文件中添加以下记录信息：

192. 168. 12. 145 www. sxjdxy. com

192. 168. 12. 145 hi. sxjdxy. com

#ip hostname

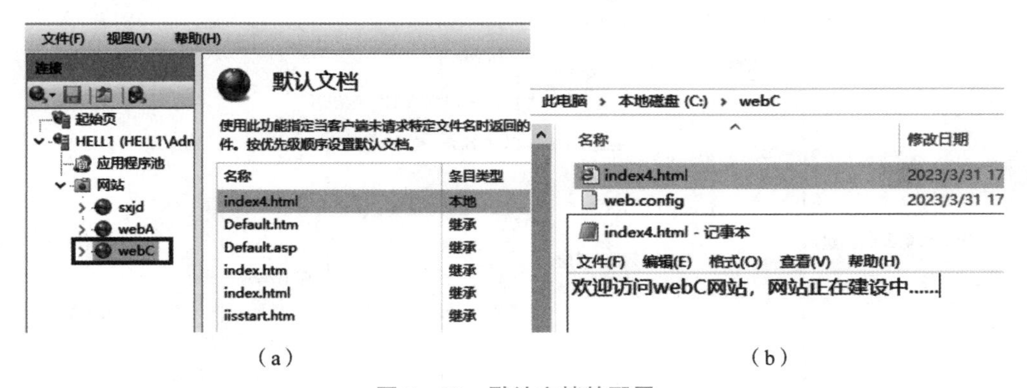

（a）　　　　　　　　（b）

图 7－28　默认文档的配置

（a）默认文档；（b）添加默认文档

如图 7－29 所示，按 Win＋R 组合键打开“运行”窗口，输入“cmd”，在打开的命令行窗口中输入“＞netsh winsock reset”，回车即可重置 winsock 目录。

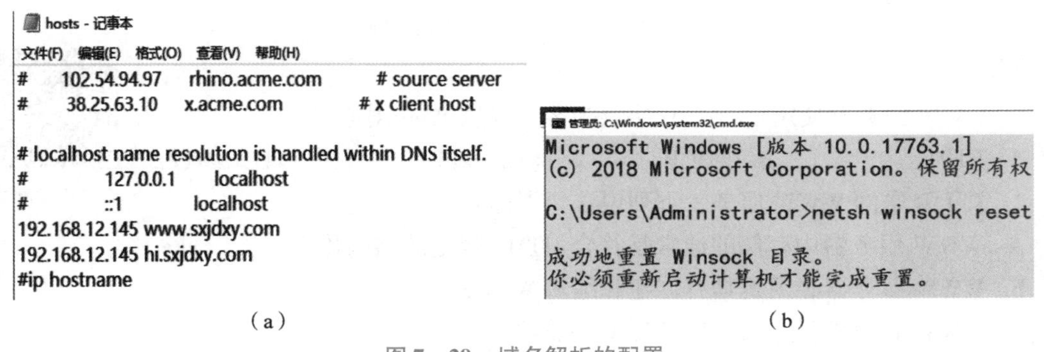

（a）　　　　　　　　（b）

图 7－29　域名解析的配置

（a）添加记录；（b）重置 winsock

（4）通过主机名访问站点

启动浏览器，在地址栏中输入山西机电职业技术学院的主机名 www. sxjdxy. com，回车即可访问到网站的内容；输入 webC 网站的主机名 hi. sxjdxy. com，回车即可访问到网站的内容，如图 7－30 所示。

（a）　　　　　　　　（b）

图 7－30　通过主机名访问

（a）www. sxjdxy. com；（b）hi. sxjdxy. com

【任务小结与测试】

思维导图小结

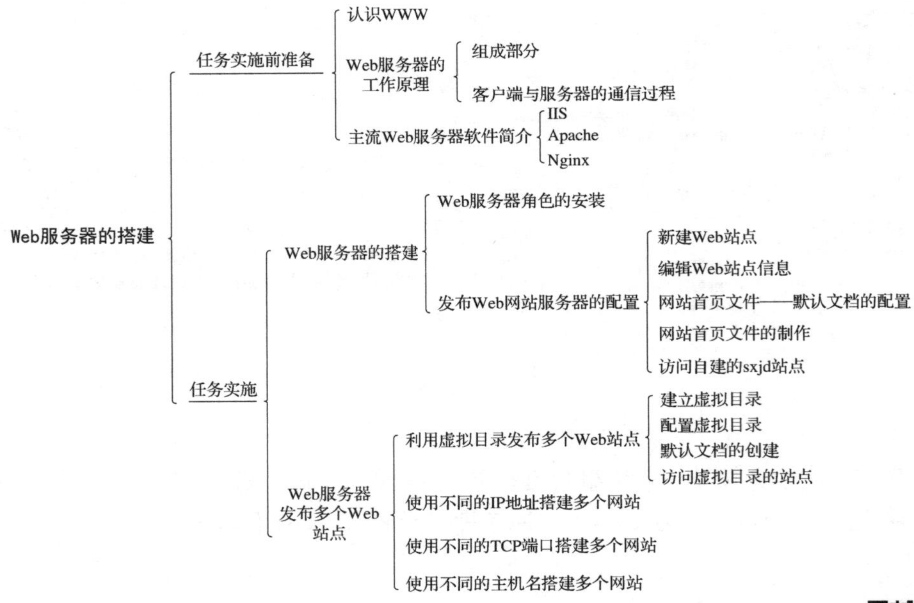

测试

在线小结测试

1. WWW 服务器使用（　　）协议为客户提供 Web 浏览。

A. FTP　　B. DHCP　　C. HTTP　　D. SMTP

2. 关于互联网 WWW 服务，下列说法错误的是（　　）。

A. WWW 服务器中存储的通常是符合 HTML 规范的结构化文档

B. WWW 服务器必须是具有创建和编辑 Web 页面的功能

C. WWW 客户机程序又叫作 WWW 浏览器

D. WWW 服务器又叫作 Web 站点

3. Web 站点默认的 TCP 端口号是（　　）。

A. 21　　B. 80　　C. 8080　　D. 1024

4. 如果希望用户访问网站时，在没有具体的网页文档名称的情况下也能为其提供一个网页，那么需要为这个网站设置一个默认网页，这个网页往往被称为（　　）。

A. 链接　　B. 首页

C. 映射　　D. 文档

5. 虚拟目录的用途是（　　）。

A. 一个模拟目录的假文件夹

B. 以一个假的目录来避免感染病毒

C. 以一个固定的别名来指向实际路径，当主目录变动时，对用户而言是不变的

D. 以上都不正确

【答疑解惑】

大家在学习过程中是否遇到什么困惑的问题？扫扫看是否能够得到解决。

【任务工单与评价】

任务工单与评价

<table>
<tr><th colspan="8">考核任务名称：Web 服务器的搭建</th></tr>
<tr><td>班级</td><td></td><td>姓名</td><td colspan="2"></td><td>学号</td><td colspan="2"></td></tr>
<tr><td>组间评价</td><td></td><td>组内互评</td><td></td><td>教师评价</td><td></td><td>成绩</td><td></td></tr>
<tr><td>任务要求</td><td colspan="7">在 Windows Server 2019 服务器上完成 WWW 服务器的安装与基本配置，具体要求如下：
1. 在服务器上安装 IIS 中的 Web 服务器角色。
2. 在 Web 服务器中创建并配置 webA 网站，在网站中放置一些网页，打开浏览器访问该网站。
3. 在 webA 网站下创建并配置别名为“技术部”的虚拟目录，在客户机使用“http://Web 服务器的 IP 地址/虚拟目录别名”访问虚拟目录。
4. 在安装有 WWW 服务器的服务系统上创建 webB、webC，分别设置端口号为 80、8081，在网站中放置一些网页，打开浏览器访问该网站。
5. 在安装有 IIS 服务器的服务系统上创建 webD、webE，分别设置主机名为 www. xxgcx. com、www. xxgcx－bgs. com，在网站中放置一些网页，打开浏览器访问该网站。</td></tr>
<tr><td rowspan="2">任务完成过程记录</td><td colspan="7">操作过程：</td></tr>
<tr><td colspan="7">操作过程中遇到的问题：</td></tr>
<tr><td>小结</td><td colspan="7">（将自己学习本任务的心得简要叙述一下，表述清楚即可）</td></tr>
</table>

任务评价分值

评价类型	占比	评价内容	分值
知识与技能	65	IIS 角色及功能的安装	5
		Web 站点的创建、网站命名、绑定的配置	10
		Web 站点默认文档的创建	5
		通过虚拟目录发布 Web 站点	15
		通过不同的端口号发布不同的 Web 站点	15
		通过主机名发布不同的 Web 站点	15
素质与思政	35	按时完成，认真填写任务工单	5
		任务工单内容操作标准、规范	5
		保持机位的卫生	5
		小组分工合理，成员之间相互帮助，提出创新性的问题	5
		按时出勤，不迟到早退	5
		参与课堂活动	5
		完成课后任务拓展	5

【拓展训练】

在线主题讨论及视频

随着互联网的快速发展和普及，越来越多的个人和企业开始依赖 Web 应用程序来处理业务。Web 应用程序和网站是通过 Web 服务器来提供的，这就需要一个服务器来提供稳定的服务。企业通常需要自己购买服务器硬件来搭建自己的服务器环境，但随着云计算和 Web 云服务器的出现，这个过程变得更加简单和灵活。

Web 云服务器指的是运行在云计算平台上的服务器，它可以通过云计算服务商提供的 Web 控制台进行管理。Web 云服务器可以按需购买，预付费或按量计费方式都可以。相比传统的服务器购买方式，采用 Web 云服务器的方式可以让企业大大节省投入成本，因为购买服务器硬件和软件通常会消耗大量的资金与时间。在 Web 云服务器上运行的应用程序可以随时灵活地进行资源调整和扩展，这对于应对突发的流量峰值或扩大业务规模来说非常重要。

任务八 FTP 服务器的搭建

【任务背景】

公司员工特别是在异地分支机构的员工需要经常从文件服务器下载资料到本地计算机，

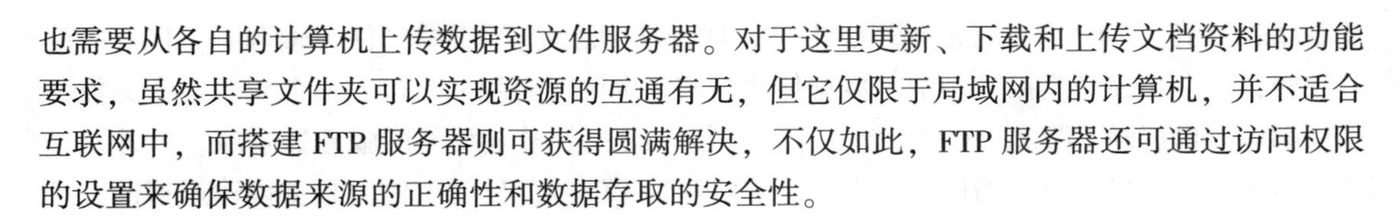

也需要从各自的计算机上传数据到文件服务器。对于这里更新、下载和上传文档资料的功能要求，虽然共享文件夹可以实现资源的互通有无，但它仅限于局域网内的计算机，并不适合互联网中，而搭建 FTP 服务器则可获得圆满解决，不仅如此，FTP 服务器还可通过访问权限的设置来确保数据来源的正确性和数据存取的安全性。

【任务介绍】

为了方便员工对文件进行管理和使用，先需要对 FTP 服务器进行配置。本任务要求同学：

①能够根据实际需求配置 FTP 服务器，发布 FTP 站点。

②能够根据实际需求配置隔离用户及虚拟目录。

③能够在客户机通过命令行方式访问 FTP 站点，实现文件的上传和下载。

④能够排除在部署 FTP 服务器过程中出现的故障。

【任务目标】

1. 知识目标

①掌握 FTP 服务器的工作原理。

②掌握 FTP 服务器的基本配置。

③掌握 FTP 客户端的命令及测试。

2. 技能目标

①能够构建完整的 FTP 服务器。

②能够在客户机通过命令行方式访问 FTP 站点，实现文件的上传和下载。

③能够根据实际需求创建隔离用户的 FTP 站点和虚拟站点。

④能够排除在配置过程中出现的错误，最终达到任务要求。

3. 素质与思政目标

①通过小组合作完成 FTP 服务器的部署和站点的发布，培养学生团队合作的职业素养。

②在上传资源时，不能上传带有病毒和木马的文件，培养学生网络安全意识。

③通过故障原因的分析，培养学生坚持不懈、严谨认真的工匠精神。

【任务实施前准备】

1. 认识 FTP 服务器

FTP 服务器基础

FTP（File Transfer Protocol，文件传输协议），是用来在本地计算机和远程计算机之间实现文件传送的标准协议。FTP 服务采用的是客户机/服务器工作模式，FTP 客户机是指用户的本地计算机，FTP 服务器是指为用户提供上传和下载服务的计算机。FTP 服务实际上就是将各种可用资源放到各个 FTP 服务器中（即 FTP 的上传），网络上的用户可以通过 Internet 连到这些服务器上，并且使用 FTP 将需要的文件复制到自己的计算机中（即 FTP 的下载）。

2. FTP 服务器的工作原理

FTP 服务的工作原理如图 8－1 所示。FTP 客户机向 FTP 服务器发送服务请求，FTP 服务器接收与响应 FTP 客户机的请求，并向 FTP 客户机提供所需的文件传输服务。FTP 有两个过程：一个是控制连接，一个是数据传输。FTP 协议需要两个端口：一个端口是作为控制连接端口，也就是 FTP 的 21 端口，用于发送指令给服务器以及等待服务器响应；另外一个端口用于数据传输端口，端口号为 20（仅用 PORT 模式），是用于建立数据传输通道的，主要作用是从客户端向服务器发送一个文件，从服务器向客户发送一个文件，从服务器向客户发送文件或目录列表。

图 8－1　FTP 服务器的工作原理

3. FTP 的登录方式

要传输文件的用户登录后才能访问服务器上的文件资源。登录方式有两种：匿名登录和授权账户登录。

- 匿名登录：匿名登录的 FTP 站点允许任何一个用户免费登录，并从其上复制一些免费的文件，登录时的用户名一般是 anonymous，口令可以是任意字符串。
- 授权账户登录：登录时所使用的账户和口令，必须已经由系统管理员在被登录的服务器上注册并进行过权限设置。

【任务实施】

任务 8－1　FTP 服务器的部署

1. FTP 服务器的安装与基本配置

FTP 服务是 IIS7.0 集成的组件之一，利用 IIS7.0 可以轻松搭建 FTP 服务器。

（1）FTP 服务器的安装

若系统已经安装过 IIS7.0，可以通过“添加角色服务”安装 FTP 组件。若系统还未安装 IIS7.0，则可以通过“添加角色”安装 FTP 服务。下面演示未安装过 IIS7.0 时的操作步骤。

单击桌面下方工具栏中的“服务器管理器”，在右窗格中选择“添加角色和功能”，如图 8－2 所示。打开“添加角色和功能向导”对话框，进入“开始之前”页面，继续下一步操作，如图 8－3 所示。

进入“安装类型”页面，选择“基于角色或基于功能的安装”，如图 8－4 所示。继续下一步操作，进入“服务器选择”页面，保持默认的选择不变，如图 8－5 所示，继续下一步操作。

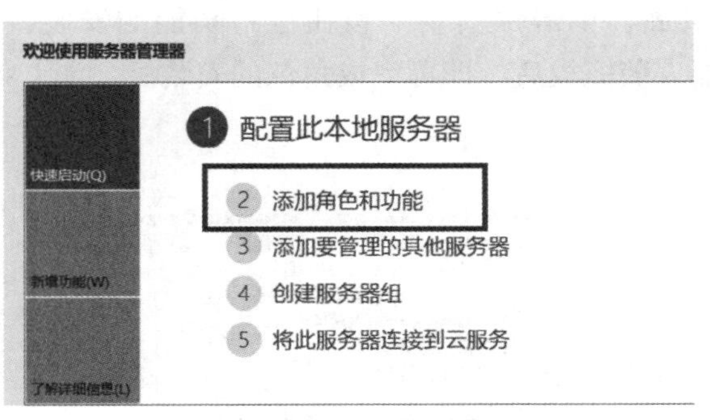

图 8-2 服务器管理器

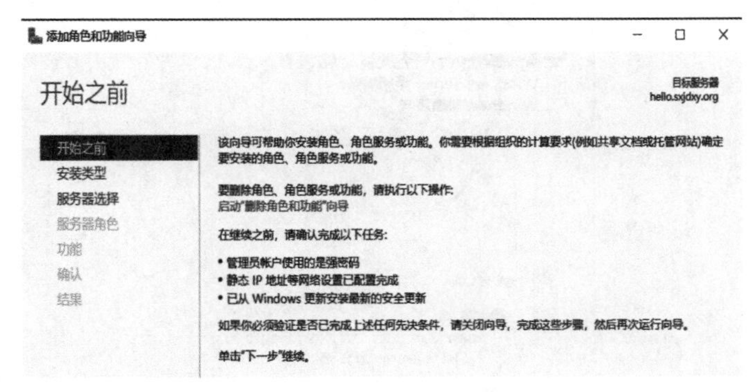

图 8-3 角色安装向导

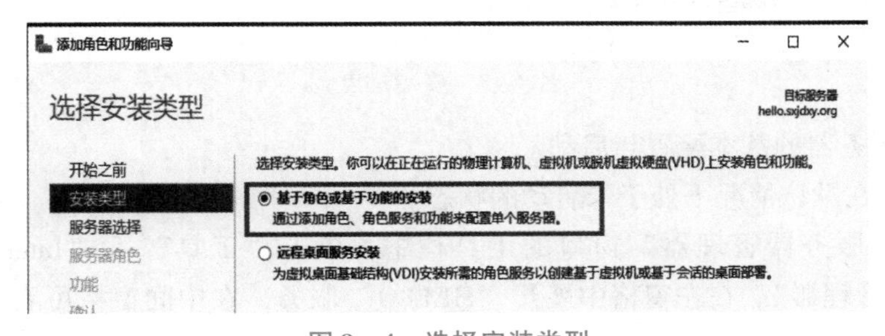

图 8-4 选择安装类型

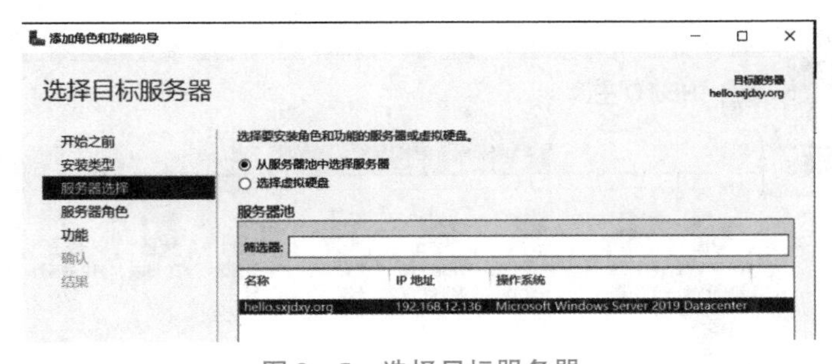

图 8-5 选择目标服务器

在"服务器角色"页面，展开已安装的"Web 服务器（IIS）"下的"FTP 服务器"，勾选"FTP 服务"，如图 8-6 所示。继续下一步操作，在功能页面保持默认，继续下一步，在

“确认安装所选内容”页面，单击“安装”按钮进行功能的安装，在“安装进度”页面，如图 8－7 所示，待功能安装完成后，即可完成角色的安装。

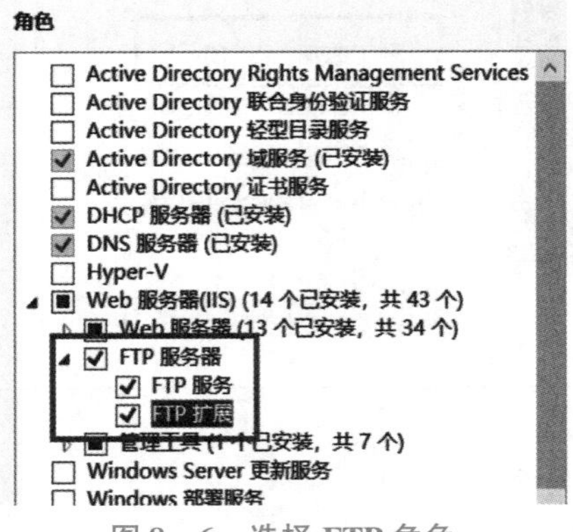

图 8－6　选择 FTP 角色

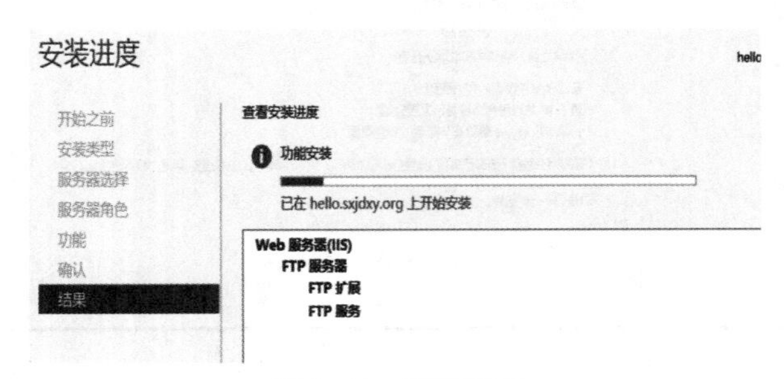

图 8－7　安装进度

（2）FTP 服务器的基本配置与启动

FTP 服务器在默认情况下处于未启动的状态。

在返回的“服务器管理器”窗口的工具栏中，单击“工具”下“Internet Information Services（IIS）管理器”。在左窗格中展开“HELLO”服务，在中间窗格可看到关于 FTP 服务器配置的相关内容，如图 8－8 所示。

图 8－8　FTP 站点

展开“网站”节点，选择右窗格中的“添加 FTP 站点”，在弹出的窗口中输入 FTP 站点名称和物理路径，例如，站点名称：gx，物理路径选择合适的存储位置，如图 8－9 所示，继续下一步操作。在“绑定和 SSL 设置”窗口中，选择本地服务器的 IP 地址，SSL 选择“无 SSL”，如图 8－10 所示，继续下一步操作。

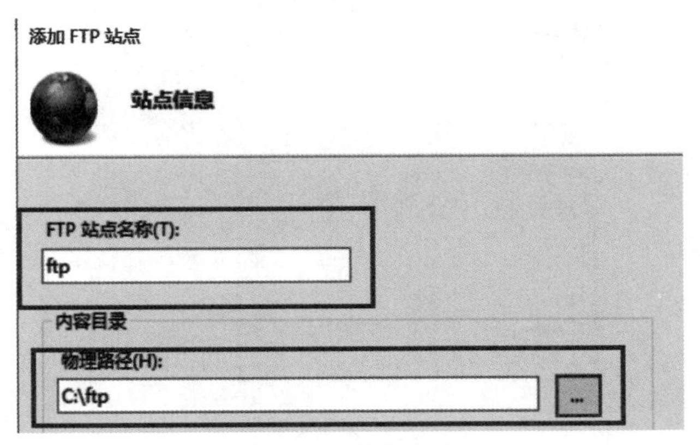

图 8－9　站点名称

在“身份验证和授权信息”窗口中，若勾选“匿名”，则 FTP 站点既接受匿名用户的访问，又接受授权用户的访问。在使用浏览器或第三方图形化工具时，匿名用户无须输入用户名和密码便可登录 FTP 站点；在用命令行工具访问时，登录 FTP 站点的匿名用户名为“ftp”或“anonymous”，密码是任意的字符串。可根据安全性的高低自行选择，在“授权”窗口中选择允许访问的用户，在“权限”窗口中可根据需求选择合适的权限，如图 8－11 所示，继续下一步操作。

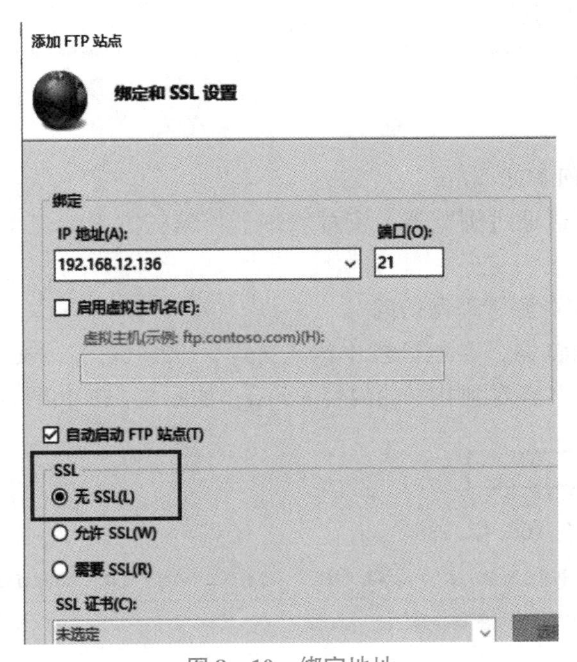

图 8－10　绑定地址

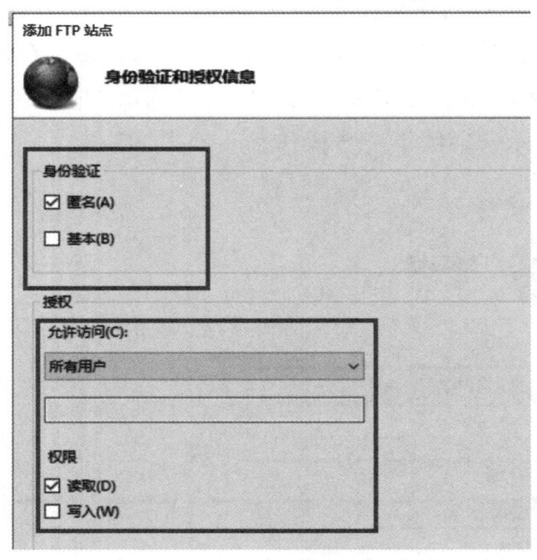

图 8－11　身份验证

单击“完成”按钮，系统返回主窗口中，可看到已添加的 FTP 站点 gx，并且处于“已启动”状态，如图 8－12 所示。

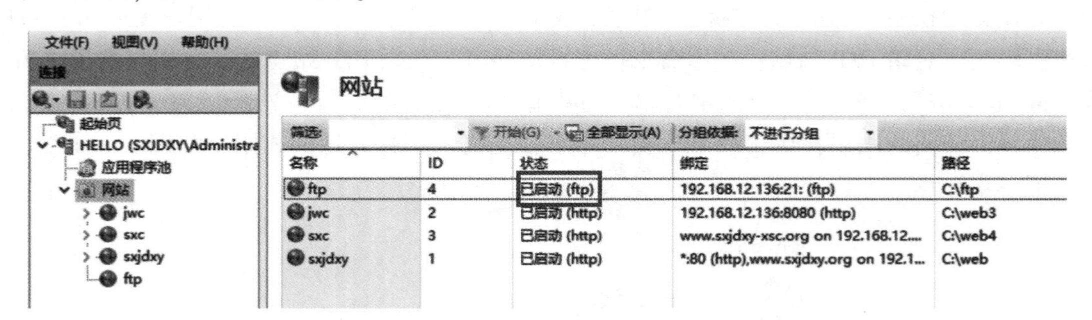

图 8－12　FTP 站点完成

2. FTP 客户机访问 FTP 站点

用户在客户机上可以通过浏览器、资源管理器、第三方 FTP 工具、传统 FTP 命令行等工具访问。

（1）使用浏览器和资源管理器访问

在客户机上打开浏览器，在地址栏中输入 ftp://192.168.12.136。若是匿名用户登录，则可以直接登录站点，并且看到共享的内容 gx.txt，如图 8－13 和图 8－14 所示。

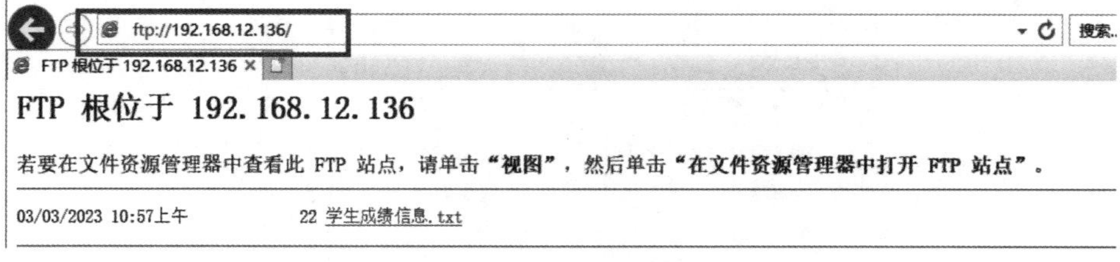

图 8－13　访问 FTP 站点

图 8-14　查看文件内容

(2) 使用传统 ftp 命令行访问

实现上传、下载等功能的常用命令见表 8-1。

表 8-1　命令功能

命令格式	功能
dir remote - directory	显示远程目录文件和子目录列表
cd remote - directory	更改远程计算机上的工作目录
get remote - file[local - file]	将远程文件下载到本地计算机
put local - file[remote - file]	将本地文件上传到远程计算机上
ls remote - directory	显示远程目录文件和子目录的缩写列表
delete remote - file	删除远程计算机上的文件
rmdir remote - directory	删除远程目录
mkdir remote - directory	创建远程目录

在客户机上按下 Windows 徽标 + R 组合键，在打开的“运行”对话框中输入“cmd”命令，单击“确定”按钮，进入命令行操作界面。

在命令行提示符下按格式“ftp IP 地址”（适合默认的 21 端口号的登录访问）输入命令，或者先后按格式“ftp”“open IP 地址端口号”（适合非 21 端口号的登录访问）输入命令，按回车键后系统，开始连接 FTP 站点，连接成功后，输入用户名和密码（匿名用户输入 anonymous，密码任意字符串即可），若要退出，输入命令“bye”，如图 8-15 所示。

```
C:\Users\Administrator.WIN-NUVNQGCD4N7>ftp
ftp> open 192.168.12.136
连接到 192.168.12.136。
220 Microsoft FTP Service
200 OPTS UTF8 command successful - UTF8 encoding now ON.
用户(192.168.12.136:(none)): ftp
331 Anonymous access allowed, send identity (e-mail name) as password.
密码:
230 User logged in.
ftp> dir
200 PORT command successful.
125 Data connection already open; Transfer starting.
03-03-23  10:57AM                22 学生成绩信息.txt
226 Transfer complete.
ftp: 收到 66 字节，用时 0.01秒 13.20千字节/秒。
ftp> bye
221 Goodbye.
```

图 8-15　命令行访问 FTP 站点

任务 8－2　FTP 服务器的安全配置

1. 创建隔离用户的 FTP 站点

所谓隔离用户的 FTP 站点，是指用户在访问该类 FTP 站点时，每个用户只能在与用户名匹配的目录及其子目录内进行访问，不允许用户浏览自己主目录外的内容，以防用户查看或覆盖其他用户的内容，从而提高 FTP 站点的安全性。

（1）创建隔离用户 FTP 站点

在 FTP 站点所在的服务器创建登录的用户，如：yanmei、hello。规划并创建登录用户的目录结构。在 C 盘下创建一个文件夹作为 FTP 站点的主目录（C:\ftp），并在该文件夹下创建一个名为 localuser 的子文件夹，在 localuser 文件夹下创建若干个与用户名同名的文件夹，创建 yanmei、hello 文件夹（ftp 站点主目录下的文件夹名称必须是“localuser”，并且在其下创建的文件夹名称与相应用户名相同，否则，将无法使用该用户账户登录），如图 8－16 所示。

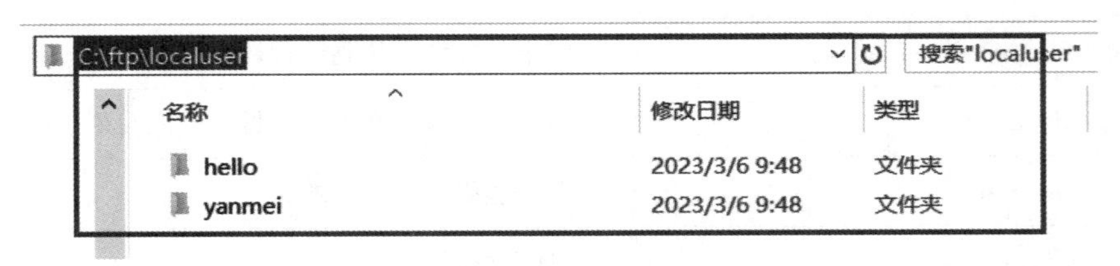

图 8－16　用户文件夹

打开“服务器管理器”，单击工具栏中的工具，打开“Internet Information Services（IIS）管理器”，进入“IIS 管理器”。在左窗格中右击“网站”，在弹出的菜单中单击“添加 FTP 站点”，如图 8－17 所示。

图 8－17　添加 FTP 站点

在“添加 FTP 站点”对话框中输入 FTP 站点的名称及物理路径，继续下一步操作，如图8－18 所示。打开“绑定和 SSL 设置”对话框中，在“IP 地址”中输入服务器的 IP 地址，端口号可以设置为 2121，SSL 先设置为“无 SSL”，如图 8－19 所示。

打开“身份验证和授权信息”对话框，选择“基本”，设置“授权”和“权限”内容，系统返回主窗口中，可看到创建好的站点并处于启动状态，如图 8－20 所示。

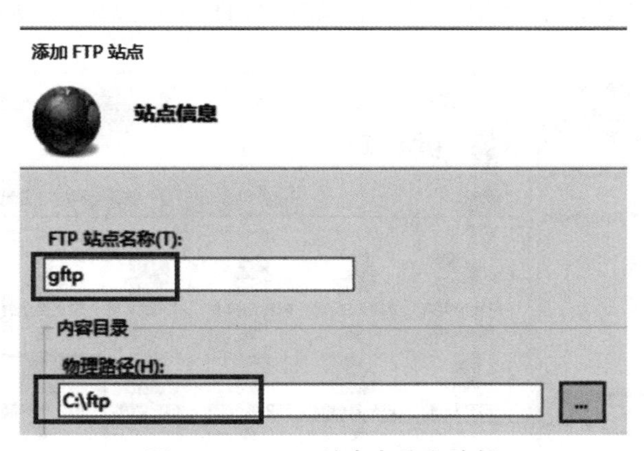

图 8－18　FTP 站点名称和路径

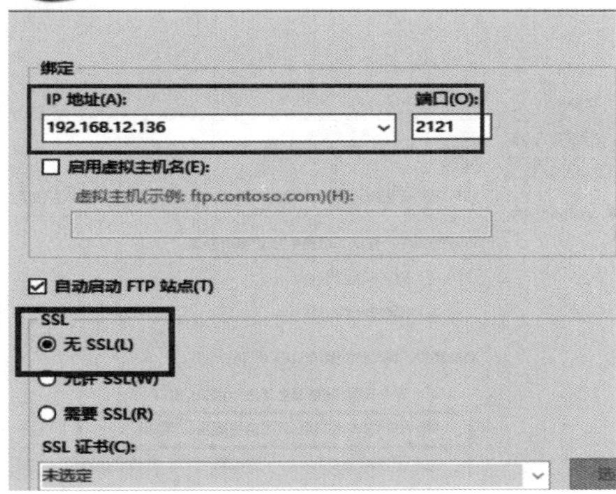

图 8－19　绑定 IP

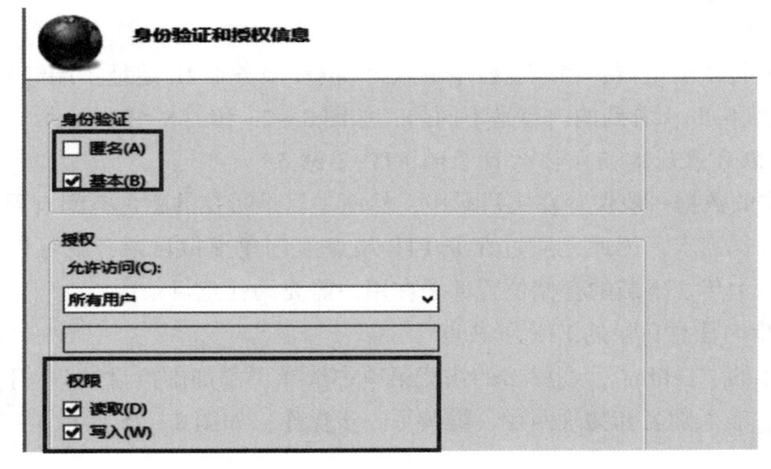

图 8－20　身份验证

在左窗格中单击“gftp”，在中间窗格中双击“FTP 用户隔离”，如图 8－21 所示。

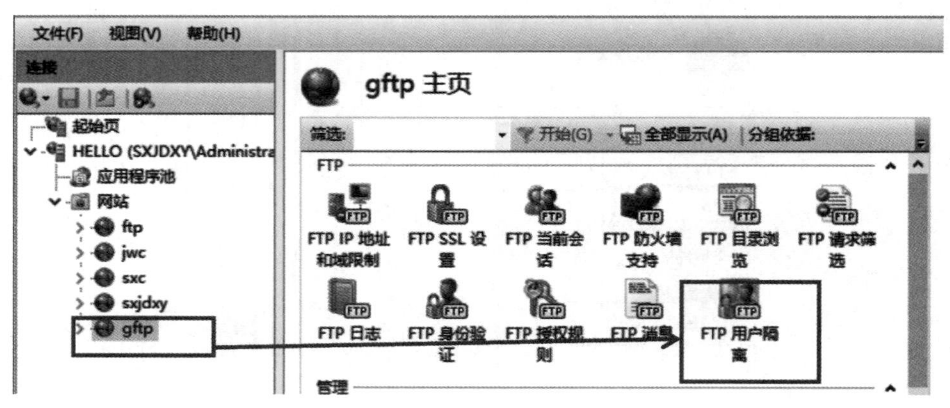

图 8－21　FTP 用户隔离

在“FTP 用户隔离”窗口中选择“用户名物理目录”，如图 8－22 所示。在右窗格中选择“应用”。

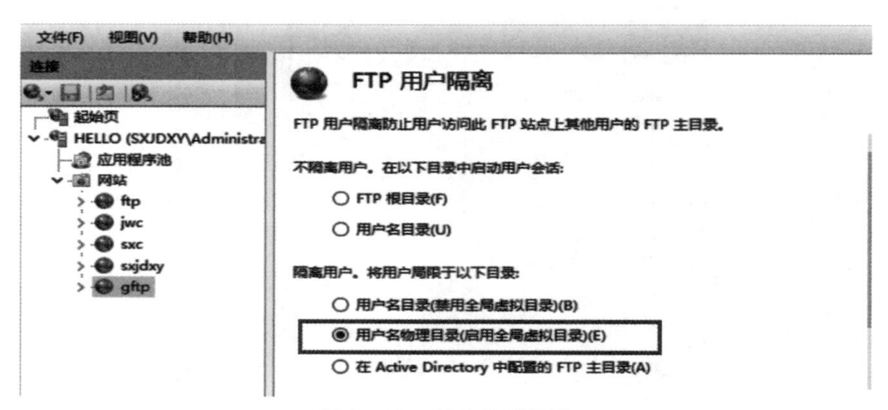

图 8－22　用户物理目录

（2）客户端测试

在客户机上打开浏览器，在地址栏中输入“ftp://服务器 IP 地址：端口号”，分别输入用户名 yanmei 和 hello，看到的内容是不同的，如图 8－23 和图 8－24 所示。

2. 使用虚拟目录创建指向任意目录的 FTP 子站点

FTP 站点中的数据一般保存在主目录中，然而主目录所在的磁盘空间有限，不能满足日益增长的数据存储需求。因此，通过在原 FTP 站点上创建虚拟目录，就可以解决空间不足的问题，还可以上传。下载的存储位置部署在用户需要的任意目录中。

（1）创建指向任意目录的 FTP 子站点

右击已创建的“geliftp”，在弹出的快捷菜单中选择“添加虚拟目录”。打开“添加虚拟目录”对话框，输入别名和物理路径，继续下一步操作，如图 8－25 所示。

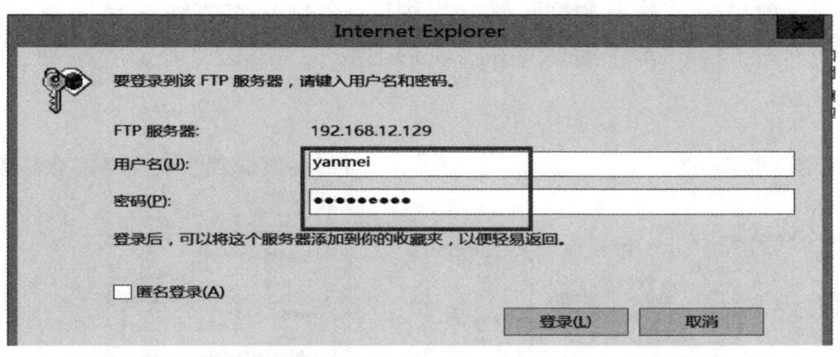

ftp://192.168.12.129:2121/

FTP 根位于 192.168.12.129

若要在文件资源管理器中查看此 FTP 站点，请单击“视图”，然后单击“在文件资源管理器中打开 FTP

05/18/2021 05:36下午　　0 yan.txt

图 8－23　用户 yanmei 登录

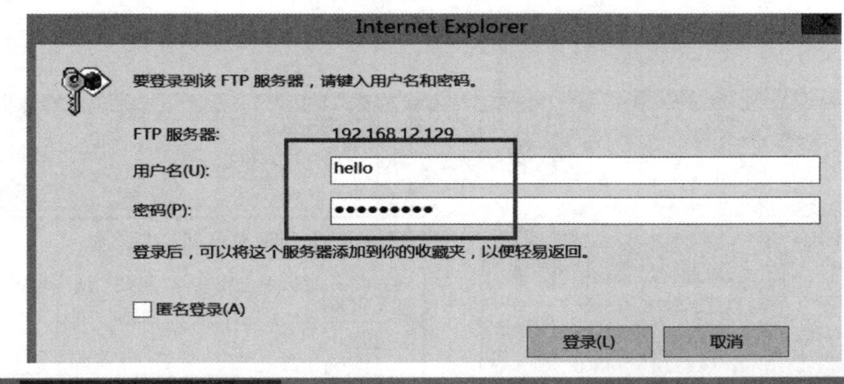

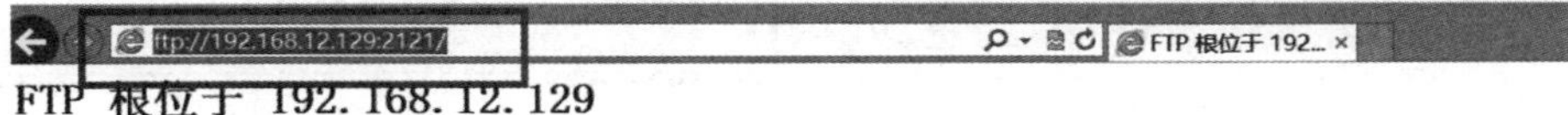

FTP 根位于 192.168.12.129

若要在文件资源管理器中查看此 FTP 站点，请单击“视图”，然后单击“在文件资源管理器中打开 FTP 站点”。

05/18/2021 05:36下午　　0 hello.txt

图 8－24　用户 hello 登录

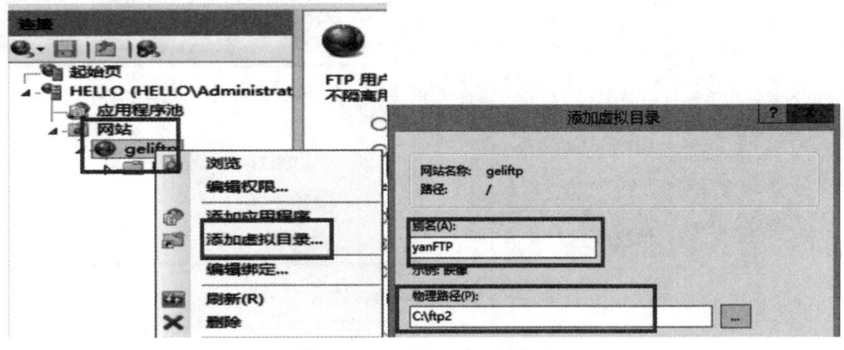

图 8－25　添加虚拟目录

在返回的主窗口中，双击“FTP 授权规则”，在打开的“编辑允许授权规则”窗口中，选择“所有用户”，选择创建好的 yanmei 用户，单击“确定”按钮，如图 8－26 所示。

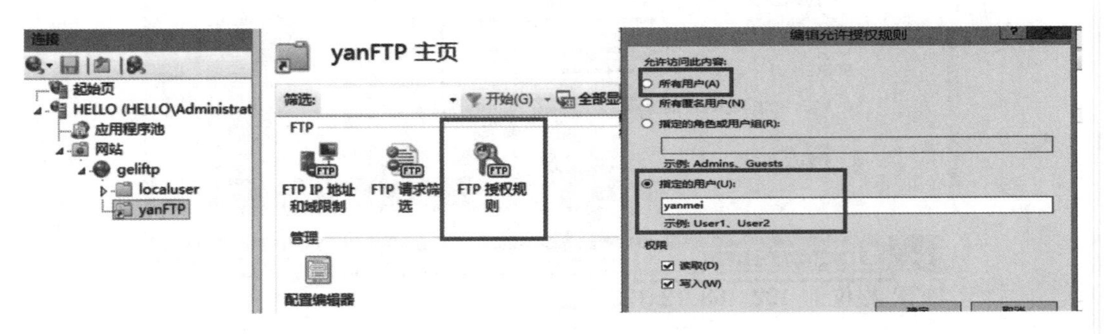

图 8－26　编辑授权规则

（2）客户端测试

打开客户机浏览器，输入 ftp://服务器 IP 地址/别名，用户账户登录，发现 yanmei 用户可以登录，yanmei1 用户无法登录，如图 8－27 和图 8－28 所示。

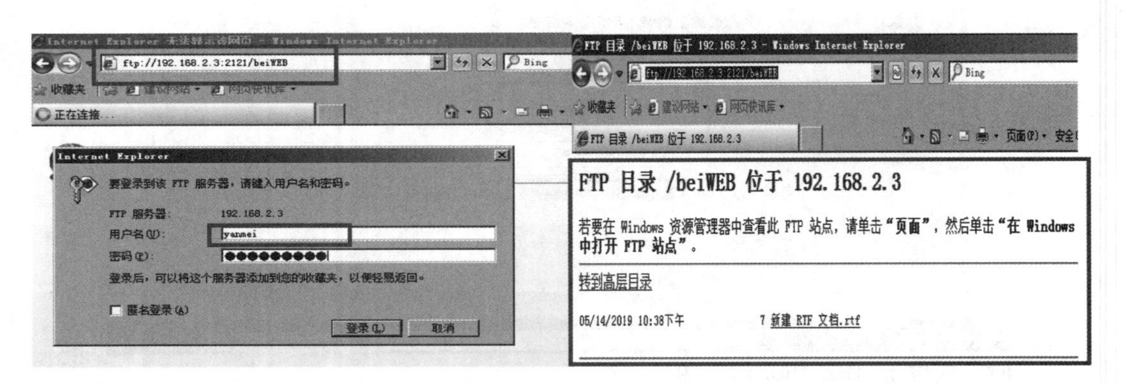

图 8－27　用户 yanmei 登录

图 8－28　用户 yanmei 无法登录

【任务小结与测试】

思维导图小结

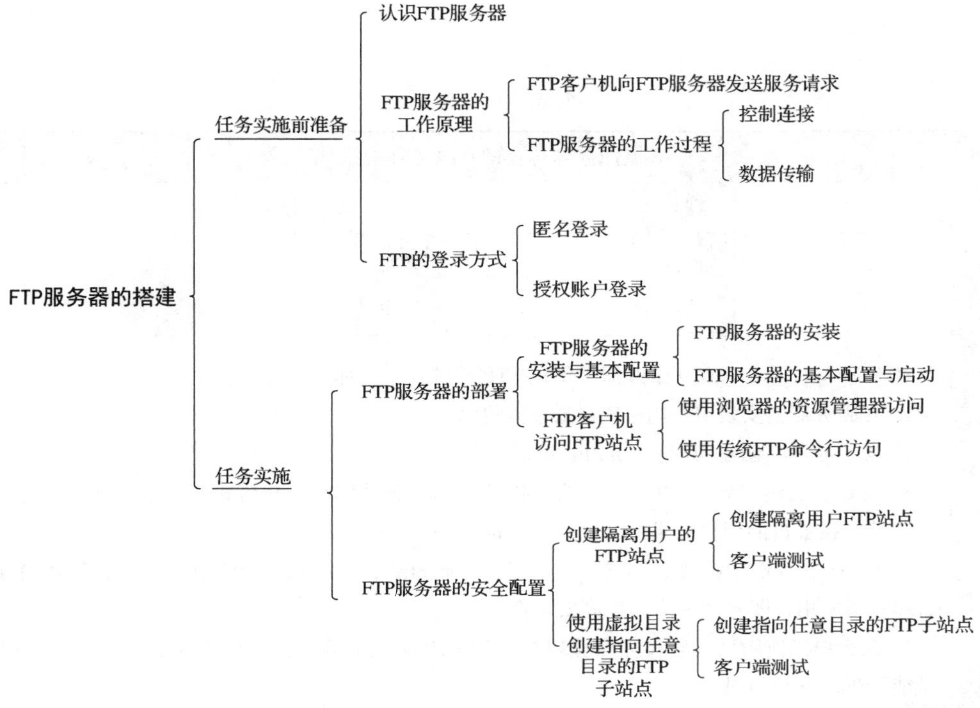

测试

1. FTP 服务实际上就是将各种类型的文件资源存放在（　　）服务器中，用户计算机上需要安装一个 FTP 客户机的程序，通过这个程序实现对文件资源的访问。

A. HTTP　　B. POP3
C. SMTP　　D. FTP

2. 用户将文件 FTP 服务器复制到自己计算机中的过程，称为（　　）。

A. 上传　　B. 下载
C. 共享　　D. 打印

3. 如果没有特殊声明，匿名 FTP 服务器的登录用户账户为（　　）。

A. user
B. 用户自己的电子邮件地址
C. anonymous
D. guest

4. 用户在 FTP 客户机上可以使用（　　）下载 FTP 站点上的文件资源。

A. UNC 路径　　B. 浏览器
C. 网络邻居　　D. 网络驱动器

5. 每个 FTP 站点均有主目录，在主目录中存放的是该站点所需的文件夹和（　　）。

A. 文件　　B. 文档

C. 连接　　D. 快捷方式

【任务工单与评价】

任务工单与评价

<table>
<tr><td colspan="8">考核任务名称：FTP 服务器的搭建</td></tr>
<tr><td>班级</td><td></td><td>姓名</td><td colspan="2"></td><td>学号</td><td colspan="2"></td></tr>
<tr><td>组间评价</td><td></td><td>组内互评</td><td></td><td>教师评价</td><td></td><td>成绩</td><td></td></tr>
<tr><td>任务要求</td><td colspan="7">在 Windows Server 2019 服务器上创建 FTP 服务器，具体要求如下：
1. 在服务器上安装 IIS 中的 FTP 服务器角色。
2. 在服务器上创建用户：hello hello1。
3. 在 C 盘创建“\ftp”文件夹，为 hello 和 hello1 创建隔离用户模式的特定的目录结构。为方便测试，在各自的用户目录中分别建立“hello. txt”和“hello1. txt”。
4. 在 IIS 管理器中新建 FTP 站点，名称为“myFtp”，IP 地址为 192. 168. 5. ×，TCP 端口号为 2120，指派用户账号和密码，提高安全性。
5. 在客户机使用浏览器和资源管理器访问 FTP 站点上的资源，用不同的用户账户登录，测试能否进入其他目录。
6. 基于“myFtp”新建名为“myWeb”的虚拟目录，并将目录指向“C:\myWeb”，从客户机登录 myWeb，上传和下载文件。
7. 在客户机使用浏览器和资源管理器访问 FTP 站点上的资源。</td></tr>
<tr><td rowspan="2">任务完成过程记录</td><td colspan="7">操作过程：</td></tr>
<tr><td colspan="7">操作过程中遇到的问题：</td></tr>
</table>

续表

小结	（将自己学习本任务的心得简要叙述一下，表述清楚即可）

任务评价分值

评价类型	占比/%	评价内容	分值
知识与技能	60	FTP 服务器搭建	10
		FTP 站点的创建	20
		隔离用户创建	10
		新建虚拟目录	10
		客户端通过命令行访问站点资源	10
素质与思政	40	按时完成，认真填写任务工单	5
		任务工单内容操作标准规范	5
		保持机位的卫生	5
		小组分工合理，成员之间相互帮助、提出创新性的问题	5
		按时出勤，不迟到早退	5
		参与课堂活动	5
		完成课后任务拓展	10

【拓展训练】

如何在手机端搭建移动版的 FTP 服务器？扫码了解一下。

任务九 DNS 服务器的搭建

【任务背景】

DNS 服务器架设前的准备工作

为了扩大公司的影响力，公司搭建了 Web 服务器并发布了公司网站，通过互联网使目标客户了解企业，建立企业与客户之间沟通的渠道。同时，借助网站发布企业研制的新产品、新技术等，用户可以随时随地搜索企业的相关信息。但是在访问的过程中通过 IP 地址访问非常麻烦，经常记不住网站的 IP 地址，作为网络管理员，现在根据实际的需求为企业的网站设立域名，并搭建 DNS 服务器，实现对 Web 网站的便捷访问。

【任务介绍】

为了帮助企业搭建 DNS 服务器，本任务要求同学：在学习 DNS 服务器工作原理的基础上，结合企业需求的实际情况，搭建 DNS 服务器，实现了企业网中的计算机简单、快捷地访问本地网络及 Internet 上的资源。

【任务目标】

1. 知识目标

①理解 DNS 网络服务器的概念。

②概述 DNS 网络服务器的工作原理。

③熟悉 DNS 网络服务器的部署流程。

2. 技能目标

①能够正确安装和配置 DNS 网络服务器。

②能够排除 DNS 网络服务器在安装、配置、运行过程中出现的故障。

3. 素质与思政目标

①感受国家的强大，培养学生的家国情怀，认识到国家科技的快速发展，提升竞争意识、创新意识。

②遵守国家法律法规，树立规矩意识，养成良好的网络运维管理员的职业素养。

③树立热爱劳动、崇尚劳动的态度和精益求精的工匠精神。

【任务实施前准备】

1. 为什么要用 DNS

网络上的所有计算机都是通过彼此的 IP 地址进行定位来实现通信的，如果让用户记忆大量的 IP 地址并以此去访问别人的计算机几乎是不可能的。为此，提出了一种便于记忆的名称来表示计算机，这个名称就是“域名”，用户通过域名来访问别人的计算机（比如 www. sxjdxy. org）。域名虽然方便了人们的记忆，但计算机之间仍然是通过 IP 地址通信的。因此，在网络需要增设一种实现域名到 IP 地址转换的服务，这个服务就是 DNS。

2. DNS 的认识

域名系统（Domain Name System，DNS）是互联网的一项服务，它作为将域名和 IP 地址相互映射的一个分布式数据库，能够使人更方便地访问互联网。

类似于邮局投送快递，需要知道客户的家庭住址才可以将物品送到目的地，在网络世界里面，Internet 上当一台主机要访问另外一台主机时，必须首先获知其 IP 地址。以 IPv4 的地址为例，记起来总是不如名字那么方便，所以，人们发明了域名（Domain Name）。域名可将一个 IP 地址关联到一组有意义的字符上去。用户访问一个网站的时候，既可以输入该网站的 IP 地址，也可以输入其域名，对访问而言，两者是等价的。例如：山西机电职业技术学院的 Web 服务器的 IP 地址是 60.220.246.30，其对应的域名是 www.sxjdxy.org。不管用户在浏览器中输入的是 60.220.246.30 还是 www.microsoft.com，都可以访问其 Web 网站。

3. DNS 的结构

在 Internet 上，计算机数量众多，为便于对域名的管理，保证其命名在 Internet 上的唯一性，域名采用了层次性的命名规则，以 www.baidu.com 为例，如图 9－1 所示。

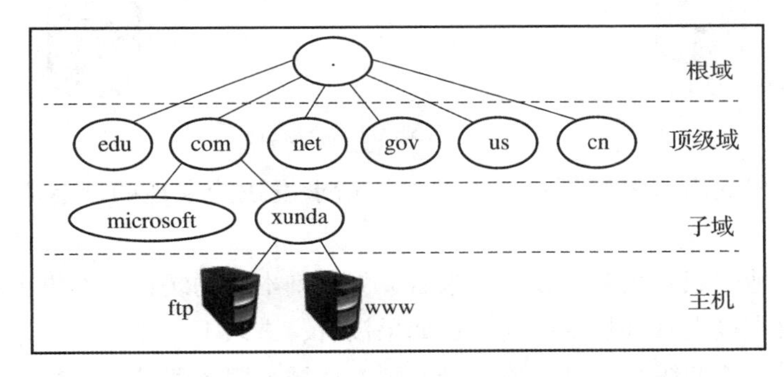

图 9－1　DNS 的结构

（1）根域

在域名系统中，最上层的就是域名树的根，被称为根域。根域只有一个，用“.”表示。网络上所有的计算机域名都无一例外地放置在这个根域下，通常会省略。

（2）顶级域

将根域分割成若干个子空间，例如 com（商业）、gov（政府）、net、cn（代表中国）等，这些子空间叫顶级域。顶级域的完整域名由自己的域名和根域的名称组成。比如：com。

（3）一级或多级的子域

除了根域和顶级域之外的其他域，称为子域。子域的完整域名由自己的域名和上一级域名组成，中间用“.”号隔开。比如：baidu.com。

（4）末端的主机

位于最末端的主机名称，例如 www、ftp 等。比如：www.baidu.com。

注意：根域的名称“.”一般可以省略。

4. DNS 的工作原理

域名解析的过程实际就是查询和相应的过程，以查询 www. sxjdxy. org 为例来介绍域名解析的过程，如图 9－2 所示。

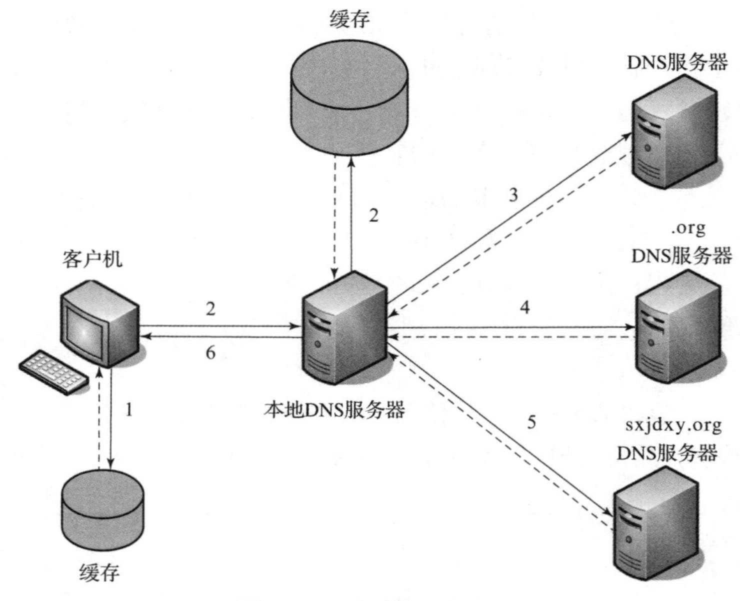

图 9－2　DNS 的工作原理

第一步：客户机提出域名解析请求，并将该请求发送给本地的域名服务器，查找本地 DNS 缓存。

第二步：当本地的域名服务器收到请求后，先查询本地的缓存，如果有该记录项，则本地的域名服务器就直接把查询的结果返回；如果没有，进入下一步。

第三步：如果本地的缓存中没有该记录，则本地域名服务器就直接把请求发给根域名服务器，然后根域名服务器再返回给本地域名服务器一个所查询域（根的子域）的主域名服务器的地址。

第四步：本地服务器再向上一步返回的域名服务器发送请求，然后接受请求的服务器查询自己的缓存，如果没有该记录，则返回相关的下级的域名服务器的地址。

第五步：重复第四步，直到找到正确的记录。

第六步：本地域名服务器把返回的结果保存到缓存，以备下一次使用。同时，还将结果返回给客户机。

5. DNS 的分类

每个域都有一个域名服务器，负责维护城市所有主机的域名数据库，并处理主机名称到 IP 地址的转换请求。域名服务器可分为三类：主域服务器、辅助服务器和唯缓存服务器。

（1）主域服务器

每个 DNS 域都必须有一个主域服务器。主域服务器包括该地区的所有主机名称和相应的 IP 地址，以及一些关于该地区的信息。主域服务器可以使用该区域的信息来回答客户机器的问题，通常还需要通过询问其他域名服务器来获取所需的信息，主域服务器的信息以资源记录的形式存储。

（2）辅助服务器

为了信息冗余，每个域至少有一个辅助域名服务器。每个辅助域名服务器都包含区域数据库的副本。为了响应用户的要求，辅助域名服务器通常需要询问其他服务器，以获取所需的区域文件，定期从另一台 DNS 服务器复制区域文件，这一复制动作被称为区域传送（Zone Transfer）。

（3）唯缓存服务器

服务器不提供任何关于该地区的权威信息。当用户询问时，只需将其转发给其他域名服务器，直到得到答案并将答案保存在自己的 Cache 中一段时间。如果客户发送相同的询问，则直接使用 Cache 中的信息，无须询问并转发给其他域名服务器。唯缓存域名服务器通常是为了减少 DNS 的传输。

【任务实施】

主 DNS 服务器的架设

任务 9－1　主 DNS 服务器的搭建

1. DNS 服务器角色的安装

在服务器桌面下的工具栏下打开“服务器管理器”窗口，在右窗格中单击“添加角色和功能”选项，打开的“添加角色和功能向导”界面。其中，“开始之前”界面中提示了在添加角色前需要完成的一些准备工作，如图 9－3 所示。

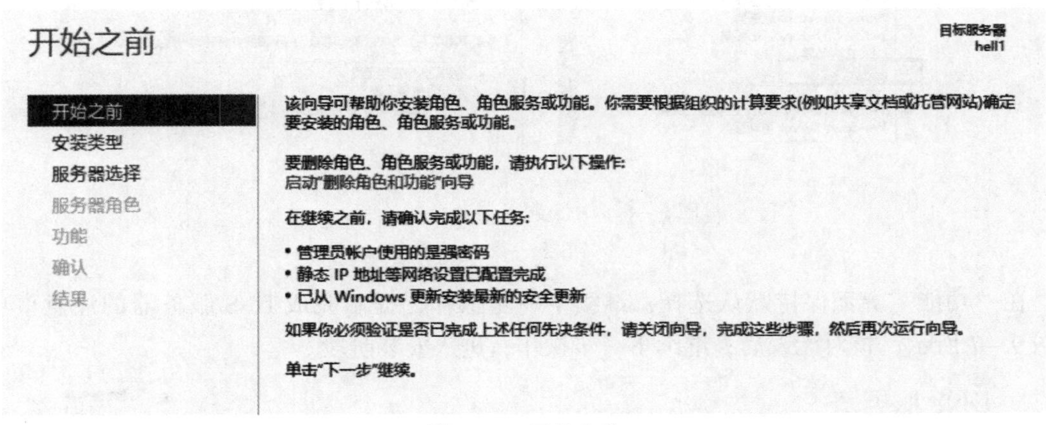

图 9－3　开始之前

在确认完成准备工作后，单击“下一步”按钮，进入“安装类型”界面，选择“基于角色或基于功能的安装”，继续下一步操作，如图 9－4 所示。

在打开的“服务器选择”界面中，系统自动选中服务器的 IP 地址信息，继续下一步操作，如图 9－5 所示。

进入“服务器角色”界面，在右窗格中找到并勾选“DNS 服务器”，弹出“添加 DNS 服务器所需的功能”，单加“添加功能”按钮，继续下一步操作，如图 9－6 所示。

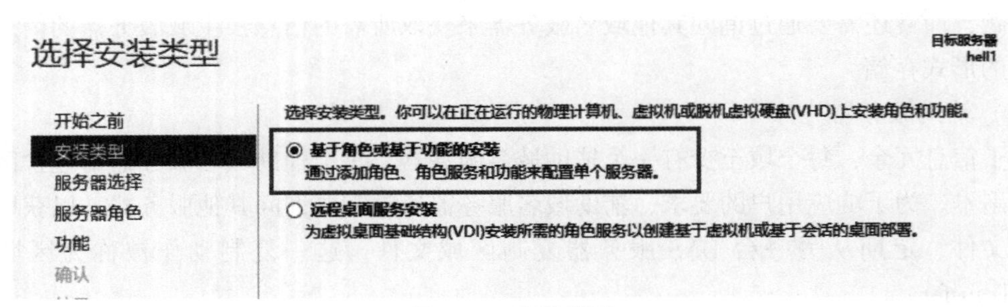

图 9－4　安装类型

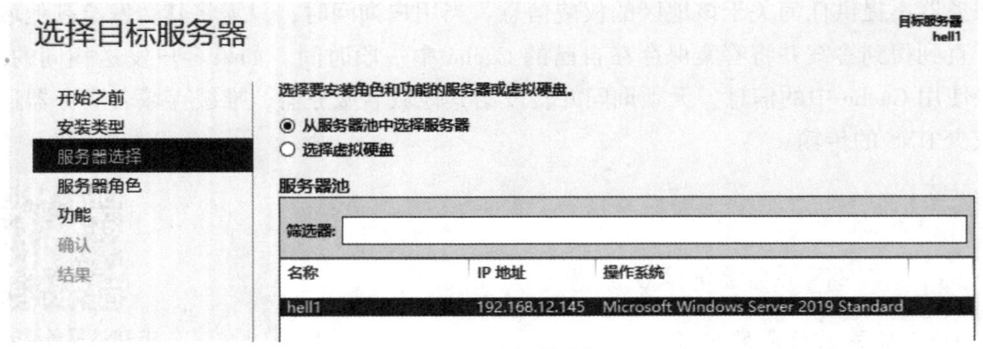

图 9－5　服务器选择

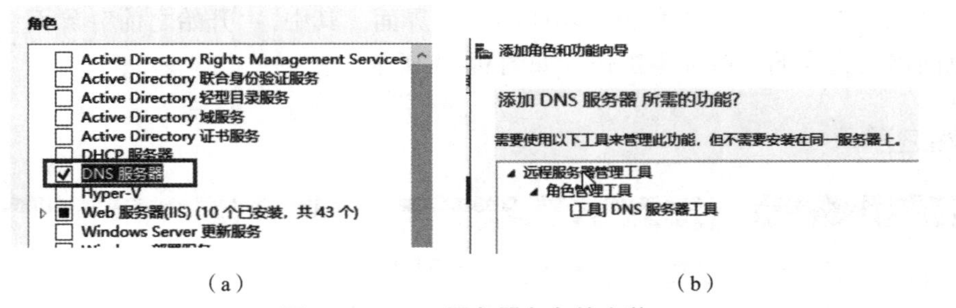

（a）　　　　　　　　　　（b）

图 9－6　DNS 服务器角色的安装

（a）添加角色；（b）添加功能

在“功能”界面保持默认选择，继续下一步操作，提示完成 DNS 服务器的注意事项，如图 9－7 所示，核对无误后，继续下一步操作，进入安装阶段。

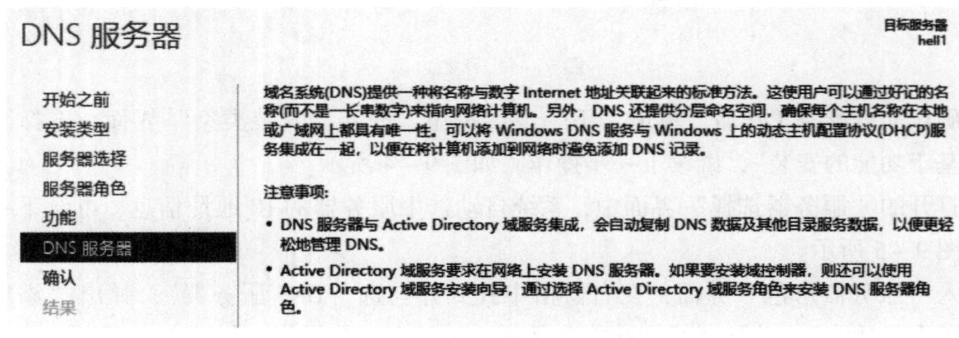

图 9－7　DNS 服务器安装注意事项

安装完成后，单击“关闭”按钮，系统返回“服务器管理器”界面，在左窗格中即可看到安装好的DNS，如图9－8所示。

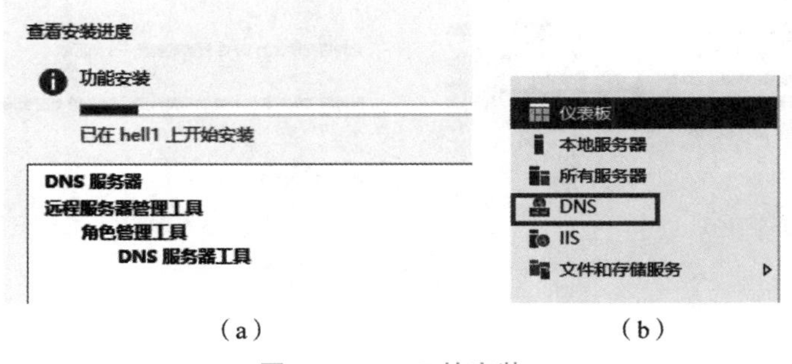

（a）　（b）

图9－8　DNS的安装

（a）功能的安装；（b）DNS安装完成

安装完毕后，在“服务器管理器”窗口的工具中选择“DNS”，进入“DNS管理器”窗口。其中，“HELL1”为DNS服务器名，“正向查找区域”用于正向域名解析，“反向查找区域”用于反向域名解析，如图9－9所示。

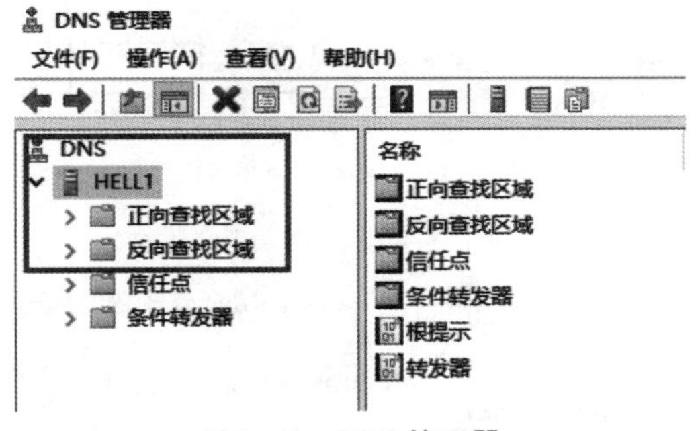

图9－9　DNS管理器

2. 主DNS服务器的搭建

DNS的数据都是以区域为管理单位的，因此，安装好DNS服务器角色后的首要任务就是创建区域。在区域中主要存储域名和IP地址对应关系的数据库，若在创建区域的过程中选择的是主要区域，则执行主DNS服务器的搭建过程。

（1）正向查找区域的创建

通过“服务器管理器”进入“DNS管理器”窗口，在左窗格中展开服务器名节点“HELL1”，右击“正向查找区域”，从弹出的快捷菜单中选择“新建区域”，打开“欢迎使用新建区域向导”对话框，继续下一步操作，如图9－10所示。

在打开的“区域类型”对话框中选择“主要区域”，打开“区域名称”对话框，在“区域名称”编辑框中输入区域名称（比如sxjdxy.com），继续下一步操作，如图9－11所示。

在打开的“区域文件”窗口中，若创建一个新的区域文件，则保持选择“创建新文件，文件名为”默认不变，继续下一步，在打开的“动态更新”对话框中选择“不允许动态更新”，继续操作，如图9－12所示。

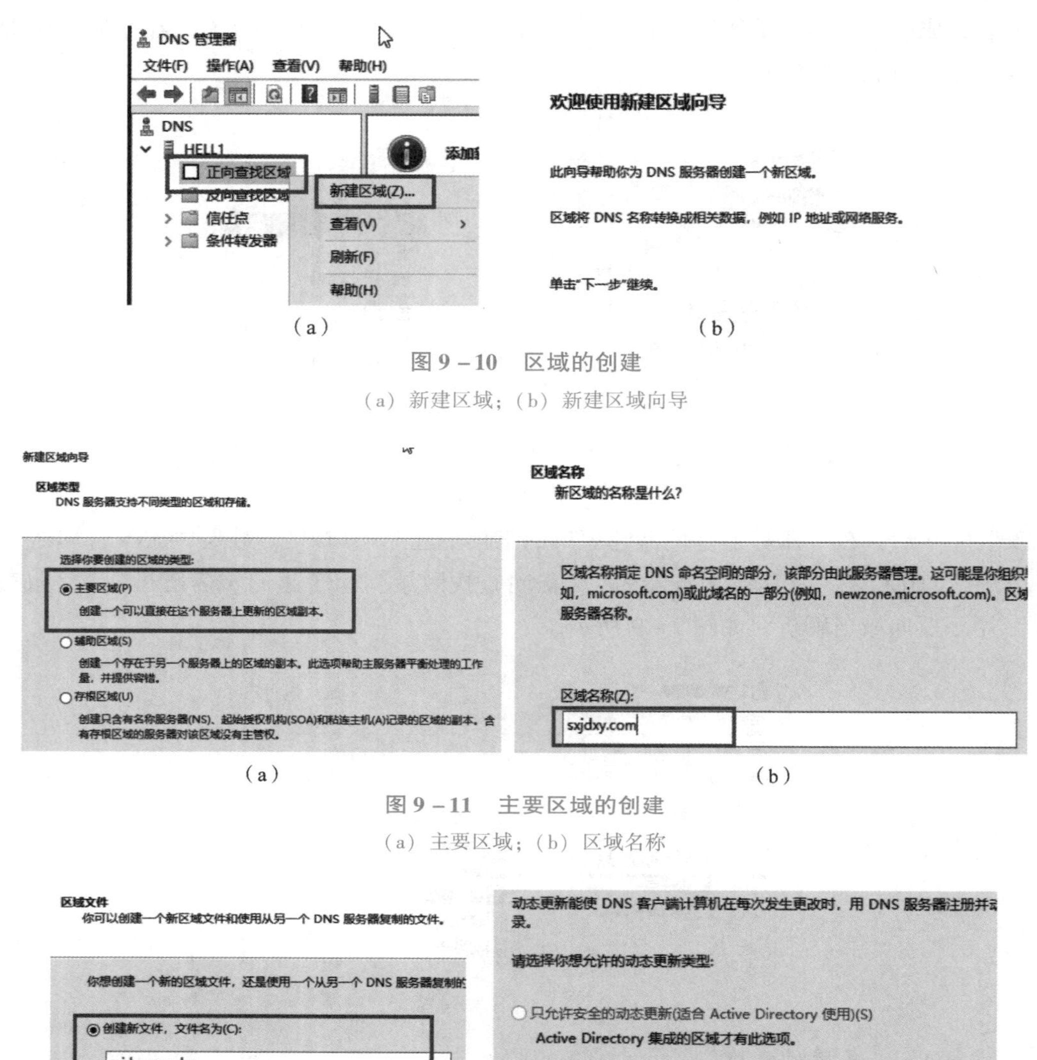

（a） （b）

图 9－10 区域的创建

（a）新建区域；（b）新建区域向导

（a） （b）

图 9－11 主要区域的创建

（a）主要区域；（b）区域名称

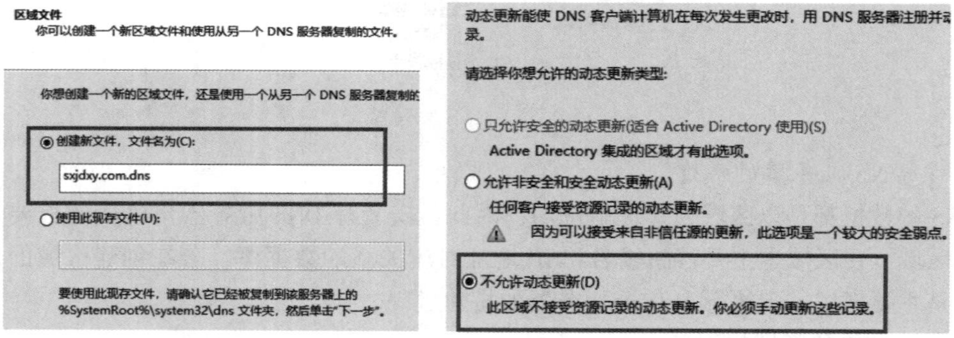

（a） （b）

图 9－12 区域文件的创建

（a）创建新文件；（b）不允许动态更新

在打开的“正在完成新建区域向导”对话框中显示了新建区域的设置信息，确认无误后单击“完成”按钮，在系统返回的窗口中即可看到正向查找区域创建完成，如图 9－13 所示。

（2）反向区域的创建

在一些场景下，需要让客户机利用 IP 地址来查询其主机名。比如，在 IIS 网站中，当需要通过 DNS 主机名来限制某些客户机访问时，IIS 网站需要利用反向查询来检查客户机的主机名。

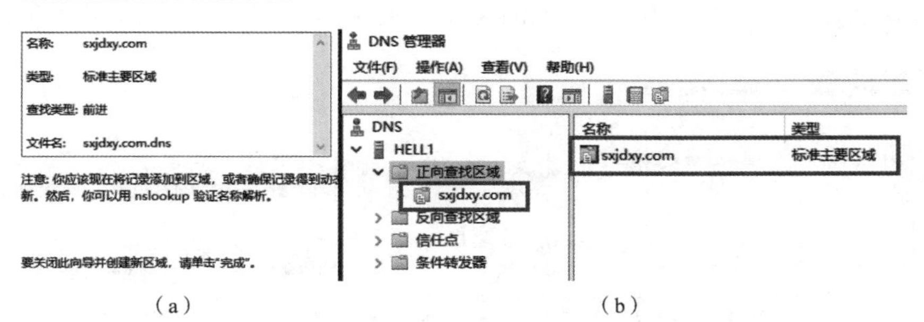

（a）　　　　　　　　　　　　　　（b）

图 9－13　主要区域创建完成

（a）新建区域信息；（b）主要区域完成

通过“服务器管理器”进入“DNS 管理器”窗口，在左窗格中展开服务器名节点“HELL1”，右击“反向查找区域”，如图 9－14 所示。从弹出的快捷菜单中选择“新建区域”，打开“欢迎使用新建区域向导”对话框，单击“下一步”按钮。

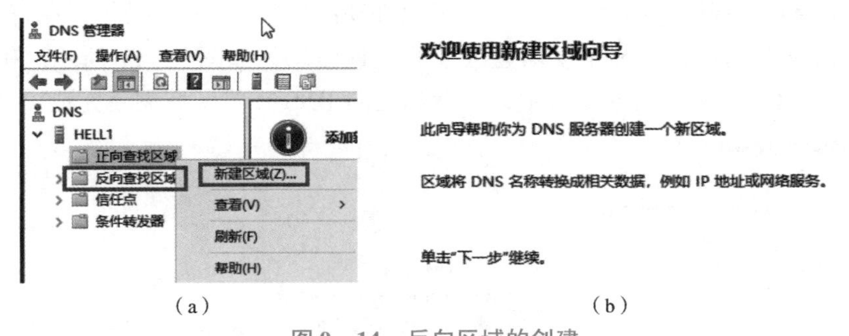

（a）　　　　　　　　　　　　　　（b）

图 9－14　反向区域的创建

（a）新建区域；（b）新建区域向导

在打开的“区域类型”对话框中选择“主要区域”，继续下一步操作。打开“反向查找区域名称”对话框，勾选“IPv4 反向查找区域”，继续下一步操作，如图 9－15 所示。

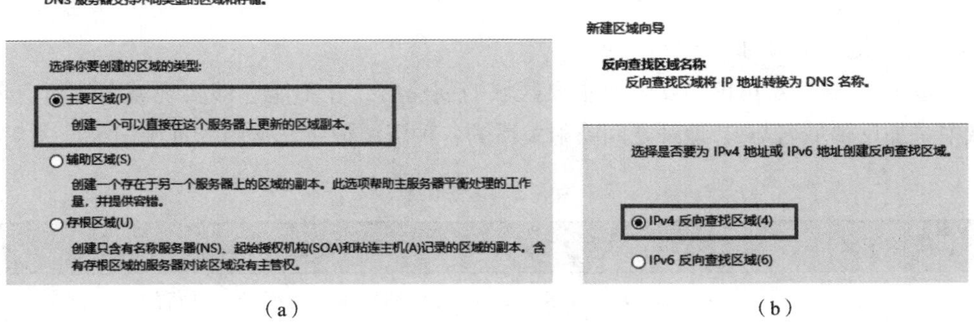

（a）　　　　　　　　　　　　　　（b）

图 9－15　反向区域的创建

（a）主要区域；（b）反向查找区域

在打开的“反向查找区域名称”窗口中，在“网络 ID”输入框中输入属于区域 IP 的部分（比如：192.168.12）。继续下一步，在“区域文件”对话框中，“创建新文件，文件名为”保持默认选择不变，继续下一步，如图 9－16 所示。

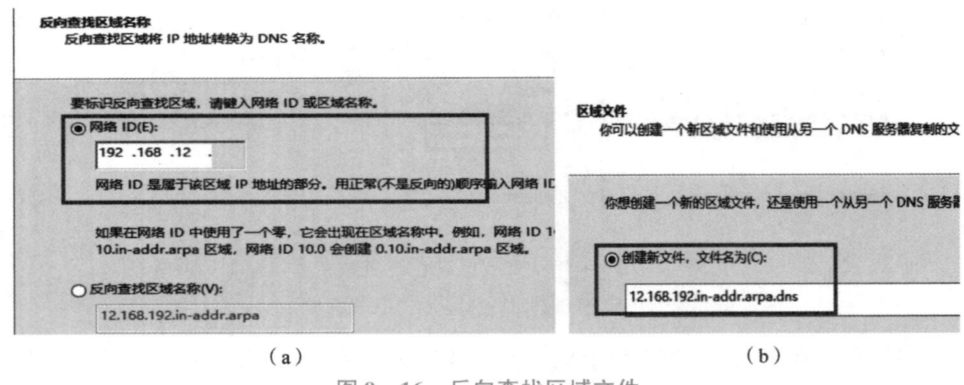

（a）　　　　　　　　　　　　（b）

图 9－16　反向查找区域文件

（a）网络 ID；（b）区域文件

在打开的“动态更新”对话框中选择“不允许动态更新”。继续操作，在打开的“正在完成新建区域向导”对话框中显示了新建区域的设置信息，如图 9－17 所示。确认无误后，单击“完成”按钮，系统返回的窗口中即可看到反向 DNS 查找区域创建完成。

正在完成新建区域向导

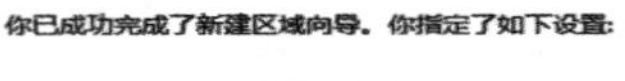

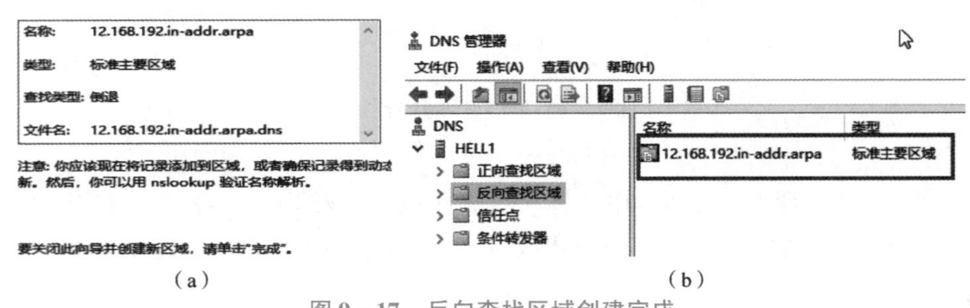

（a）　　　　　　　　　　　　（b）

图 9－17　反向查找区域创建完成

（a）区域创建信息；（b）反向查找区域创建完成

（3）资源记录的添加

在完成 DNS 服务器角色的安装及主要区域的创建后，并不能立即实现域名解析，还需要在区域中添加反映域名与 IP 地址之间映射关系的各种资源记录。常用的资源记录见表 9－1。

表 9－1　常用的资源记录

资源记录	说明
A 记录（主机记录）	Internet 上大部分 DNS 解析都是通过 A 类记录进行的，并指向一个 IPv4 地址。通过这个记录，用户在浏览器中输入域名后，客户端向相应的 IP 地址发送 HTTP 请求

续表

资源记录	说明
SOA 记录	SOA 记录包含区域文件或 DNS 服务器的区域信息。DNS 区域传输是将 DNS 记录数据从一个主服务器发送到一个辅服务器的过程，而 SOA 记录会首先被传输，所以每个 DNS 区域都需要一个 SOA 记录
CNAME 记录（别名记录）	CNAME 记录是将记录值指向一个别名域，而不是 IP 地址
PTR 记录（指针记录）	PTR 记录是允许反向查找的 DNS 记录。与 A 记录恰好相反，它可以通过 IP 地址来查找对应的域名
NS 记录（域名服务器）	NS 记录会明确特定区域的管辖权。一个域通常会有多个 NS 记录，这些记录可指示该域的主要域名服务器和辅助域名服务器

1）主机记录的添加

比如某计算机的域名为“sxjdxy. com”，IP 地址是 192. 168. 12. 145，向区域 sxjdxy. com 中添加某主机记录的步骤如下：

通过“服务器管理器”进入“DNS 管理器”窗口，在左窗格中依次展开“HELL1”节点下的“正向查找区域”。右击“正向查找区域”下的区域名称“sxjdxy. com”，在弹出的快捷菜单中选择“新建主机（A 或 AAAA）”。在打开的“新建主机”对话框中输入主机的名称（比如：hell1）、IP 地址（比如：192. 168. 12. 145），勾选“创建相关的指针（PTR）记录”（这样可以在新建主机记录的同时，在反向查找区域中自动创建相应的 PTR 记录），单击“添加主机”按钮，弹出“成功创建了主机记录 hell1. sxjdxy. com”，如图 9－18 所示。

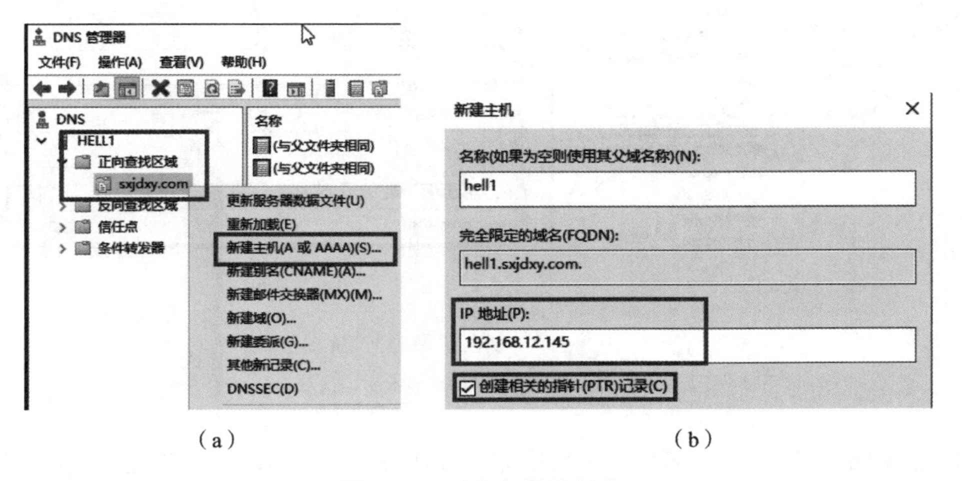

图 9－18　主机记录的创建

（a）新建主机记录；（b）主机记录信息

重复以上操作可创建多条主机记录。添加完成后，系统返回“DNS 管理器”窗口，即可看到添加的主机记录信息，如图 9－19 所示。

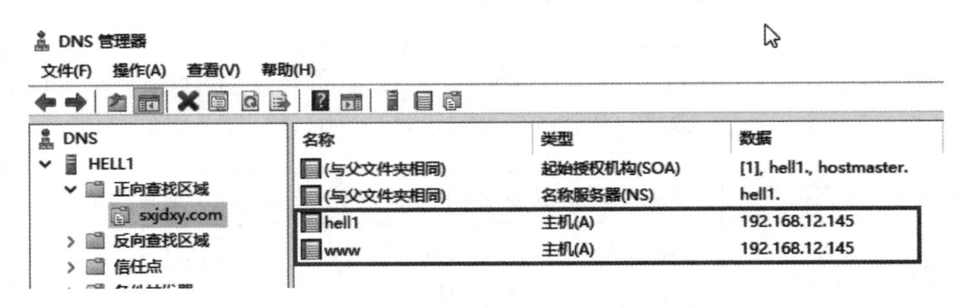

图 9－19　主机记录添加完成

2）别名记录的添加

出于成本的考虑，有时需要使用同一台主机和同一个 IP 地址搭建多台服务器。比如，一台服务器既是 WWW 服务器，又是 FTP 服务器，并且 IP 地址均为 192. 168. 12. 145。为了区分两种不同的服务器和便于用户访问，需要为二者提供不同的域名解析到相同的 IP 地址。为此，有两种方法：一种是分别建立两条主机记录，二是建立一条主机记录、一条别名记录。

创建别名记录的过程：在左窗格中依次展开“HELL1”节点下的“正向查找区域”。右击“正向查找区域”下的区域名称“sxjdxy. com”，在弹出的快捷菜单中选择“新建别名(CNAME)”，如图 9－20 所示。在打开的“新建资源记录”对话框中输入别名（比如：ftp）和目标主机的完全合格的域名（比如：www. sxjdxy. com），继续下一步操作。

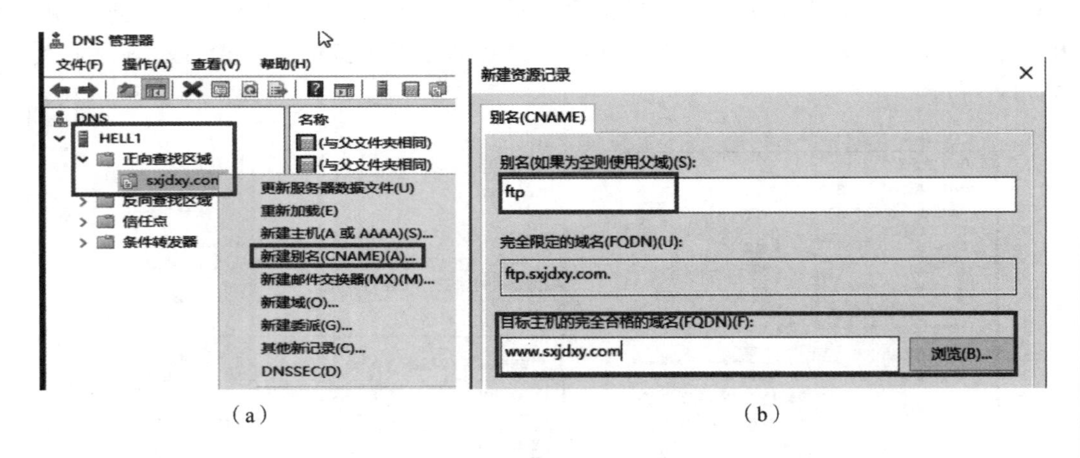

图 9－20　别名记录的创建

（a）新建别名记录；（b）别名记录信息

别名记录添加完成后，在返回的窗口中即可看到为 www. sxjdxy. com 创建了 ftp. sxjdxy. com 别名记录信息。域名解析时，先解析到 www. sxjdxy. com，再经由 www. sxjdxy. com 解析到 192. 168. 12. 145，如图 9－21 所示。

3）DNS 客户端的验证

打开客户机，右击桌面右下角的电脑图标，通过“网络和共享中心”为客户机配置 IP 地址、子网掩码、网关信息。同时，“首选 DNS 服务器”的地址设置为 DNS 服务器的 IP 地址，如图 9－22 所示。

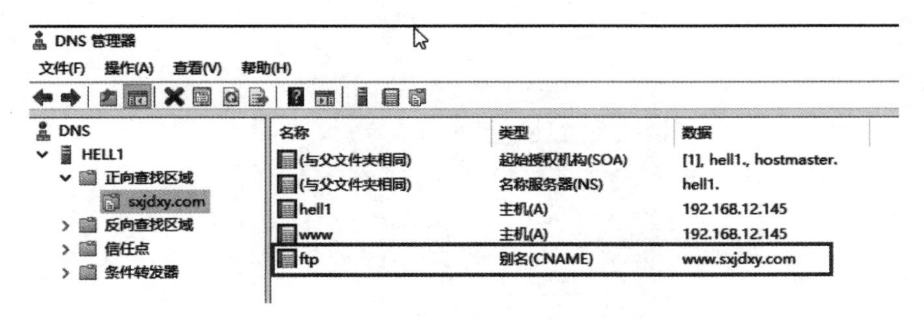

图 9－21　别名记录添加完成

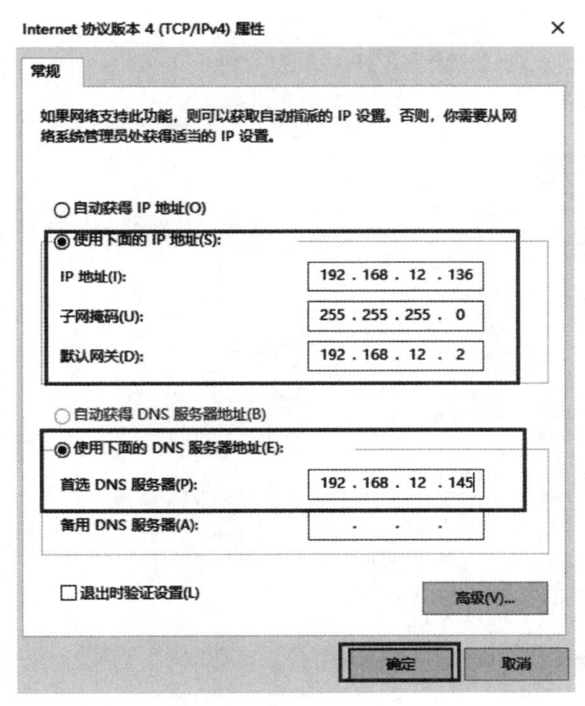

图 9－22　客户端 IP 地址信息的配置

4）客户端的验证

在客户端系统下，通过按 Win＋R 组合键打开“运行”对话框，并在对话框中输入“cmd”命令，在打开的命令提示符窗口中输入“ >nslookup”命令进入交互模式，并依次查询正向解析的域名、反向解析的 IP 地址、别名记录，比如 www. sxjdxy. com、hell1. sxjdxy. com、ftp. sxjdxy. com 等，如图 9－23 所示。

在交互方式下，可以用 set 命令设置选项，满足指定的查询需要，比如查询以 sxjdxy. com 或 baidu. com 为出发点，对应的权威域名服务器，如图 9－24 所示。

```
C:\Users\Administrator>nslookup
默认服务器:  hell1.sxjdxy.com
Address:  192.168.12.145

> www.sxjdxy.com
服务器:  hell1.sxjdxy.com
Address:  192.168.12.145

名称:    www.sxjdxy.com
Address:  192.168.12.145

> hell1.sxjdxy.com
服务器:  hell1.sxjdxy.com
Address:  192.168.12.145

名称:    hell1.sxjdxy.com
Address:  192.168.12.145

> ftp.sxjdxy.com
服务器:  hell1.sxjdxy.com
Address:  192.168.12.145

名称:    www.sxjdxy.com
Address:  192.168.12.145
Aliases:  ftp.sxjdxy.com
```

图 9-23　客户端验证

```
> baidu.com
服务器:  hell1.sxjdxy.com
Address:  192.168.12.145

非权威应答:
baidu.com       nameserver = ns2.baidu.com
baidu.com       nameserver = ns3.baidu.com
baidu.com       nameserver = ns4.baidu.com
baidu.com       nameserver = ns1.baidu.com
baidu.com       nameserver = ns7.baidu.com

ns2.baidu.com   internet address = 220.181.33.31
ns3.baidu.com   internet address = 112.80.248.64
ns3.baidu.com   internet address = 36.152.45.193
ns4.baidu.com   internet address = 111.45.3.226
ns4.baidu.com   internet address = 14.215.178.80
ns1.baidu.com   internet address = 110.242.68.134
ns7.baidu.com   internet address = 180.76.76.92
ns7.baidu.com   AAAA IPv6 address = 240e:940:603:4:0:ff:b01b:589a
ns7.baidu.com   AAAA IPv6 address = 240e:bf:b801:1002:0:ff:b024:26de
> sxjdxy.com
服务器:  hell1.sxjdxy.com
Address:  192.168.12.145

sxjdxy.com      nameserver = hell1
```

图 9-24　域名服务器的查询

任务 9-2　辅助 DNS 服务器的搭建

DNS 服务器是网络中访问最为频繁的服务器，为了防止因软硬件故障而导致 DNS 服务停止，通常需要部署多台相同内容的 DNS 服务器，其中一台作为主 DNS 服务器，其他作为辅助 DNS 服务器。

辅助 DNS 服务器会定期从另一台 DNS 服务器复制区域文件，这一复制动作被称为区域传送（Zone Transfer）。区域传送成功后，会将区域文件设置为“只读”，也就是说，在辅助 DNS 服务器中不能修改区域文件。

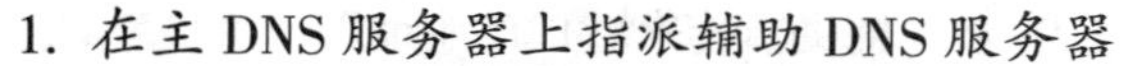

1. 在主 DNS 服务器上指派辅助 DNS 服务器

（1）正向查找区域指派辅助 DNS 服务器

为辅助 DNS 服务器建立一条 A 资源记录（域名为 hello2. sxjdxy. com，IP 为 192. 168. 33. 136）。通过“服务器管理器”进入“DNS 管理器”窗口，在左窗格中依次展开“HELL1”节点下的“正向查找区域”，右击“正向查找区域”下的区域名称“sxjdxy. com”，在弹出的快捷菜单中选择“新建主机（A 或 AAAA）”，在打开的“新建主机”对话框中输入主机的名称（比如 hello2）、IP 地址（比如 192. 168. 12. 136），勾选“创建相关的指针（PTR）记录”（这样可以在新建主机记录的同时，在反向查找区域中自动创建相应的 PTR 记录），单击“添加主机”按钮，即可完成为辅助 DNS 创建主机记录信息，如图 9－25 所示。

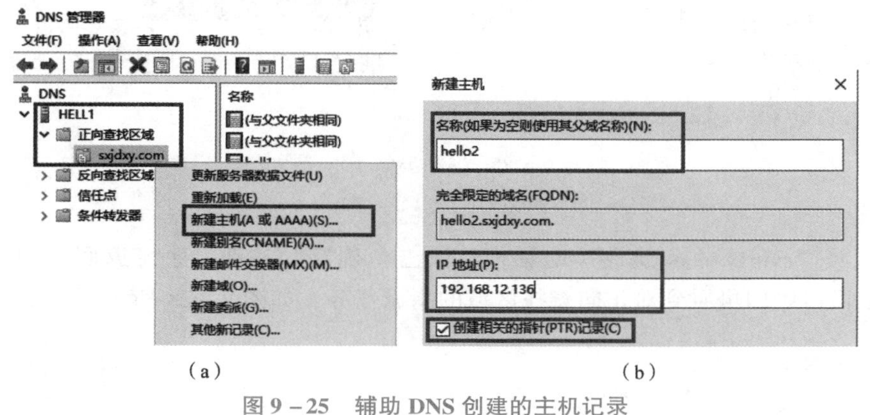

（a）　　　　（b）

图 9－25　辅助 DNS 创建的主机记录

（a）辅助主机记录添加；（b）主机记录信息

右击区域“sxjdxy. com”，在弹出的快捷菜单中选择“属性”，打开“sxjdxy. com 属性”对话框。单击“区域传送”选项卡，勾选“允许区域传送”复选框，如图 9－26 所示，单击“只允许到下列服务器”单选按钮，单击“编辑”按钮。

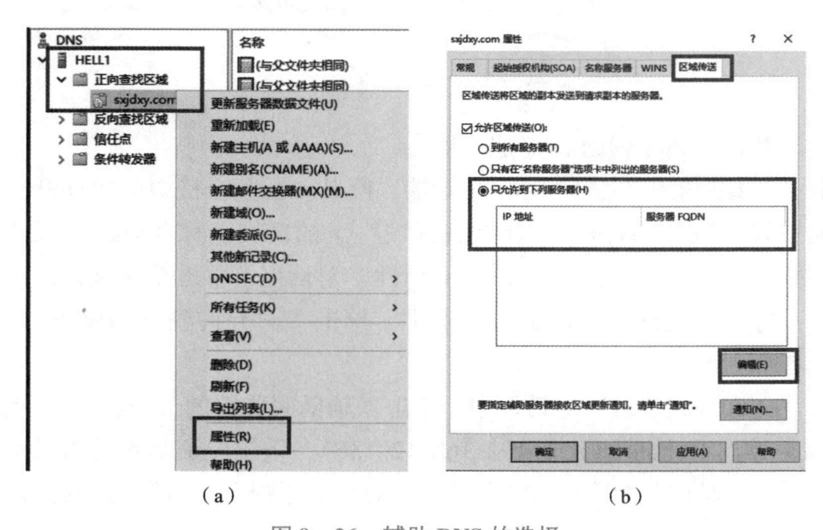

（a）　　　　（b）

图 9－26　辅助 DNS 的选择

（a）区域属性；（b）服务器的选择

在打开的“允许区域传送”对话框中，单击“辅助服务器的 IP 地址”下的编辑框，输入辅助 DNS 服务器的 IP 地址（比如 192. 168. 12. 136），如图 9 – 27 所示。系统验证是否可以联系到辅助 DNS 服务器，继续下一步操作。注意，如果提示“验证过程超时”，不影响区域的传送。

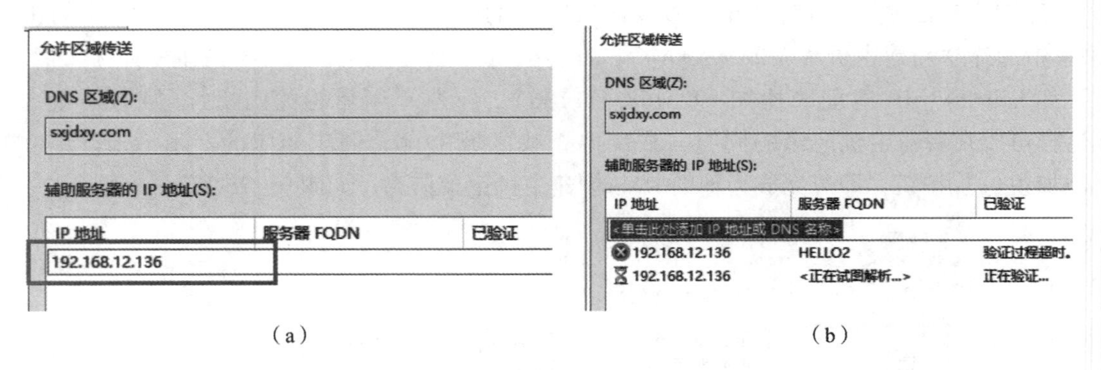

图 9 – 27　辅助 DNS 的验证

（a）辅助 DNS 的 IP；（b）辅助 DNS 服务器的验证

系统返回“sxjdxy. com 属性”对话框，单击“确定”按钮，系统返回“DNS 管理器”窗口，在主窗口中即可看到对正向查找区域的指派任务，如图 9 – 28 所示。

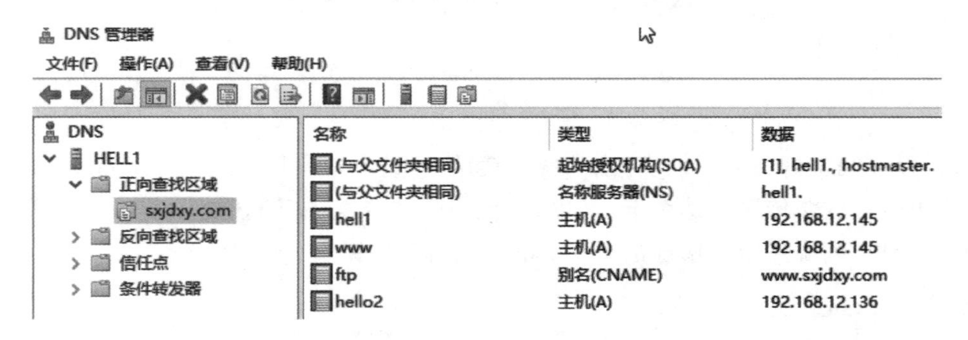

图 9 – 28　辅助 DNS 服务器的指派

（2）反向查找区域指派辅助 DNS 服务器

通过“服务器管理器”进入“DNS 管理器”窗口。在左窗格中依次展开“HELL1”节点下的“反向查找区域”。右击“反向查找区域”下的区域名称“sxjdxy. com”，在弹出的快捷菜单中选择“属性”，打开“sxjdxy. com 属性”对话框，单击“区域传送”选项卡，如图 9 – 29 所示，勾选“允许区域传送”复选框，单击“只允许到下列服务器”单选按钮，单击“编辑”按钮。

在打开的“允许区域传送”对话框中，单击“辅助服务器的 IP 地址”下的编辑框，输入辅助 DNS 服务器的 IP 地址（比如 192. 168. 12. 136），系统验证是否可以联系到辅助 DNS 服务器，继续下一步操作，如图 9 – 30 所示。注意，如果提示“验证过程超时”，不影响区域的传送。

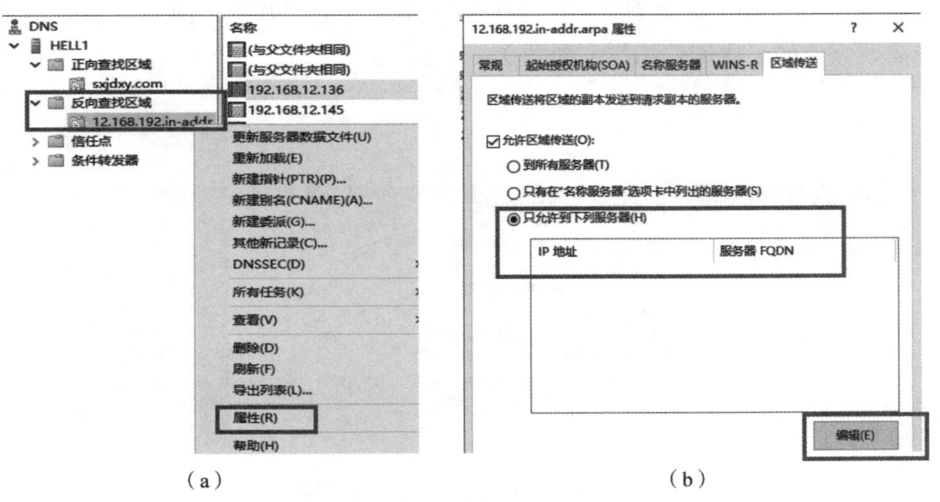

（a）　　　　（b）

图 9－29　反向区域辅助 DNS 的选择

（a）区域属性；（b）服务器的选择

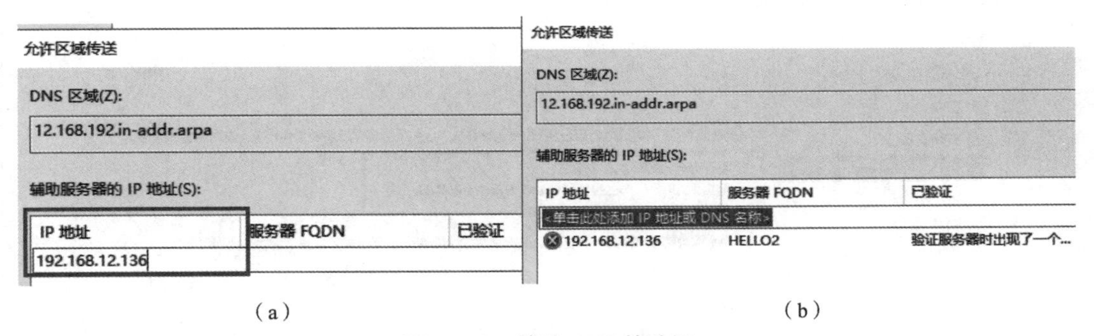

（a）　　　　（b）

图 9－30　辅助 DNS 的验证

（a）辅助 DNS 的 IP；（b）辅助 DNS 服务器的验证

系统返回如图 9－31（a）所示对话框，单击“确定”按钮，系统返回“DNS 管理器”窗口，在主窗口中即可看到对反向查找区域的指派任务，如图 9－31（b）所示。

（a）　　　　（b）

图 9－31　反向辅助 DNS 的验证

（a）辅助 DNS 信息；（b）反向辅助 DNS 服务器的指派

2. 辅助 DNS 服务器区域的创建

（1）DNS 服务器角色的安装

在服务器桌面上的工具栏下打开“服务器管理器”窗口，在右窗格中单击“添加角色和功能”选项，打开的“添加角色和功能向导”界面。在“开始之前”窗口中提示了在添加角色前需要完成的一些准备工作，如图 9－32 所示。

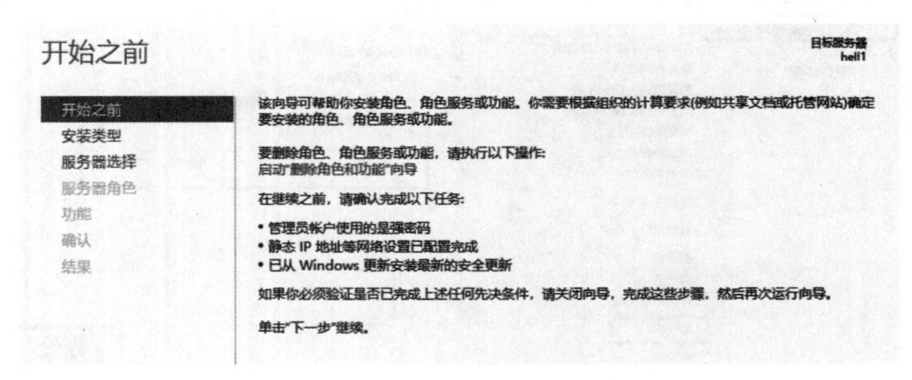

图 9－32　DNS 安装前准备工作

在确认完成准备工作后，单击“下一步”按钮，进入“安装类型”界面，选择“基于角色或基于功能的安装”，继续下一步操作，如图 9－33 所示。

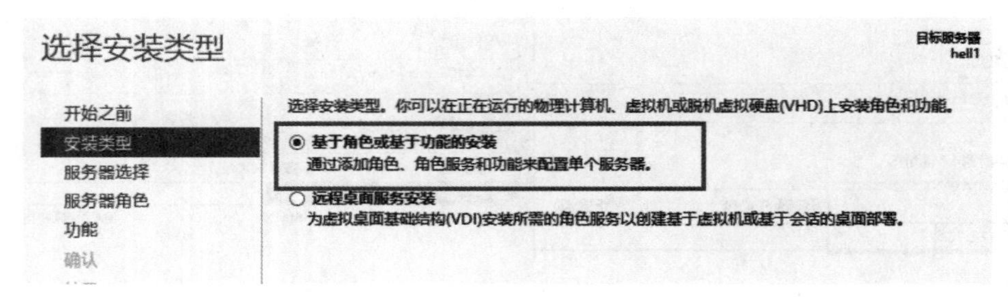

图 9－33　安装类型

在打开的“服务器选择”界面中，系统自动选中服务器的 IP 地址信息，继续下一步操作，如图 9－34 所示。

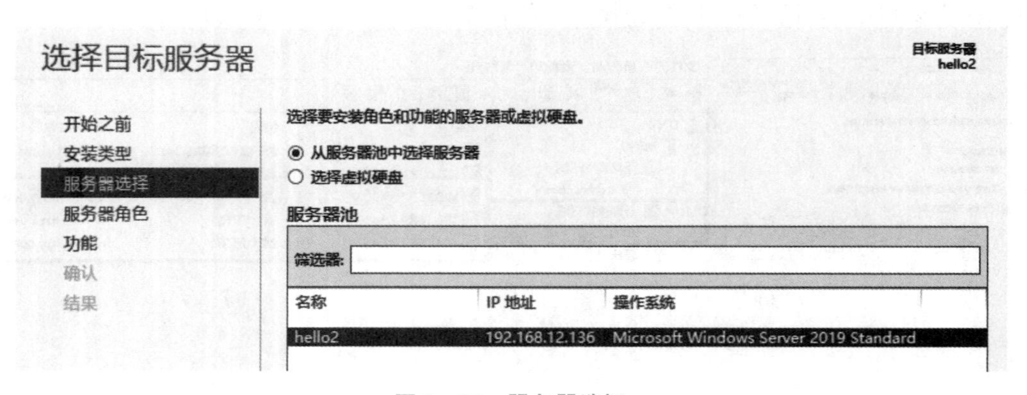

图 9－34　服务器选择

进入“服务器角色”界面，在右窗格中找到并勾选“DNS 服务器”，弹出“添加 DNS 所需的功能”界面，单击“添加功能”按钮，继续下一步操作，如图 9－35 所示。

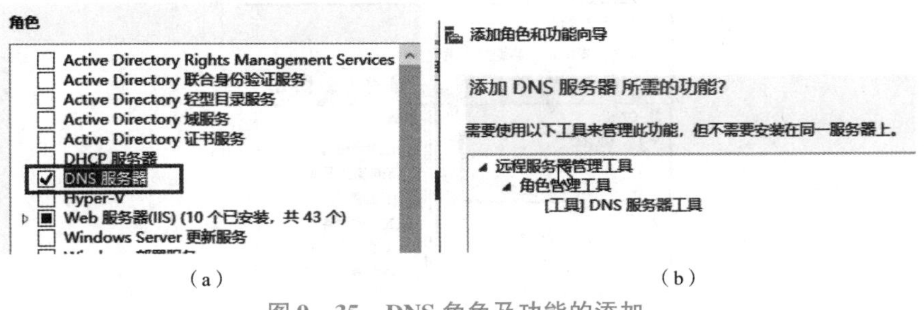

（a）　　　　　　　　　　　　（b）

图 9－35　DNS 角色及功能的添加

（a）DNS 角色的添加；（b）添加功能

在“功能”界面保持默认选择，继续下一步操作，提示完成 DNS 服务器的注意事项，如图 9－36 所示。核对无误后，继续下一步操作，进入安装阶段。

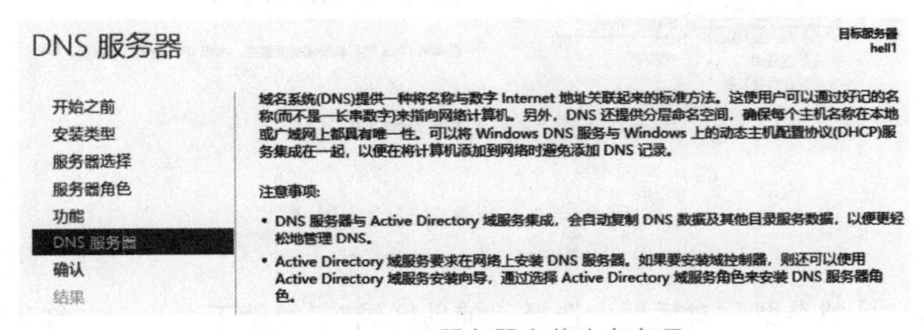

图 9－36　DNS 服务器安装注意事项

安装完成后，单击“关闭”按钮，系统返回“服务器管理器”界面，在左窗格中即可看到安装好的 DNS，如图 9－37 所示。

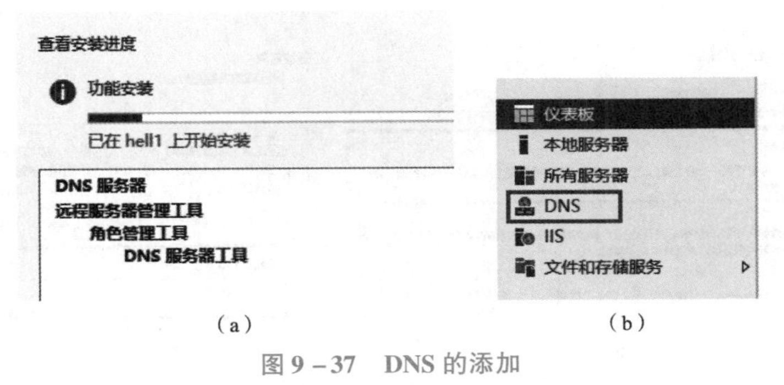

（a）　　　　　　　　　　　　（b）

图 9－37　DNS 的添加

（a）功能安装；（b）DNS 安装完成

安装完毕后，在“服务器管理器”窗口的工具中选择“DNS”，进入“DNS 管理器”窗口，如图 9－38 所示。其中，“HELLO2”表示 DNS 服务器名，“正向查找区域”用于正向域名解析，“反向查找区域”用于反向域名解析。

（2）辅助区域的创建

通过“服务器管理器”进入“DNS 管理器”窗口，在左窗格中展开服务器名节点 HELLO2，右击“正向查找区域”，从弹出的快捷菜单中选择“新建区域”，打开“欢迎使用新建区域向导”对话框，单击“下一步”按钮，如图 9－39 所示。

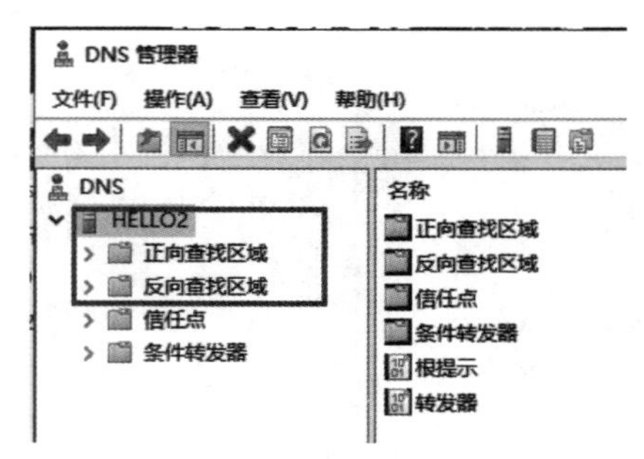

图 9－38　DNS 管理器

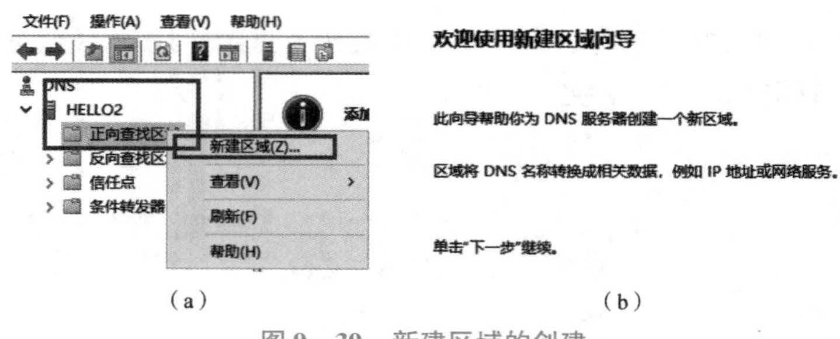

（a）　　　　　　　　　　　　　　（b）

图 9－39　新建区域的创建

（a）新建区域；（b）新建区域向导

在打开的“区域类型”对话框中选择“辅助区域”，继续下一步，在打开的“区域名称”对话框中输入区域的名称（比如 sxjdxy. com），继续操作，如图 9－40 所示。

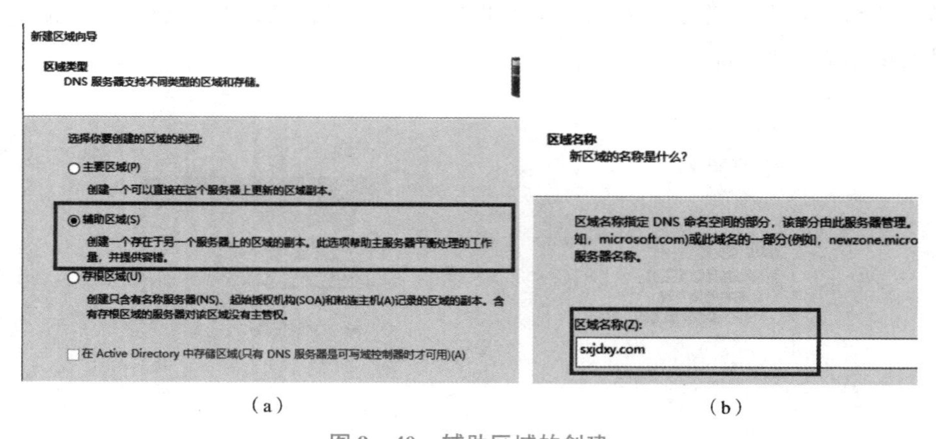

（a）　　　　　　　　　　　　　　（b）

图 9－40　辅助区域的创建

（a）辅助区域；（b）区域名称

打开“主 DNS 服务器”窗口，在主服务器 IP 地址处输入主 DNS 服务器的 IP 地址，指定复制数据的来源，单击空白处，系统可检测到主 DNS 服务器的信息。继续下一步，如图 9－41 所示，系统提示辅助区域创建的信息。核对信息无误后，单击“完成”按钮，完成辅助区域的创建。

在返回的“DNS 管理器”窗口中，展开“正向查找区域”下的“sxjdxy. com”节点，即可看到从主 DNS 服务器同步过来的区域信息，如图 9－42 所示。

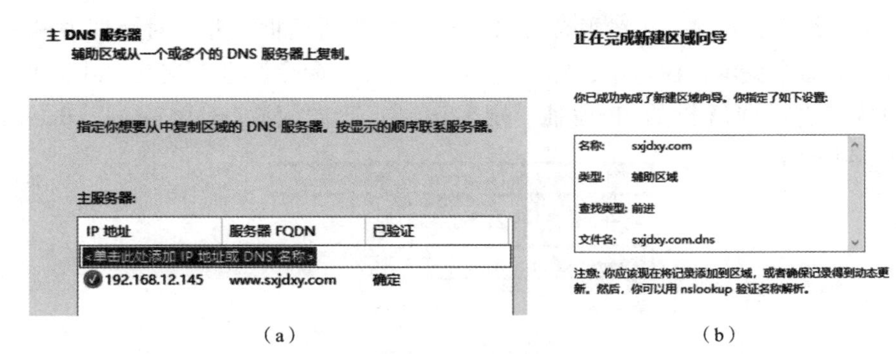

图 9－41　辅助区域的创建

（a）主 DNS 服务器的选择；（b）辅助区域信息

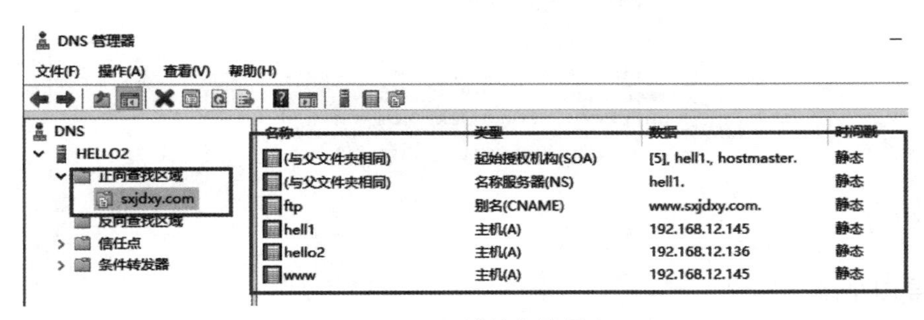

图 9－42　区域信息的同步

3. 客户端测试

打开客户机，右击桌面右下角的电脑图标，通过“网络和共享中心”为客户机配置 IP 地址、子网掩码、网关信息。同时，“首选 DNS 服务器”的地址设置为 DNS 服务器的 IP 地址，如图 9－43 所示。

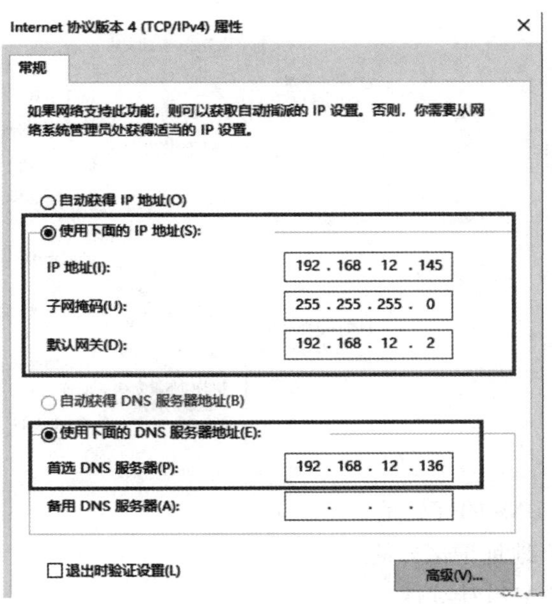

图 9－43　客户端 IP 地址信息的配置

在客户端系统下，按 Win + R 组合键打开“运行”对话框，并在对话框中输入“cmd”命令。在打开的命令提示符窗口中，输入“ > nslookup”命令，进入交互模式，并依次查询正向解析的域名、反向解析的 IP 地址、别名记录，比如 www. sxjdxy. com、ftp. sxjdxy. com 等，如图 9 – 44 所示。

```
C:\Users\Administrator>nslookup
默认服务器:  localhost
Address:  192.168.12.136

> www.sxjdxy.com
服务器:  localhost
Address:  192.168.12.136

名称:    www.sxjdxy.com
Address:  192.168.12.145

> ftp.sxjdxy.com
服务器:  localhost
Address:  192.168.12.136

名称:    www.sxjdxy.com
Address:  192.168.12.145
Aliases:  ftp.sxjdxy.com
```

图 9 – 44　客户端验证信息

【任务小结与测试】

思维导图小结

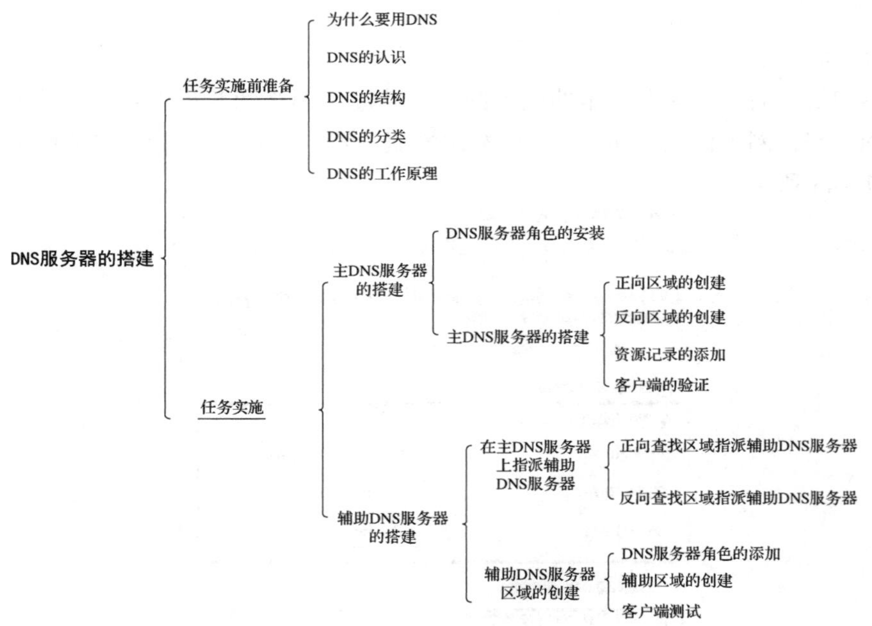

测试

1. 在互联网中使用 DNS 的好处是（　　）。

A. 友好性高，比 IP 地址记忆方便

B. 域名比 IP 地址更具有持续性

在线小结测试

C. 没有任何好处

D. 访问速度比 IP 地址快

2. 下列对 DNS 的记录，不正确的是（　　）。

A. A 记录将主机名映射到 IP 地址　　B. MX 记录标识域的邮件交换服务

C. PTR 记录了 IP 地址指向的主机名　　D. NS 记录规定了主机的别名

3. （　　）命令用来显示本地计算机的 DNS 缓存。

A. ipconfig　　B. ipconfig/displaydns

C. ipconfig/flushdns　　D. ipconfig/showdns

【答疑解惑】

大家在学习过程中是否遇到什么困惑的问题？扫扫看是否能够得到解决。

【任务工单与评价】

任务工单与评价

<table>
<tr><td colspan="8">考核任务名称：DNS 服务器的搭建</td></tr>
<tr><td>班级</td><td></td><td>姓名</td><td colspan="2"></td><td>学号</td><td colspan="2"></td></tr>
<tr><td>组间评价</td><td></td><td>组内互评</td><td></td><td>教师评价</td><td></td><td>成绩</td><td></td></tr>
<tr><td>任务要求</td><td colspan="7">在 Windows Server 2019 服务器上完成 DNS 服务器的搭建，具体要求如下：
（一）主 DNS 服务器的搭建
1. 安装 DNS 服务器角色并启动 DNS 服务器。
2. 在 DNS 服务器上创建一个主要区域 sxjdxy. org，在区域 sxjdxy. org 创建针对 Web 站点（域名：www. sxjdxy. org，IP：192. 168. 33. 127）的主机记录及指针记录。
3. FTP 站点和 Web 站点在同一个服务器上，创建别名记录（域名：ftp. sxjdxy. org，IP：192. 168. 33. 127）。
4. 打开客户机，将其配置为主 DNS 服务器的客户机，在客户机上使用“nslookup”命令来测试 DNS 服务器的正向解析和反向解析是否成功。
（二）辅助 DNS 服务器的搭建
1. 安装 DNS 服务器角色，并启动 DNS 服务器。
2. 创建 sxjdxy. org 辅助区域。
3. 在主 DNS 服务器上通过修改属性指派 DNS 辅助区域。
4. 打开客户机，将其配置为辅助 DNS 服务器的客户机。
5. 禁用主 DNS 服务器中的区域 sxjdxy. org，在客户机上测试辅助 DNS 服务器是否能进行域名解析。</td></tr>
</table>

续表

<table>
<tr><td rowspan="2">任务完成过程记录</td><td>操作过程：</td></tr>
<tr><td>操作过程中遇到的问题：</td></tr>
<tr><td>小结</td><td>（将自己学习本任务的心得简要叙述一下，表述清楚即可）</td></tr>
</table>

任务评价分值

评价类型	占比/%	评价内容	分值
知识与技能	65	DNS 角色及功能的安装	10
		主 DNS 服务器的创建	10
		主 DNS 服务器上资源记录的添加	15
		辅助 DNS 服务器的创建	10
		主 DNS 服务器上对辅助 DNS 服务器的指派	10
		客户机测试主 DNS 服务器、辅助 DNS 服务器的运行	10
素质与思政	35	按时完成，认真填写任务工单	5
		任务工单内容操作标准、规范	5
		保持机位的卫生	5
		小组分工合理，成员之间相互帮助，提出创新性的问题	5
		按时出勤，不迟到早退	5
		参与课堂活动	5
		完成课后任务拓展	5

【拓展训练】

中国网络根服务器，又称中国根域名服务器，是指在互联网域名系统（DNS）中扮演根服务器角色的服务器。其主要功能是维护国家级域名的解析，例如“.cn”等。中国的网络根服务器主要设在北京、上海和广州3个城市。目前，中国共有13台根服务器，其中9台是主根服务器，分别位于北京、上海和广州，剩下的4台是备用根服务器，分布于湖南、四川、辽宁和福建4个省份。这些根服务器是国家级基础设施，稳定运行对于网络安全和稳定至关重要。因此，采用先进的网络技术和安全防护措施，确保服务的可用性和准确性，同时，还要面对频繁的DDoS攻击和其他安全威胁。相应地，中国政府也一直在加强对网络根服务器的管理和监管，确保其安全、稳定运行，并维护国家的网络主权。

【项目评价】

考核项目工单

考核任务名称：项目二　网络服务器的搭建							
班级		姓名		学号			
组间评价		组内互评		教师评价		成绩	

项目要求：

根据项目需求分析，分别需要搭建Web、DHCP、DNS及FTP服务器，具体要求如下：

1. Web服务器的搭建。

（1）利用不同的端口号。

网站描述	IP地址	TCP端口	主机名	主目录
山西机电职业技术学院网站	192.168.33.133	80	空	C:\Aweb1
Web网站B	192.168.33.133	8080	空	C:\iweb3

（2）利用不同的主机名。

网站描述	IP地址	TCP端口	主机名	主目录
山西机电职业技术学院	192.168.12.129	80	www.sxjdxy.com	C:\web1
Web网站C	192.168.12.129	80	www.sxjdxy-rsc.com	C:\web4

2. DHCP服务器的搭建。

（1）创建并激活一个作用域，IP地址为192.168.1.1～192.168.1.200，排除地址为192.168.1.1～192.168.1.10。在作用域选项配置中，默认网关为192.168.1.254；在服务器选项配置中，DNS的IP地址为192.168.1.1。

续表

<table>
<tr><td>项目要求</td><td>（2）测试：启动客户端，设置 IP 地址及 DNS 的获取方式为自动，在命令行窗口下使用“ipconfig”命令测试客户机能否从 DHCP 服务器上获得 IP 地址等参数。
（3）保留配置：使用“ipconfig/all”命令查看客户机的 MAC 地址，在 DHCP 服务器上为该客户机配置保留地址，使它能从 DHCP 服务器上获取固定的 IP 地址 192.168.1.66。
3. FTP 服务器的搭建。
（1）在服务器上安装 IIS 中的 FTP 服务器角色。
（2）在 IIS 管理器中新建 FTP 站点，名称为“myFtp”，IP 地址为 192.168.5.×，TCP 端口号为 2120，主目录为“c:\ftp”，指派用户账号和密码，提高安全性。
（3）在客户机使用浏览器和资源管理器、CuteFTP 访问 ftp 站点上的资源。
4. DNS 服务器的搭建。
（1）启动 DNS 服务器，配置 IP 地址等参数信息，并安装 DNS 服务器角色。
（2）在 DNS 服务器上创建一个主要区域 yanmei.com，在区域 yanmei.com 创建针对 Web 站点（域名：www.yanmei.com，IP：192.168.33.127）的主机记录及指针记录。
（3）FTP 站点和 Web 站点在同一个服务器上，创建别名记录（域名：ftp.yanmei.com，IP：192.168.33.127）。
（4）打开客户机，将其配置为主 DNS 服务器的客户机，在客户机上使用 nslookup 命令来测试 DNS 服务器的正向解析和反向解析是否成功。
5. 根据在线课程资源内容及所学内容，通过思维导图总结本项目。
6. 组内团结合作，按时完成本项目。</td></tr>
<tr><td rowspan="2">项目完成过程记录</td><td>操作过程：</td></tr>
<tr><td>操作过程中遇到的问题：</td></tr>
<tr><td>小结</td><td>（将自己学习本任务的心得简要叙述一下，表述清楚即可）</td></tr>
</table>

项目二 考核评价表

序号	主要内容	考核项目	评分标准	成绩分配	得分
1	网络服务器的搭建	DHCP 服务器的搭建与配置	配置单子网服务器，每一项错误扣 2 分；配置多子网服务器，每一项错误扣 2 分	20	
		DNS 服务器的搭建与配置	配置正向区域，每一项错误扣 2 分；配置反向区域，每一项错误扣 2 分	20	
		Web 服务器的搭建与配置	配置 Web 服务器，错误每一项扣 2 分；发布多个 Web 站点，每一项错误扣 2 分	20	
		FTP 服务器的搭建与配置	配置服务器错误扣 10 分；创建虚拟目录失败扣 5 分	20	
2	素质与思政	按时完成，认真填写任务工单	没有按时提交扣除 5 分	5	
		任务工单内容操作标准、规范	操作不规范扣除 5 分	5	
		保持机位的卫生	机位不整洁扣除 5 分	5	
		小组分工合理，成员之间相互帮助，提出创新性的问题	小组管理混乱扣除 5 分	5	
组内评价 30%		组间评价 40%		教师评价 40%	
备注	班级： 姓名： 学号：		任课教师： 成绩合计： 评分日期：　年　月　日		

项目三

网络服务器的安全管理和维护

【项目背景】

企业网络及信息数据的安全始终是一个企业信息化过程中面临的主要问题，网络中始终存在的病毒和恶意攻击行为，可导致计算机系统崩溃或数据损失。因此，作为公司的网络管理员，在日常的工作中还有一项非常重要的工作，即维护公司服务器、网络的安全运行，能够对遇到的故障进行及时的处理和修复，确保服务器及终端的正常使用。采取对服务器存储资源的保护、数据的加密、服务器及网络系统数据的备份和恢复、防火墙的软硬件升级、终端的病毒监测及系统安全策略等措施来确保服务器及终端的安全保护，从而实现服务器数据的存储安全和访问安全。

【项目结构】

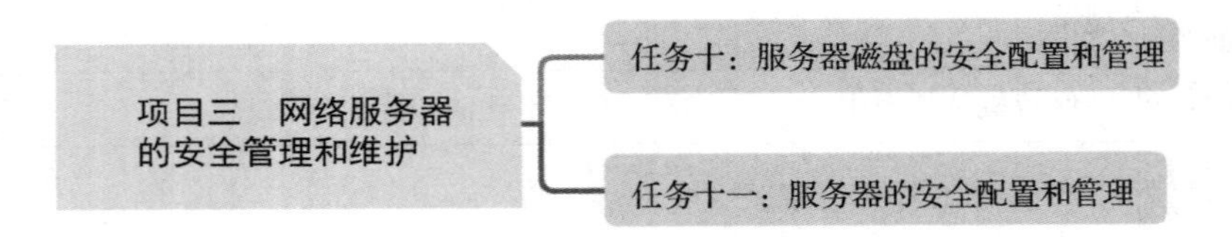

【项目目标】

为了提高公司网络和服务器的安全，预防因磁盘或网络的故障导致服务器停机或者系统数据的丢失，本任务要求学生：

①对 NTFS 文件系统进行设置及数据加密的处理，来保证磁盘数据的使用安全。

②对磁盘配额管理限制用户对服务器磁盘的使用，设置不同访问的访问权限，保证服务器的正常运行。

③制订数据备份计划，对服务器重要数据进行手动或自动备份，以便在发生故障时能够及时恢复。

④对 Windows Server 系统服务器上的 Web 应用、防火墙及安全策略进行配置，加固服务器，保障服务器的安全。

⑤在各任务学习的过程中，课前利用在线课程资源完成自主学习，课中参与到互动、交互式的课堂互动中，课后利用答疑解惑、课后拓展等在线资源巩固学习内容，在学习过程中培养学生深厚的家国情怀，树立创新意识、责任意识、精益求精的工匠精神等。

任务十　服务器磁盘的安全配置和管理

【任务背景】

服务器数据存储安全防护是保障服务器一切正常运作的关键阶段，同时也是企业网络信息化规划的关键所在，服务器中磁盘作为存储数据的关键部件，一旦发生数据丢失或者损坏，必然会给公司带来巨大的损失，因此，作为公司的网络管理员，在平时的工作中需要提高服务器数据的安全性以及做好对磁盘的保障措施，包括对磁盘的使用规划、磁盘的备份及恢复计划、磁盘数据的访问权限以及日常的数据维护等操作。

【任务介绍】

为了提高服务器数据的安全性，本任务要求同学：

①能够对 NTFS 分区（卷）进行磁盘配额，并完成数据的压缩与加密。

②能够通过不同的方式获取 NTFS 文件系统，并对文件设置 NTFS 权限。

③能运用制订备份任务计划和一次备份，实现重要数据的自动备份，并利用备份对磁盘数据和系统状态等重要信息进行还原。

【任务目标】

1. 知识目标

①掌握文件系统的分类及 NTFS 文件系统获取的方法。

②掌握常用的磁盘数据加密技术和压缩方法。

③了解什么是磁盘配额及磁盘配额使用的情景，掌握磁盘配置的方法。

④掌握磁盘数据备份计划制订的方法。

2. 技能目标

①能够使用不同的方法获取 NTFS 文件系统。

②能够根据不同用户对服务器的访问权限，设置磁盘配额。

③能够采用不同的方法对磁盘数据进行加密和压缩。

④在服务器管理的过程中，能够科学地对系统和磁盘数据制订备份计划，在发生故障时能够及时恢复数据信息。

3. 素质与思政目标

①感受国家的强大，培养学生的家国情怀，认识到国产磁盘的快速发展，提升竞争意识、创新意识。

②遵守国家法律法规，树立规矩意识，养成良好的网络运维管理员的职业素养。

③树立热爱劳动、崇尚劳动的态度和精益求精的工匠精神。

【任务实施前准备】

1. NTFS 文件系统的认识

NTFS 文件系统的设置

文件系统是操作系统用于明确存储设备（常见的是磁盘）或分区上文件的方法和数据结构，即在存储设备上组织文件的方法。操作系统中负责管理和存储文件信息的软件机构称为文件管理系统，简称文件系统。

文件系统由三部分组成：文件系统的接口、对对象操纵和管理的软件集合、对象及属性。从系统角度来看，文件系统是对文件存储设备的空间进行组织和分配，负责文件存储并对存入的文件进行保护和检索的系统。具体地说，它负责为用户建立文件，存入、读出、修改、转储文件，控制文件的存取，当用户不再使用时撤销文件等。

Windows 中常见的磁盘文件系统类型有 FAT、ExFAT、NTFS，具体区别如下：

FAT（File Allocation Table），直译为文件分配表，是用来记录文件所在位置的表格。现在 FAT 已经不是 Windows 操作系统的主流文件系统了，但是在软盘、闪存（U 盘），以及很多嵌入式设备上还是很常见的，特别是初次买回的 U 盘，默认使用的是 FAT 的文件系统，现在最通用的 FAT 文件系统是 FAT32，可支持的最大文件不超过 4 GB，最大文件数量为 268 435 437，分区最大容量为 8 TB，可以在多种操作系统中读写。

ExFAT（Extended File Allocation Table）又叫 FAT64，是 FAT 文件系统的扩展。ExFAT 是专门为闪存设计的文件系统，单个文件突破了 4 GB 的限制。ExFAT 在 Windows、Linux、MAC 系统上都是可以读写的。

NTFS（New Technology File System，新技术文件系统）是一种比 FAT32 功能更加强大的文件系统，NTFS 5.0 的主要特点有：

①NTFS 可以支持的分区大小可达到 2 TB。

②NTFS 是一个可恢复的文件系统，在 NTFS 分区上，用户很少需要运行磁盘修复程序。

③NTFS 支持对分区、文件夹和文件的压缩，任何基于 Windows 的应用程序对 NTFS 分区上的压缩文件进行读写时，都不需要事先解压，文件读取时自动解压，文件关闭或保存时自动压缩。

④NTFS 采用更小的簇，可以更加有效率地管理磁盘空间。在 NTFS 分区上，可以为共享资源、文件夹及文件设置访问许可权限，更安全。NTFS 的文件属性里包含了“安全”属性，而 FAT 系列的文件系统就没有这一属性。Win2000 以上的 NTFS 文件系统下可以进行磁盘配额管理。NTFS 使用一个“变更”日志来跟踪文件所发生的变更。

在稳定性和安全性方面，三者之间的区别主要如下：

①NTFS 要优于 FAT32，但是 FAT32 兼容较旧的存储设备及系统，如 DOS 系统等。

②FAT32 最大只支持 32 GB 独立分区，NTFS 最大支持的独立分区是 2 TB。单个磁盘高于 32 GB 时，就要用 NTFS 来分区。

③FAT32 不支持超过 4 GB 的单个文件，一旦单个文件超过 4 GB，系统便会提示磁盘空间不足，然后存储失败；NTFS 则支持超大单个文件。

④NTFS 无法运行在 DOS 系统下；FAT32 则可以兼容 DOS 系统。

2. 认识磁盘配额

磁盘配额指计算中指定磁盘的储存限制。管理员可以为用户所能使用的磁盘空间进行配额限制，每一用户只能使用最大配额范围内的磁盘空间。磁盘配额可以限制指定账户能够使用的磁盘空间，这样可以避免因某个用户过度使用磁盘空间而造成其他用户无法正常工作甚至影响系统运行。在服务器管理中，此功能非常重要。

在 Windows 服务器系列中，只有 Win2000 及以后版本并且使用 NTFS 文件系统才能实现这一功能，因此，在进行磁盘配额配置之前，需要将磁盘设置为 NTFS 文件系统。

3. 磁盘数据的加密和压缩

磁盘数据的加密和压缩是为了提高信息系统和数据的安全性和保密性。数据加密是防止秘密数据被外部破译而采用的主要技术手段之一。按照作用的不同，数据加密技术可分为数据传输加密技术、数据存储加密技术、数据完整性的鉴别技术和密钥管理技术。

数据传输加密技术的目的是对传输中的数据流加密，通常有线路加密与端－端加密两种。线路加密侧重点在线路上，而不考虑信源与信宿，是对保密信息通过各线路采用不同的加密密钥提供安全保护。

端－端加密指信息由发送端自动加密，并且由 TCP/IP 进行数据包封装，然后作为不可阅读和不可识别的数据穿过互联网。当这些信息到达目的地时，将被自动重组、解密，而成为可读的数据。

数据存储加密技术的目的是防止在存储环节上的数据失密，数据存储加密技术可分为密文存储和存取控制两种。前者一般通过加密算法转换、附加密码、加密模块等方法实现；后者则是对用户资格、权限加以审查和限制，防止非法用户存取数据或合法用户越权存取数据。

数据完整性鉴别技术的目的是对介入信息传送、存取和处理的人的身份和相关数据内容进行验证，一般包括口令、密钥、身份、数据等项的鉴别。系统通过对比验证对象输入的特征值是否符合预先设定的参数，实现对数据的安全保护。密钥管理技术包括密钥的产生、分配、保存、更换和销毁等各个环节上的保密措施。

数据压缩（Data Compression）是用更少的空间对原有数据进行编码的过程，指在不丢失有用信息的前提下，缩减数据量，以减少存储空间，提高其传输、存储和处理效率，或按照一定的算法对数据进行重新组织，减少数据的冗余和存储的空间的一种技术方法。数据压缩包括有损压缩和无损压缩。

4. 服务器数据的备份和恢复

服务器及计算机里面重要的数据、档案或历史纪录，不论是对企业用户还是对个人用户，都是至关重要的，一旦不慎丢失，就会造成不可估量的损失，严重的会影响企业的正常运作，给科研、生产造成巨大的损失。为了保障生产、销售、开发的正常运行，网络管理员需要对数据进行备份，防患于未然。数据备份是容灾的基础，是指为防止系统出现操作失误或系统故障导致数据丢失，而将全部或部分数据集合从应用主机的硬盘或阵列复制到其他的存储介质的过程。传统的数据备份主要是采用内置或外置的磁带机进行冷备份。但是这种方式只能防止操作失误等人为故障，而且其恢复时间也很长。随着技术的不断发展，数据的海量增加，不少的企业开始采用网络备份。网络备份一般通过专业的数据存储管理软件结合相应的硬件和存储设备来实现。

数据备份常用的方法有定期磁带、数据库、网络数据、远程镜像等。

【任务实施】

任务 10-1　NTFS 文件系统的设置及应用

1. NTFS 权限

NTFS 权限是不同账户对 NTFS 分区（卷）上的文件或文件夹的访问能力。NTFS 权限只能用于 NTFS 磁盘分区，不能用于 FAT 或 FAT32 的磁盘分区，NTFS 针对文件和文件夹设置不同的权限。对文件权限的设置见表 10-1。

表 10-1　对文件权限的设置

文件权限	权限内容
完全控制	拥有读取、写入、修改、删除文件及特殊的权限
修改	拥有读取、写入、修改、删除文件的权限
读取和执行	拥有读取及执行文件的权限
读取	拥有读取文件的权限
写入	拥有修改文件内容的权限
特殊权限	控制文件权限列表的权限

对文件夹权限的设置见表 10-2。

表 10-2　对文件夹权限的设置

文件夹权限	权限内容
完全控制	拥有对文件及文件夹读取、写入、修改、删除文件及特殊的权限
修改	拥有对文件及文件夹读取、写入、修改、删除文件的权限
读取和执行	拥有对文件夹中的文件下载、读取及执行的权限
列出文件夹内容	可以列出文件夹的内容
读取	拥有对文件夹中的文件下载、读取的权限
写入	拥有对文件夹中创建新的文件的权限
特殊权限	控制文件夹权限列表的权限

2. NTFS 文件系统的获取

获取 NTFS 文件系统的方法有多种，常用的方法如下：

（1）在安装系统的时候获取

在初始安装 Windows Server 2019 系统的过程中，系统会提示格式化选定的磁盘分区，如图 10－1 所示，将该分区格式化为 NTFS 文件系统，从而获取 NTFS 文件系统。

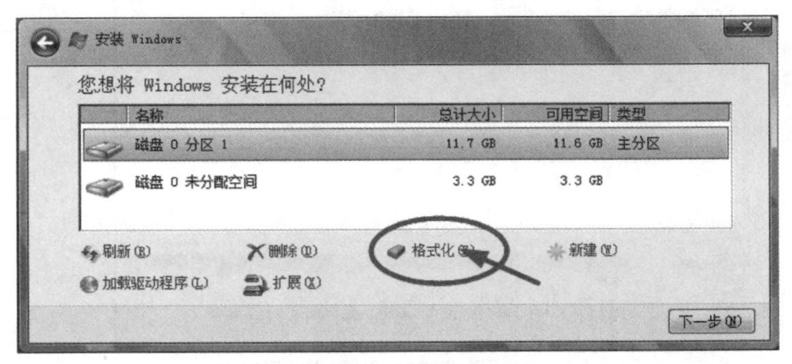

图 10－1　格式化磁盘

（2）在安装系统后获取

在系统安装完成以后，硬盘将自动初始化为基本磁盘，此时基本磁盘还不能使用，必须建立磁盘分区并格式化。

1）新建卷过程中获取 NTFS 文件

在桌面左下角单击“开始”菜单，选择“Windows 管理工具”，在打开的“管理工具”窗口中，双击打开“计算机管理”选项，如图 10－2 所示。

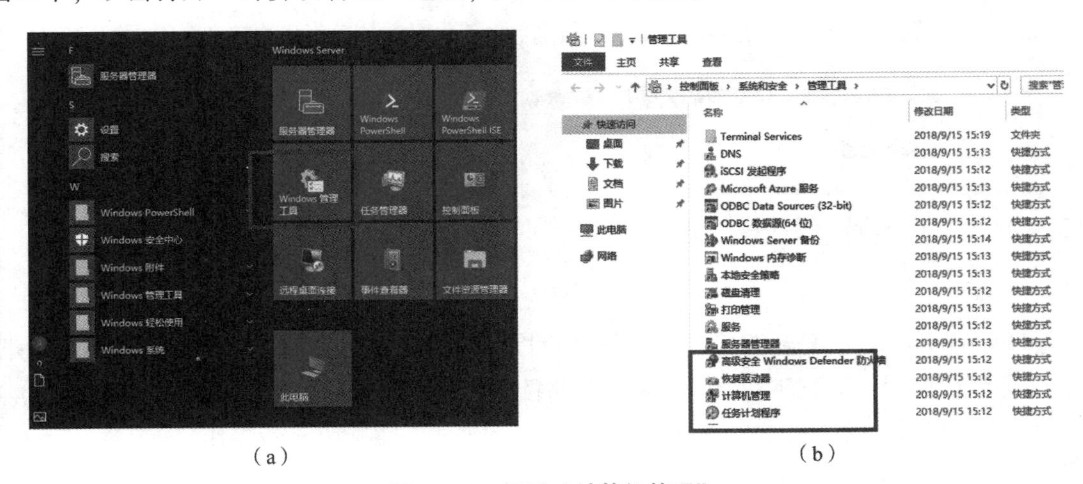

（a）　　　　　　　　（b）

图 10－2　打开“计算机管理”

（a）Windows 管理工具；（b）计算机管理

打开“计算机管理”窗口，在左窗格中展开“存储”节点，单击“磁盘管理”，即可看到服务器上的磁盘空间分配内容，如图 10－3 所示。

在中间窗格中右击“未分配”区域，在弹出的快捷菜单中选择“新建简单卷”，弹出“欢迎使用新建简单卷向导”对话框，继续下一步操作。在弹出的“指定卷大小”对话框中，填入分区的容量大小，若只划分一个分区，可将全部空间容量划分给主分区；若还需划分其他的分区，则预留一部分空间容量，设置完成后，继续下一步操作，如图 10－4 所示。

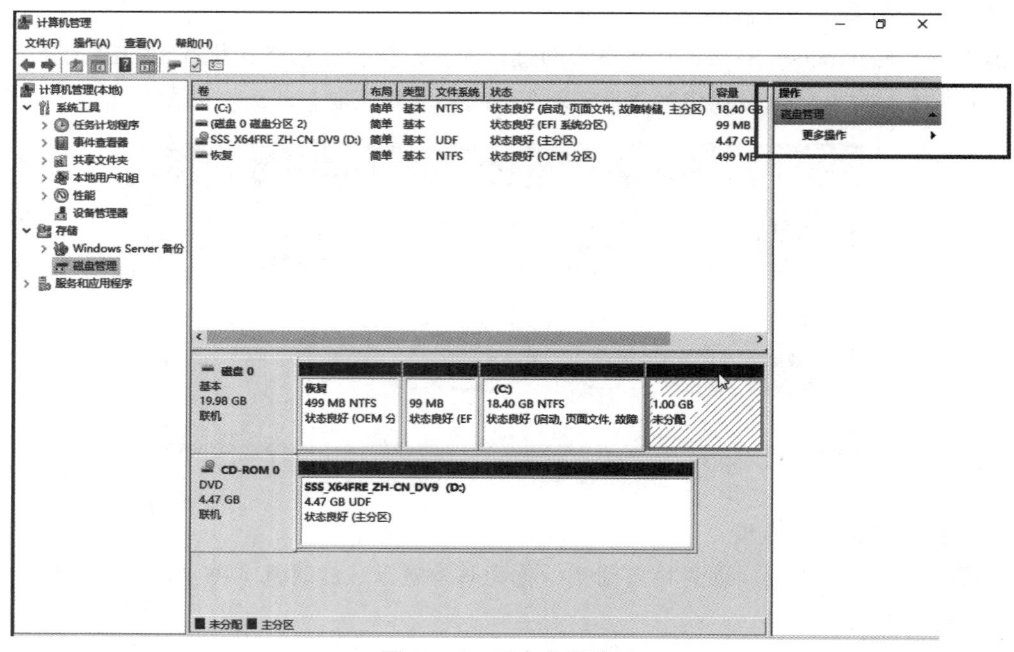

图 10－3 磁盘分配情况

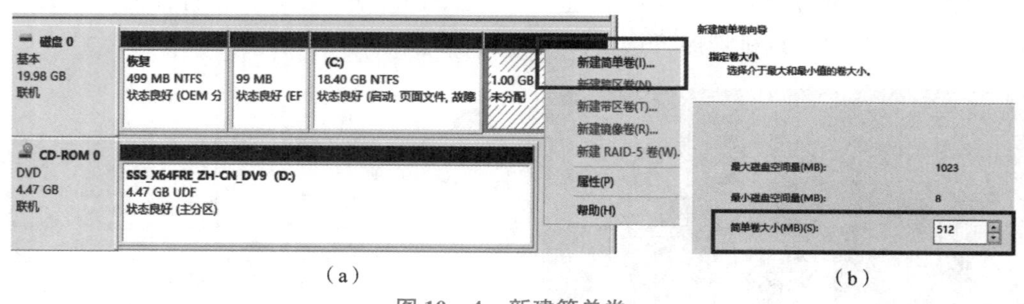

图 10－4 新建简单卷

（a）新建简单卷；（b）新建卷大小

打开“分配驱动器号和路径”对话框，可以为新建的分区指定一个字母作为其驱动器号，还可以选择“不分配驱动器号或驱动器路径”（表示可以事后再指派驱动器号或某个空文件夹来代表该分区），在这里选择 E，如图 10－5 所示，继续下一步操作。

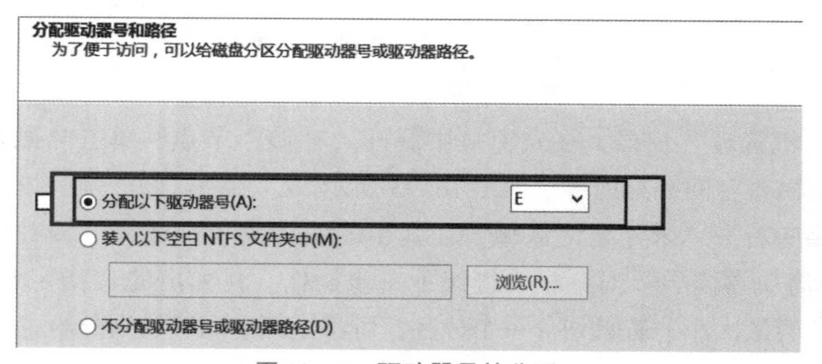

图 10－5 驱动器号的分配

打开“格式化分区”对话框，可设定是否格式化新建的分区，以及该分区所使用的文件系统、分配单元大小等，在“按下列设置格式化这个卷”选项框中，文件系统选择“NTFS”，勾选“执行快速格式化”，其他保持默认不变，继续下一步。在打开的“正在完成新建简单卷向导”对话框中单击“完成”按钮，如图 10－6 所示。现在完成了 NTFS 文件系统的分区 E 的创建。

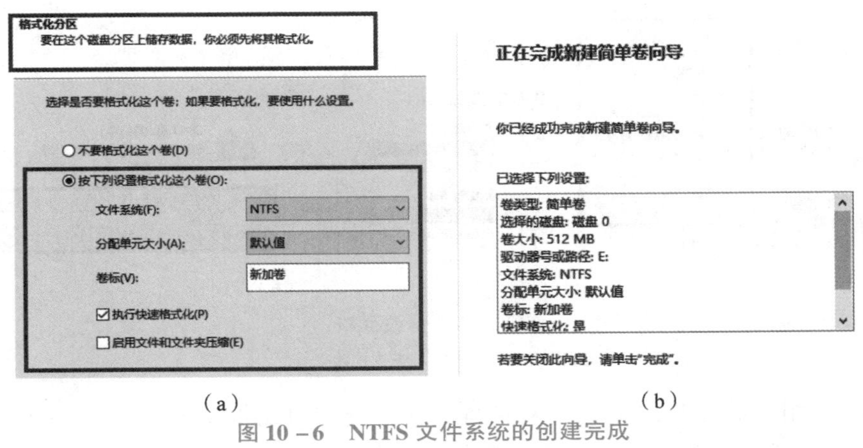

(a)　　(b)

图 10－6　NTFS 文件系统的创建完成

(a) 文件系统 NTFS；(b) 已完成的设置信息

2）格式化

已经创建完成的非 NTFS 文件系统的分区且无存储的数据信息，此时可以直接进行格式化来获取 NTFS 文件系统，具体操作如下：

在桌面左下角单击“开始”菜单，选择“Windows 管理工具”，在打开的“管理工具”窗口中，双击打开“计算机管理”选项，在左窗格中展开“存储”节点，单击“磁盘管理”，右击需要进行转换的新加卷（F），在打开的快捷菜单中选择“格式化”。在打开的“格式化 F”对话框中，在“文件系统”下拉列表中选择“NTFS”，单击“确定”按钮，系统提示“格式化此卷将清除其上所有的数据信息”，单击“确定”按钮，如图 10－7 所示，完成分区 F 盘 NTFS 文件系统的获取。

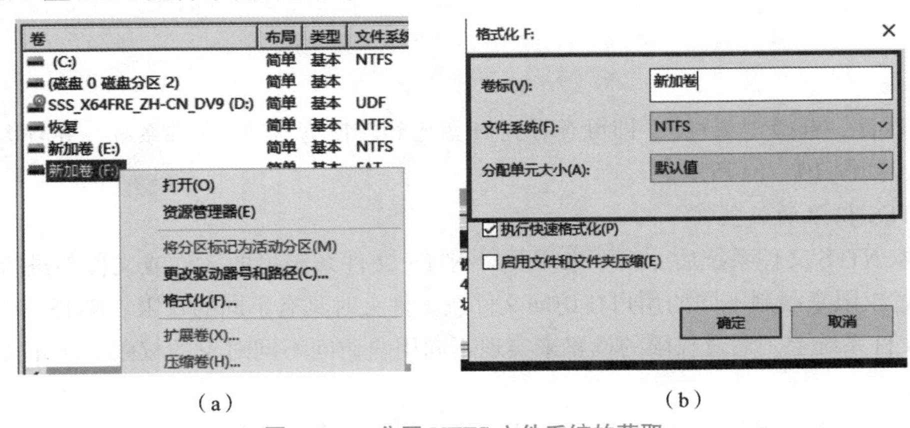

(a)　　(b)

图 10－7　分区 NTFS 文件系统的获取

(a) 格式化；(b) 设置为 NTFS 文件系统

3）转换

已经存在的非 NTFS 文件系统新加卷（H）里存储有数据信息，要求转换后既能获取 NTFS 文件系统，又能保留全部数据。

在桌面的工具栏中双击“此电脑”，右击新加卷（H）盘，单击“重命名”，更改盘符为 H，如图 10－8 所示。

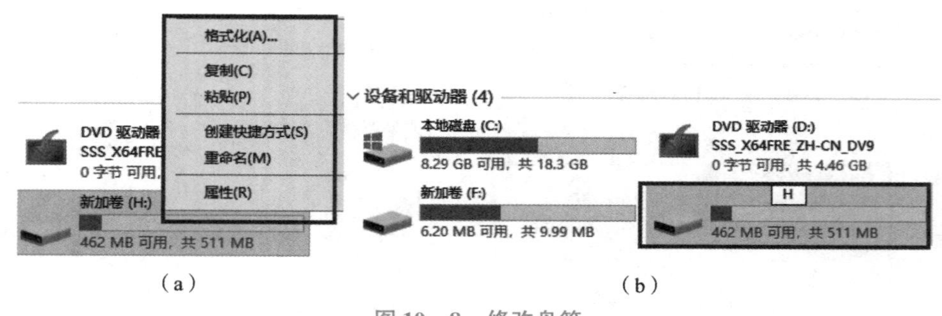

（a）　　　　　　　　　　（b）

图 10－8　修改盘符

（a）重命名；（b）修改盘符为 H

按 Win＋R 组合键打开“运行”对话框，在打开的对话框中输入“convert h:/fs:ntfs”命令。其中，h：为要转换的分区盘符。单击“确定”按钮，在打开的命令行窗口的光标处输入要转换分区的卷标，输入：H，按 Enter 键后开始转换，如图 10－9 所示。转换完成后，系统返回“此电脑”。

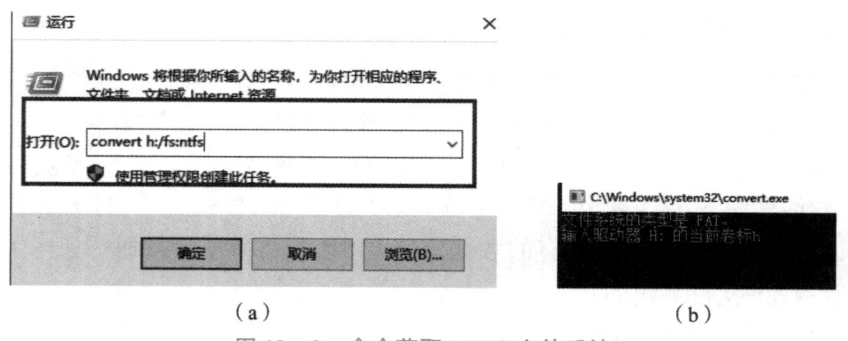

（a）　　　　　　　　　　（b）

图 10－9　命令获取 NTFS 文件系统

（a）输入命令；（b）输入需要转换的盘符

右击 H 盘，选择“属性”，即可查看到 H 盘已经转换为 NTFS 文件系统，并且数据信息没有丢失，如图 10－10 所示。

3. NTFS 权限的设置

在获取 NTFS 文件系统后，接下来需要对 NTFS 文件系统里的文件或文件夹进行权限的设置，通过权限来限制不同的用户在访问文件或文件夹时具有不同的权限。NTFS 权限是指，在 NTFS 文件系统上，通过权限的设置来实现不同用户访问不同对象的权限，防止资源被篡改和删除。

准备工作：为了实现 NTFS 权限的设置，首先创建两个用户账户：hello、world。

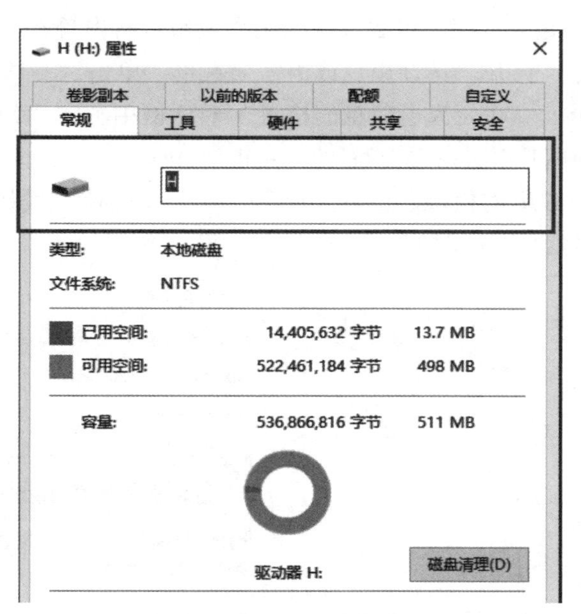

图 10－10　查看转换后的属性信息

（1）标准 NTFS 权限的设置

在桌面的工具栏下双击打开“此电脑”，在 NTFS 分区（卷）上（比如：H 盘），找到需要设置权限的文件或文件夹（比如：人员信息），右击该文件或文件夹，在弹出的快捷菜单中选择“属性”，在打开的“属性”对话框中选择“安全”选项卡，单击“编辑”按钮打开“人员信息的权限”对话框，如图 10－11 所示，即可对不同的用户设置权限。

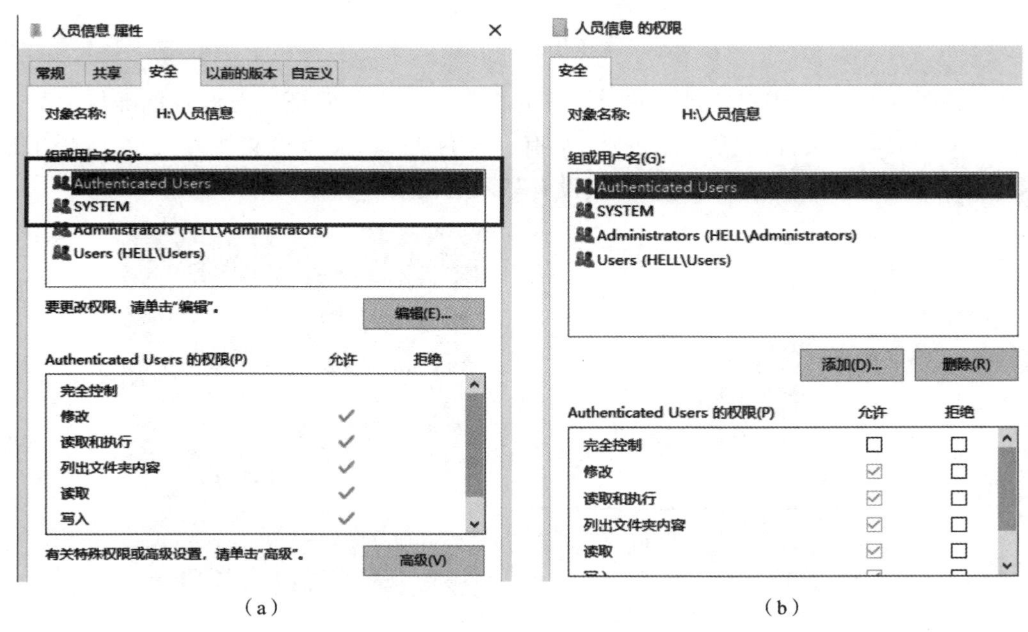

图 10－11　权限的设置

（a）“安全”选项卡；（b）设置权限

现需要给 hello 用户设置权限，设置权限的用户或组没有出现在“组或用户名”列表框中，单击“添加”按钮，打开“选择用户或组”对话框。单击“高级”→“立即查找”按钮，选定添加的用户 hello，在“人员信息的权限”对话框中，在“组或用户名”列表框中选择要进行权限设置的用户 hello，在下面的“hello 的权限”对话框中，通过勾选“允许”或“拒绝”来设置用户或组的权限。设置完成后，单击“确定”按钮，在返回的窗口中可看到为用户设定的权限信息，如图 10－12 所示。

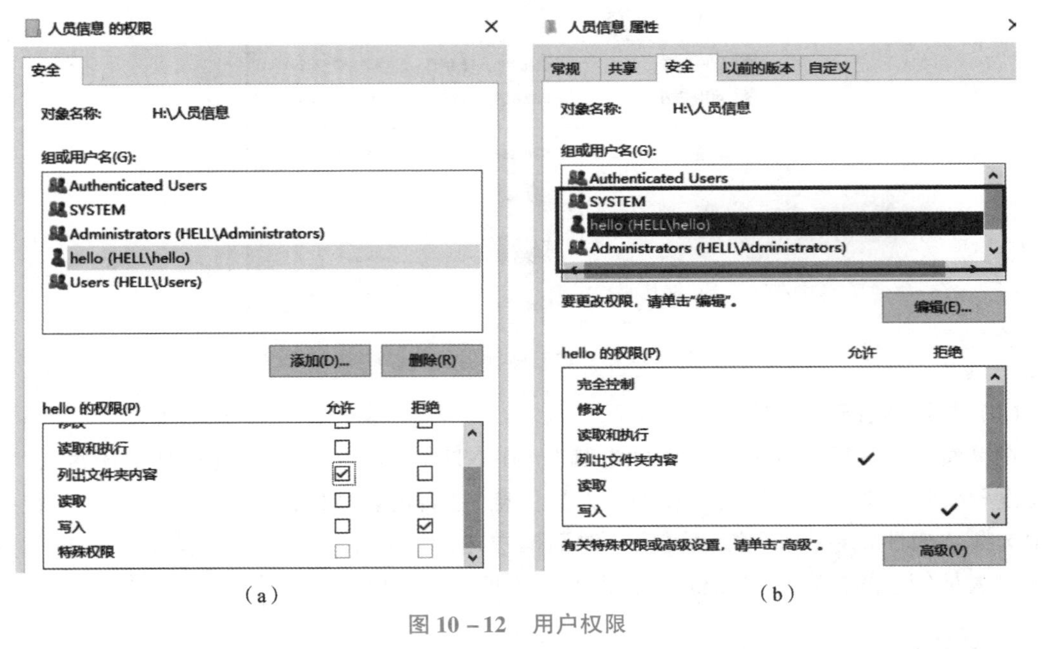

（a） （b）

图 10－12 用户权限

（a）选择用户；（b）权限设置

服务器切换为 hello 用户登录，并对设置的权限信息进行验证。对设置标准权限的“人员信息”文件夹添加文件信息，发现提示只有“文件夹”。选择“文件夹”，系统提示权限信息，如图 10－13 所示，验证 hello 用户没有写入的权限。

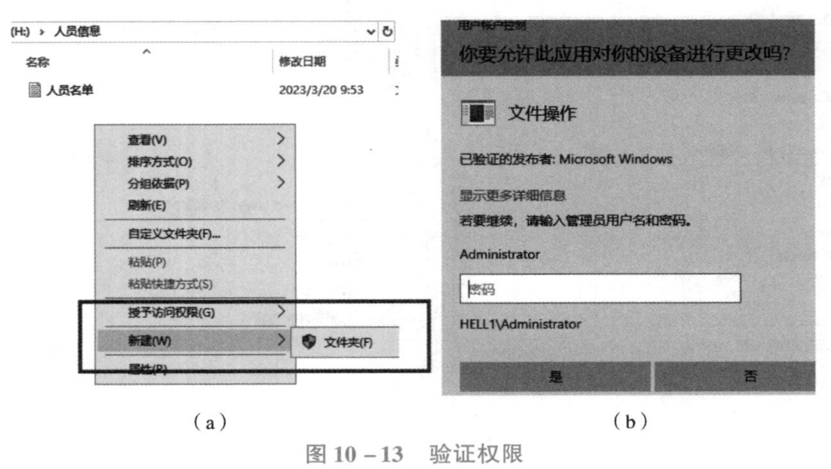

（a） （b）

图 10－13 验证权限

（a）新建文件；（b）系统提示权限

(2) 特殊 NTFS 权限的设置

在大多数情况下，标准 NTFS 权限是可以满足管理需要的，但对于权限管理要求严格的环境，例如：只想赋予某用户建立文件夹的权限，却没有建立文件的权限，或者只能删除当前文件夹中的文件，却没有删除当前文件夹中子文件夹的权限等，此时，特殊 NTFS 权限就可发挥作用。

在桌面的工具栏下双击打开"此电脑"，在 NTFS 分区（卷）上（比如：H 盘），找到需要设置权限的文件或文件夹（比如：工资信息）。右击该文件或文件夹，在弹出的快捷菜单中选择"属性"，在打开的"属性"对话框中选择"安全"选项卡，单击"高级"按钮，打开"工资信息的高级安全设置"对话框，如图 10－14 所示。

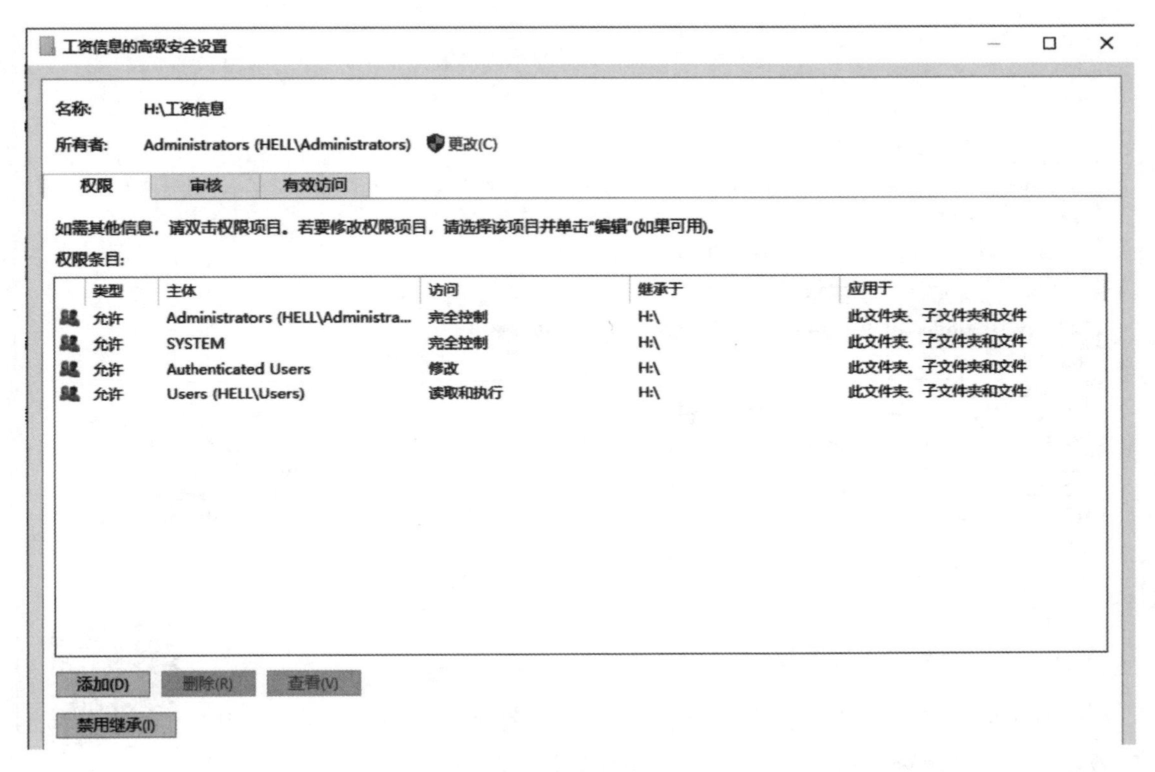

图 10－14　高级安全设置

单击"添加"按钮，在打开的窗口中，通过"选择主体"添加用户账户 world，通过"类型"和"应用于"设置 hello 用户权限应用的动作及范围，通过"基本权限"对文件进行权限的勾选，单击"确定"按钮，如图 10－15 所示。

系统返回"工资信息的高级安全设置"对话框，在中间窗口中即可看到对 world 用户特殊权限设置后的信息，单击"应用"及"确定"按钮，如图 10－16 所示。

服务器切换为 world 用户登录，并对设置的权限信息进行验证。对设置特殊权限的"工资信息"文件夹进行访问，发现可以正常读取和执行，验证对 world 用户设置的特殊权限。

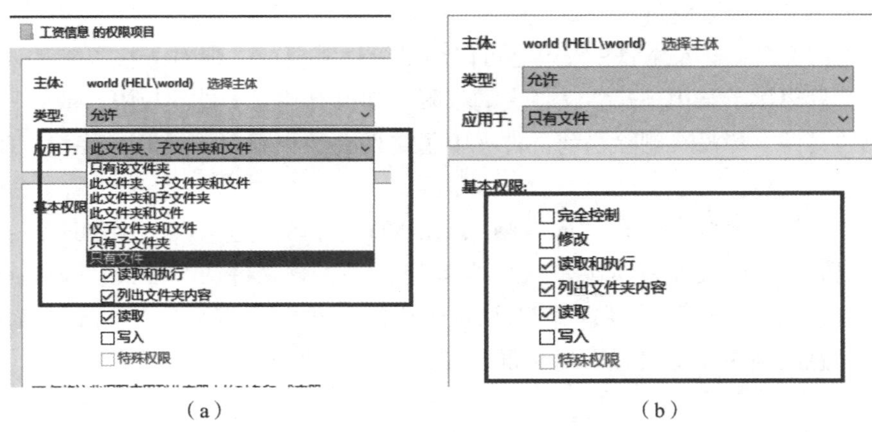

图 10－15　特殊权限的设置

(a) 选择应用的范围；(b) 权限设置

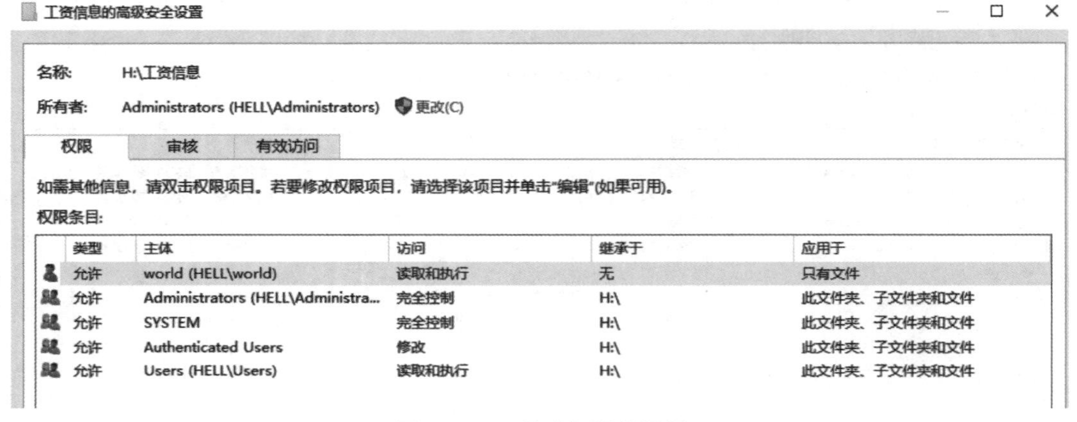

类型	主体	访问	继承于	应用于
允许	world (HELL\world)	读取和执行	无	只有文件
允许	Administrators (HELL\Administra...	完全控制	H:\	此文件夹、子文件夹和文件
允许	SYSTEM	完全控制	H:\	此文件夹、子文件夹和文件
允许	Authenticated Users	修改	H:\	此文件夹、子文件夹和文件
允许	Users (HELL\Users)	读取和执行	H:\	此文件夹、子文件夹和文件

图 10－16　特殊权限的设置

任务 10－2　磁盘的配额管理

NTFS 磁盘配额的配置

磁盘配额是指计算机中指定磁盘的存储限制，管理员为用户所能够使用的磁盘空间进行配额限制，每一个用户只能使用管理员规定的用户最多能使用的磁盘空间的大小，如果在服务器上对用户使用磁盘大小不加限额，磁盘空间可能很快就被某些用户用完。

磁盘配额的管理包括两个方面：启用磁盘配额和为特定用户指定磁盘配额。

1. 启用磁盘配额

启用磁盘配额，可以在用户所用额度超过管理员所指定的磁盘空间时，阻止其进一步使用磁盘空间并记录用户的使用情况。

要启用磁盘配额，必须满足两个条件：

➢ 文件系统必须为 NTFS 格式。

➢ 只有系统管理员和隶属于系统管理员组的用户才能启用权限。

以管理员用户账户登录服务器操作系统，在桌面的工具栏中双击打开“此电脑”。右击欲启用磁盘配额的分区或卷（比如：H 盘），在弹出的快捷菜单中选择“属性”即可查看到当前可用的磁盘空间。在打开的“H（H:）属性”对话框中单击“配额”选项卡，勾选“启用配额管理”和“拒绝将磁盘空间给超过配额限制的用户”两项，选择“将磁盘空间限制为”选项，输入磁盘空间限制和警告级别的数值（比如：10 MB），从下拉列表中选择适当的单位，并勾选“用户超出配额限制时记录事件”，如图 10－17 所示，单击“确定”按钮。

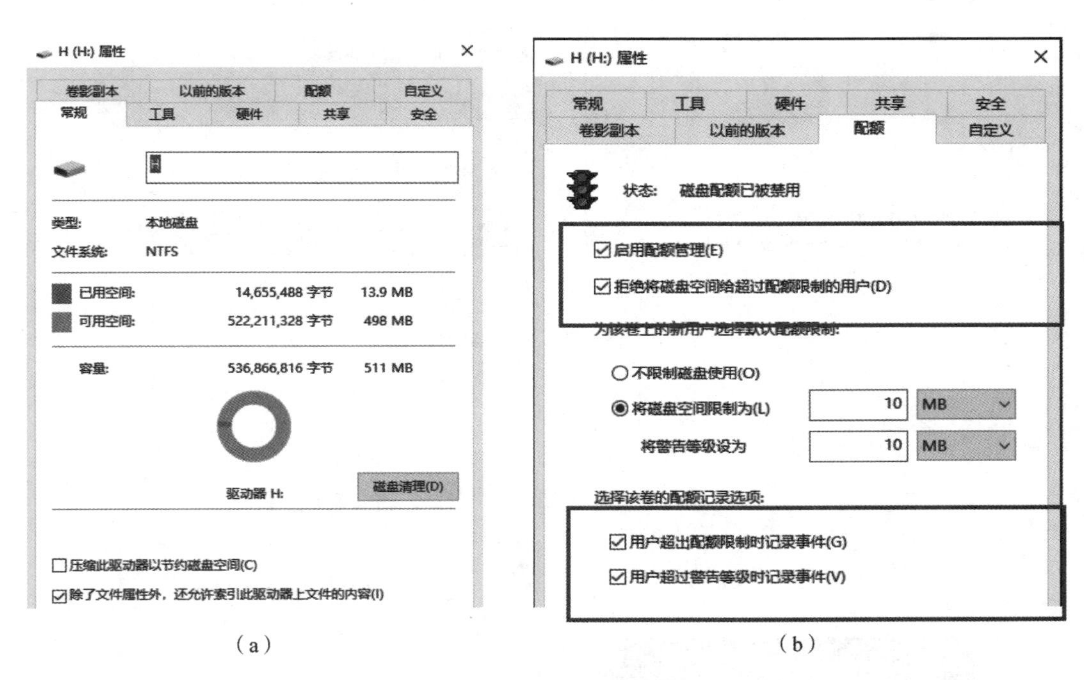

（a）　　　　　　（b）

图 10－17　用户启用磁盘配额

（a）查看可用空间；（b）启用磁盘配额

若是首次对某分区或卷启用磁盘配额，系统将显示扫描磁盘的“磁盘配额”提示框，单击“确定”按钮。

验证磁盘配额的有效性。新建普通用户账户（比如：helloworld）并登录系统，在桌面的工具栏下双击“此电脑”图标，右击已设置磁盘配额的分区或卷，在弹出的快捷菜单中选择“属性”，从打开的“H（H:）属性”对话框中可以看到相应磁盘的大小变为 10 MB。如果拷贝大于 10 MB 的文件到该磁盘下，系统提示“若要继续，请输入管理员用户名和密码”，如图 10－18 所示。同时，系统提示“我们已经打开了存储感知”，如图 10－19 所示。如果复制的文件大小没有超过可以使用的磁盘空间，则不会提示，证明磁盘配额设置已经对当前登录的用户生效。

2. *为特定用户指定磁盘配额*

刚才的操作针对所有的新用户进行磁盘配额的限定，若指对某一个用户账户进行指定配额，可以按照如下方法操作：

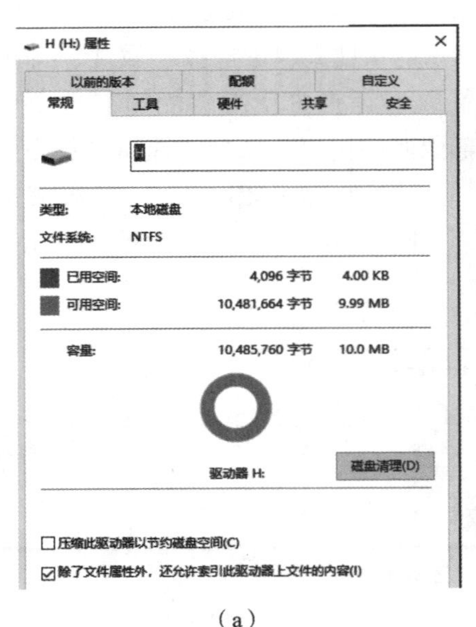

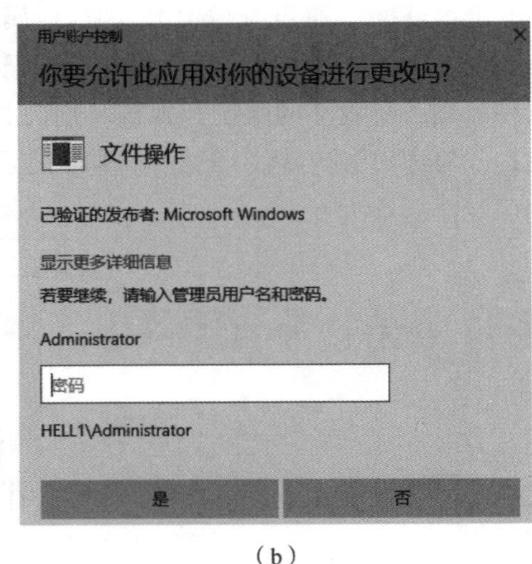

（a）　　　　　　　　（b）

图 10－18　验证用户磁盘配额

（a）查看可用空间；（b）超过磁盘配额

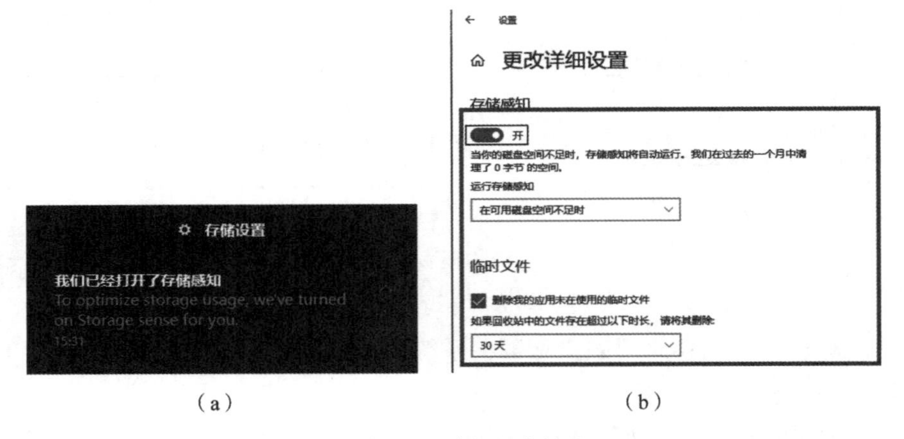

（a）　　　　　　　　（b）

图 10－19　系统提示存储感知

（a）提示存储设置；（b）查看存储信息

以管理员用户账户登录服务器操作系统，在桌面的工具栏中双击打开“此电脑”，右击欲启用磁盘配额的分区或卷（比如：H 盘），在弹出的快捷菜单中选择“属性”，即可查看到当前可用的磁盘空间。在打开的“H（H:）属性”对话框中，单击“配额”选项卡下的“配额项…”按钮，在“H（H:）的配额项”对话框中选择“新建配额项”，如图 10－20 所示。

选择用户账户（比如：renshi），并设置磁盘空间限制为 20 MB，单击“确定”按钮，系统返回“H（H:）的配额项”对话框，可以看到为“renshi”用户账户设置的磁盘配额，如图 10－21 所示。

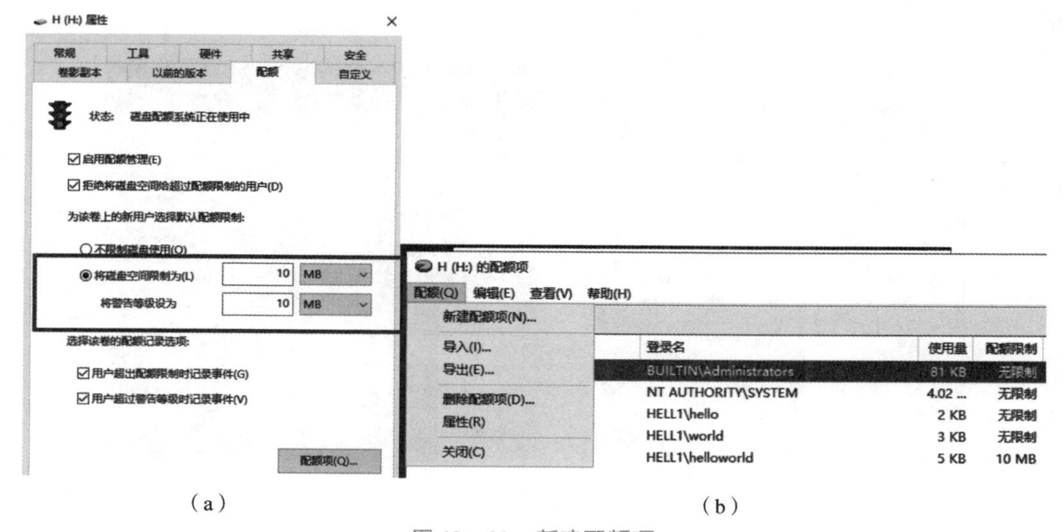

图 10－20　新建配额项

（a）配额项；（b）新建配额项

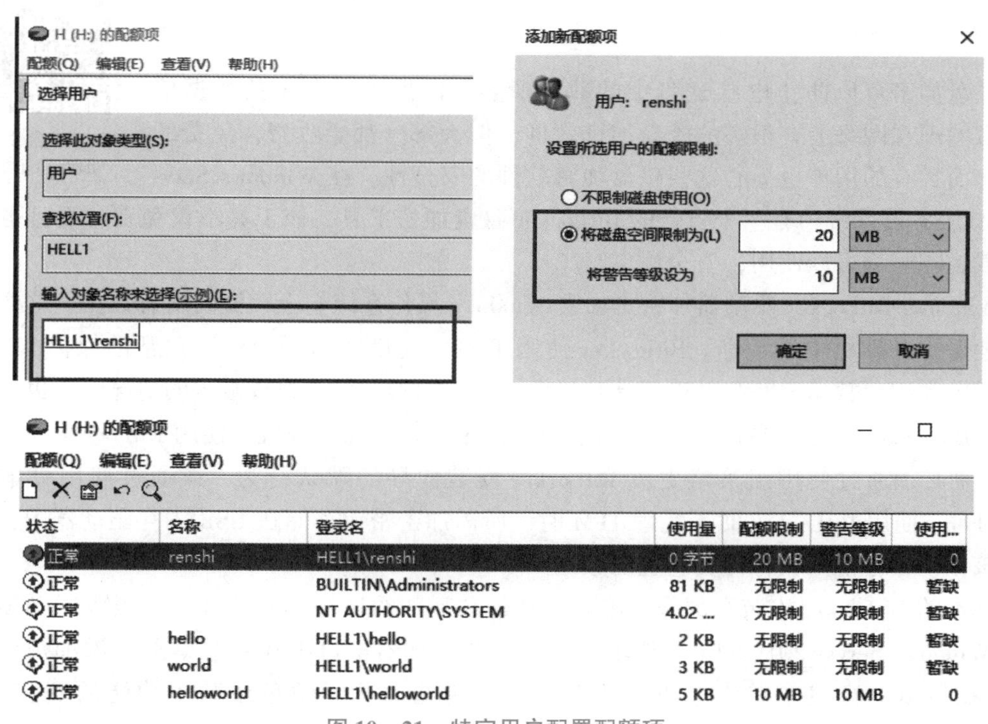

图 10－21　特定用户配置配额项

验证有效性：切换至设定过磁盘配额项的用户账户（renshi）登录系统，在桌面的工具栏中双击“此电脑”图标，右击已设置磁盘配额的分区或卷，在弹出的快捷菜单中选择“属性”，从打开的“H（H:）属性”对话框中可以看到相应磁盘的大小变为 20 MB。如果拷贝大于 20 MB 的文件到该磁盘下，系统提示“若要继续，请输入管理员用户和密码”，如图 10－22 所示。如果拷贝的文件大小没有超过可以使用的磁盘空间，则不会提示，证明磁盘配额设置已经对当前登录的用户生效。

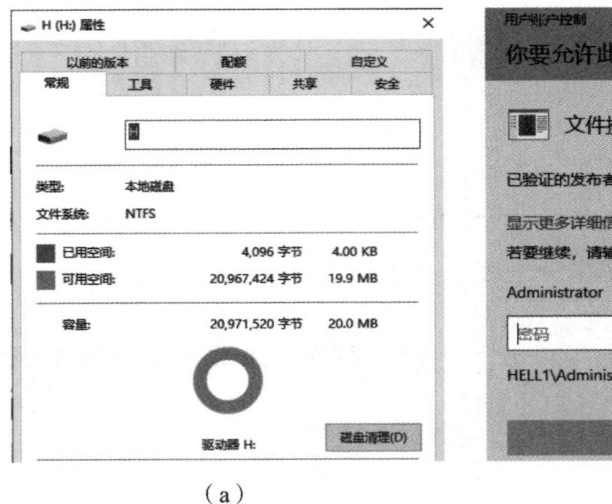

(a)

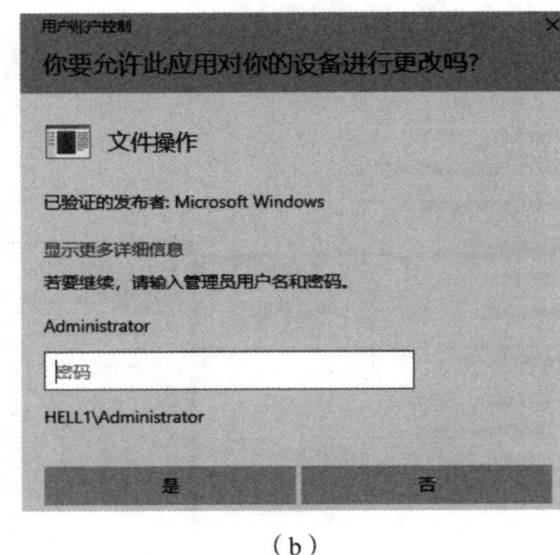

(b)

图 10－22　验证用户磁盘配额

(a) 查看可用空间；(b) 超过磁盘配额

任务 10－3　磁盘数据的加密

NTFS 磁盘数据的加密和压缩

磁盘加密可以防止电脑磁盘中的数据泄露，以保护磁盘中的数据信息。虽然现在网络上有很多的磁盘加密软件，但大部分都要收费，免费的很少，而且有的用户也担心这些磁盘加密软件的安全性。在 Windows Server 2019 服务器系统中有一个自带的 BitLocker 磁盘加密工具，该工具不仅免费，而且也不需要下载，随时都可以使用，安全性也高。

Windows BitLocker 驱动器加密是加密 Windows 操作系统卷上存储的所有数据，这样可以更好地保护计算机中的数据。BitLocker 使用 TPM（受信任的平台模块）帮助保护 Windows 操作系统和用户数据，并帮助确保计算机即使在无人参与、丢失或被盗的情况下，也不会被篡改。BitLocker 还可以在没有 TPM 的情况下使用。若要在计算机上使用 BitLocker 而不使用 TPM，则必须通过使用组策略更改 BitLocker 安装向导的默认行为，或通过使用脚本配置 BitLocker。使用 BitLocker 而不使用 TPM 时，所需加密密钥存储在 USB 闪存驱动器中，必须提供该驱动器才能解锁存储在卷上的数据。

基本的 BitLocker 安装和部署不需要外来的和特殊的硬件或者软件，该服务器必须满足支持 Windows Server 2019 的最低要求。在服务器管理器窗口中找到并单击“添加角色和功能”，在弹出的窗口中单击“下一步”按钮，勾选“基于角色或基于功能的安装”，如图 10－23 所示，继续下一步操作。

在选择目标服务器窗口中保持默认“从服务器池中选择服务器”不变，继续下一步。进入选择服务器角色窗口，服务器角色对话框内默认不用选择，继续下一步操作。进入选择功能窗口，勾选“BitLocker 驱动器加密”并添加功能，在确认安装所选内容窗口中核对安装的内容，如图 10－24 所示。系统进入功能安装阶段，安装完成后，返回“服务器管理器”窗口，并重新启动服务器。

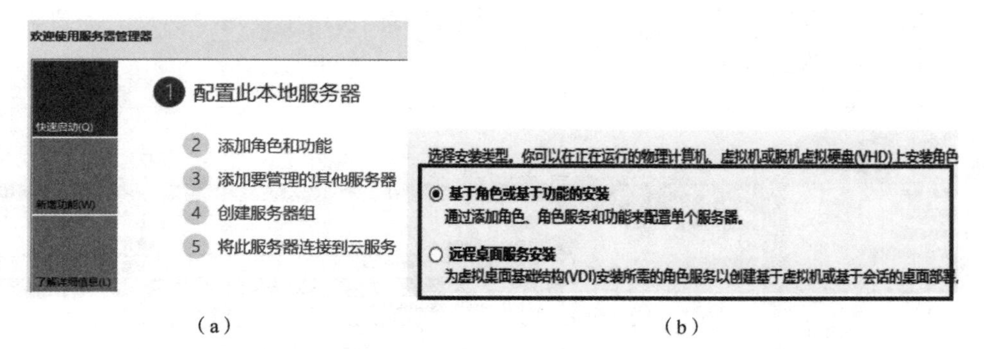

（a）　　　　　　　　　　（b）

图 10－23　添加角色和功能

（a）添加角色和功能；（b）基于角色或基于功能的安装

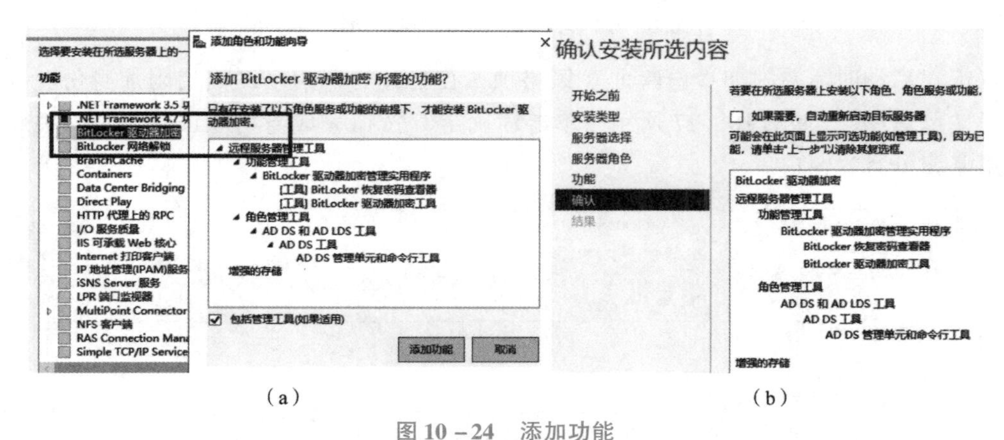

（a）　　　　　　　　　　（b）

图 10－24　添加功能

（a）添加 BitLocker 功能；（b）确认

重启服务器后，在桌面上按 Win + R 组合键打开“运行”窗口，并输入“gpedit. msc”命令。在“本地组策略编辑器”窗口中，依次点开“计算机配置”→“管理模板”→“Windows 组件”→“BitLocker 驱动器加密”列表，如图 10－25 所示。

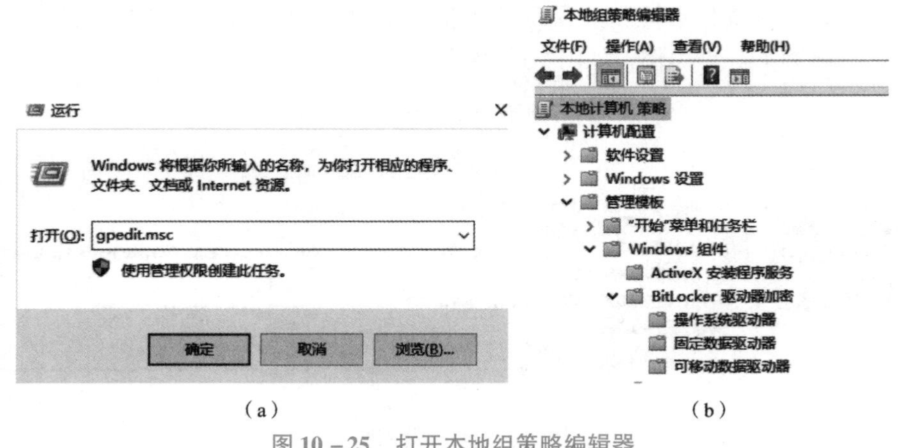

（a）　　　　　　　　　　（b）

图 10－25　打开本地组策略编辑器

（a）gpedit. msc 命令；（b）展开列表

在左侧窗格中选择“操作系统驱动器”，对应的右侧窗格中发现“启动时需要附加身份验证”策略项处于未配置状态，如图 10－26 所示。

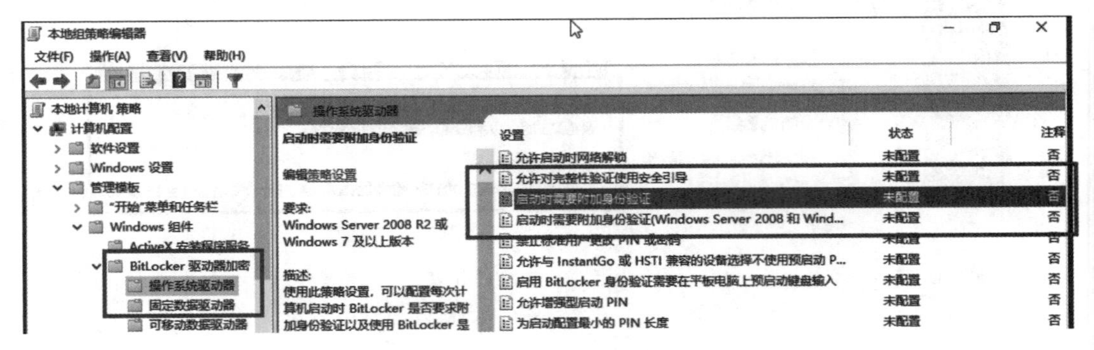

图 10－26　打开“操作系统驱动器”

双击“启动时需要附加身份验证”策略项，在打开的“启动时需要附加身份验证”界面选择“已启用”，如图 10－27 所示，单击“确定”按钮完成身份验证的启用。关闭“本地组策略编辑器”窗口。

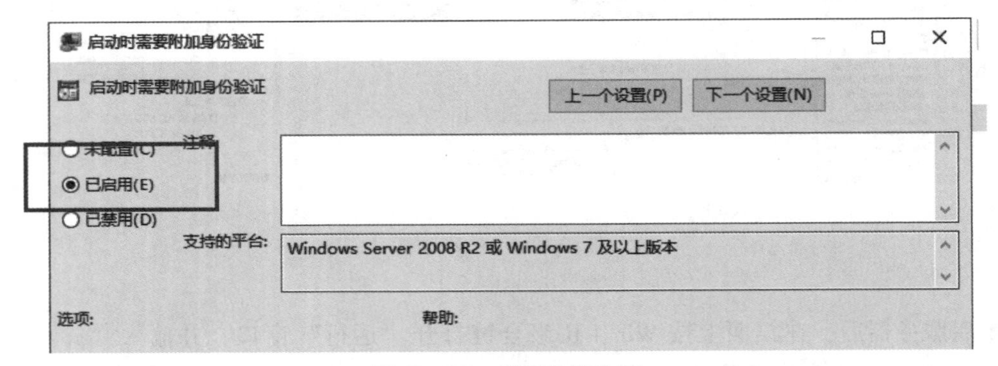

图 10－27　启用身份验证

在桌面的工具栏中双击“此电脑”，选择并右击要加密的磁盘（比如：C 盘），选择“启用 BitLocker”，系统自动检测并提示“选择启动时解锁你的驱动器的方式”，这里选择“输入密码”，继续下一步操作，如图 10－28 所示。

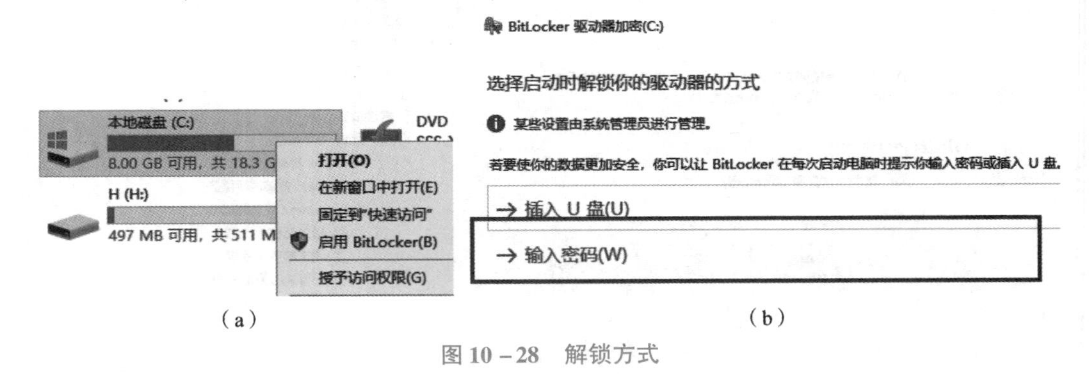

图 10－28　解锁方式

（a）启用 BitLocker；（b）选择驱动方式

一般情况下，用得最多的是密码加密方式，在“创建用于解锁此驱动器的密码”对话框中输入设定的密码，继续下一步操作。在“你希望如何备份恢复密钥?”窗口中提供了备份密钥的多种方式，这里选择“打印恢复密钥”，并选择文件的存储位置，如图 10－29 所示。

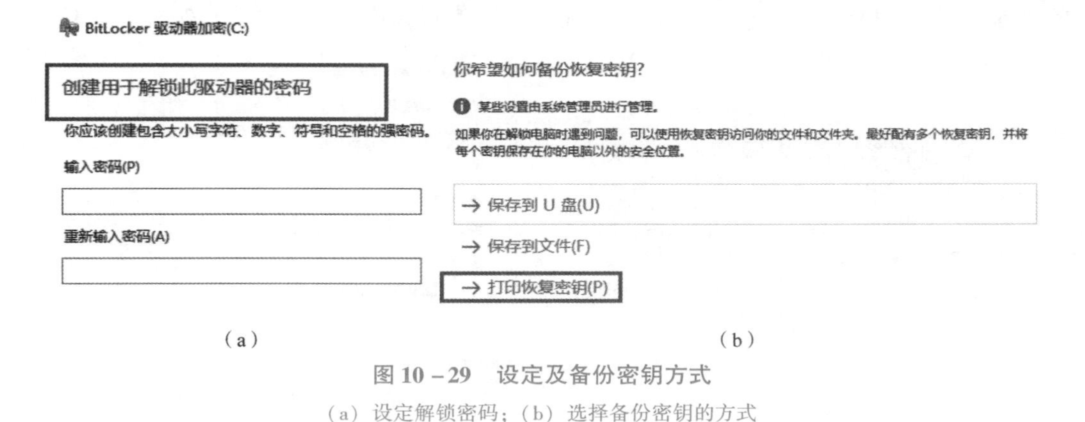

图 10－29　设定及备份密钥方式

(a) 设定解锁密码；(b) 选择备份密钥的方式

打印好密钥文件后，系统进入“选择要加密的驱动器空间大小”界面。根据需要，这里选择“仅加密已用磁盘空间”，继续下一步操作。在“选择要使用的加密模式”下选择加密的方式，这里选择“新加密模式”，如图 10－30 所示。

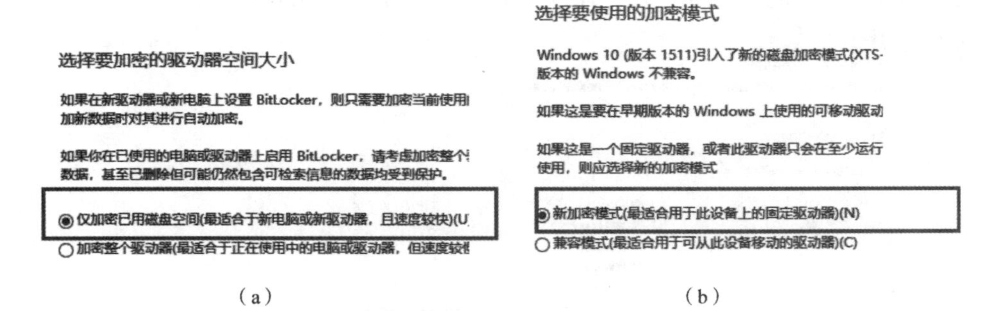

图 10－30　加密空间及模式的设定

(a) 加密空间设定；(b) 加密模式的设定

BitLocker 系统检查完成后，提示重新启动计算机。重新启动后，系统提示需要输入解锁密码，输入后进入服务器系统。再次打开“此电脑”，可看到开锁标志，如图 10－31 所示，此时就可以安心地用磁盘 C 来存储数据了，即使不小心丢了，别人没有密码也是无法看到里面的数据的，而下次重启则必须要输入密码才能解锁加密磁盘。

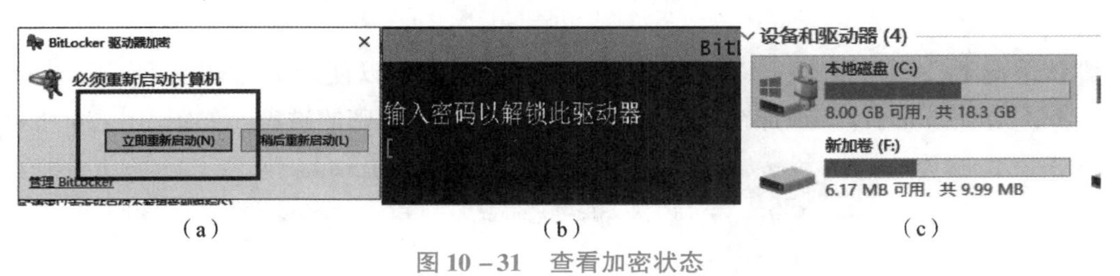

图 10－31　查看加密状态

(a) 重启服务器；(b) 输入解锁密码；(c) 处于加密状态

注意事项：这种加密方法安全性非常高，但不要因此就忽视了重要数据的保存工作，最重要的还是平常要保护好重要的文件。

右击加密的磁盘 C，在弹出的菜单中选择“更改 BitLocker 密码”，在“更改启动密码”窗口中输入旧密码及修改后的密码，单击“确定”按钮即可完成密码的更新，如图 10－32 所示。

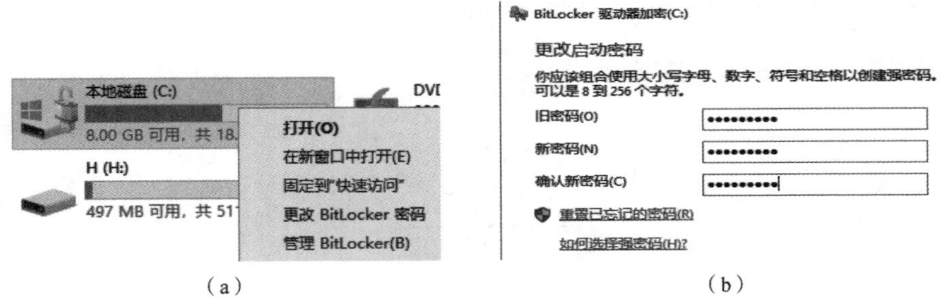

图 10－32 BitLocker 密码更新

（a）更改密码；（b）设置新密码

右击加密的磁盘 C，在弹出的菜单中选择“管理 BitLocker”。在打开的“BitLocker 驱动器加密”窗口中，可以对已经启用 BitLocker 的 C 盘进行“暂停保护”“更改密码”“删除密码”及“关闭 BitLocker”等管理操作，如图 10－33 所示。若要对未开启 BitLocker 的驱动器进行启用，单击驱动器（比如：H（H:））并选择“启用 BitLocker”，完成对其他驱动器 BitLocker 的启用。

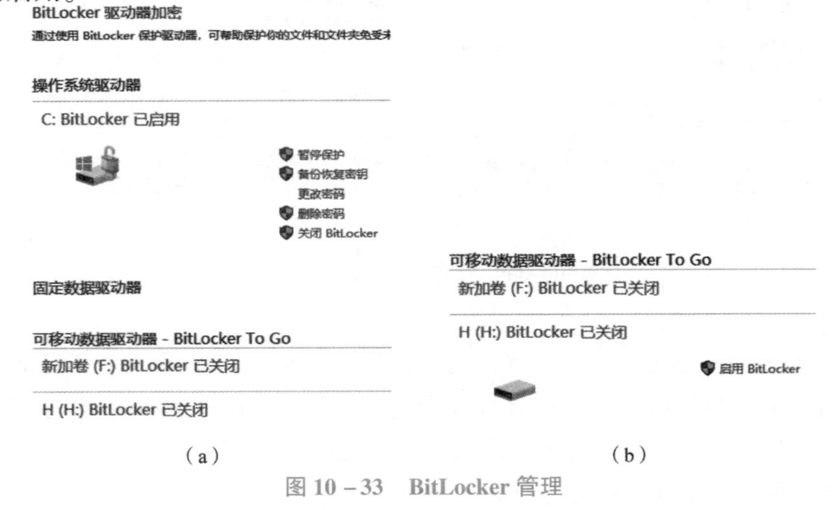

图 10－33 BitLocker 管理

（a）BitLocker 管理内容；（b）启用 BitLocker

默认情况下，注销时 BitLocker 是不会加锁磁盘的，可以使用命令“＞manage－bde －lock －ForceDismount H:”来加锁，这里的 H 是 BitLocker 加密的磁盘，如图 10－34 所示。

```
C:\Users\Administrator>manage-bde -lock -ForceDismount H:
BitLocker 驱动器加密: 配置工具版本 10.0.17763
版权所有 (C) 2013 Microsoft Corporation。保留所有权利。

卷 H: 现在已锁定
```

图 10－34 通过命令加锁

任务 10－4　磁盘数据的备份和恢复

公司架设的服务器中存储了大量的数据信息，为了避免由于故障导致丢失数据的情况发生，对服务器或服务器上重要的数据进行手工和自动备份，以便在发生故障时能够及时恢复。经常对服务器或客户机的硬盘中的数据进行备份，可以防止由磁盘故障、电力不足、病毒感染以及其他事故所造成的数据丢失，能够有效地恢复数据。

1. Windows Server 备份功能的安装

Windows Server 2019 的系统备份和恢复工具是系统自带的 Windows Server 备份，在默认情况下，其并未安装。安装操作如下：

在服务器桌面的工具栏中单击“服务器管理器”，在打开的“服务器管理器”窗口中选择“添加角色和功能”，阅读“开始之前”的注意事项后，继续下一步操作。在选择安装类型窗口中选择“基于角色或基于功能的安装”，如图 10－35 所示，继续下一步操作。

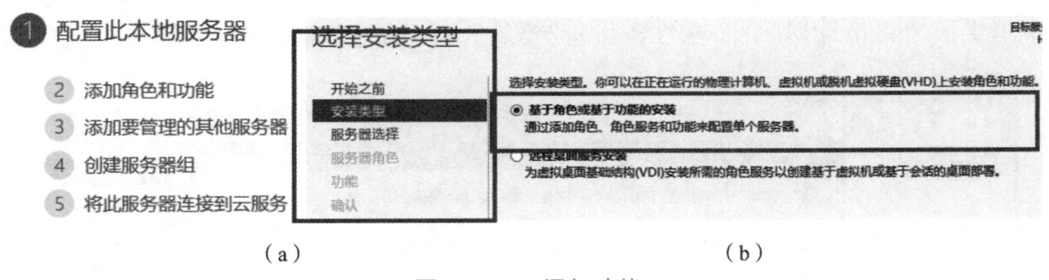

（a）　　（b）

图 10－35　添加功能

（a）添加角色和功能；（b）基于角色或基于功能的安装

在“服务器选择”和“服务器角色”窗口中，保持默认选择。继续下一步操作，在打开“功能”窗口中选择“Windows Server 备份”，如图 10－36 所示。在确认安装所选内容后，完成功能的安装。安装完成后，关闭窗口。

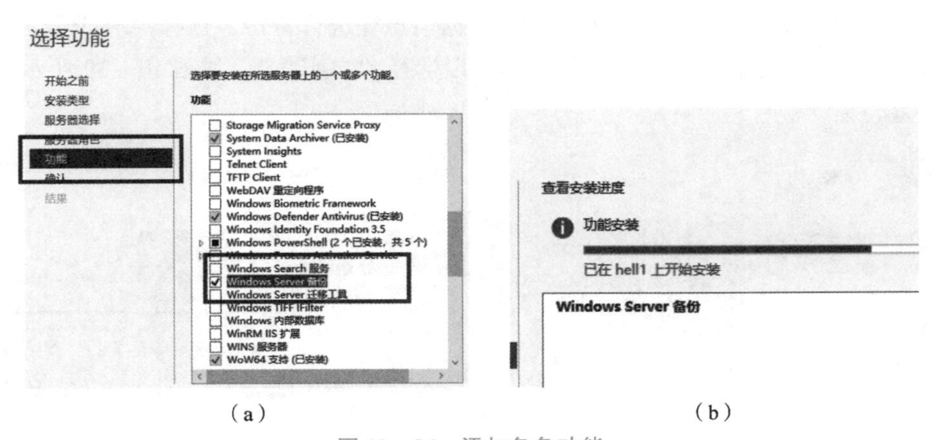

（a）　　（b）

图 10－36　添加角色功能

（a）添加功能；（b）功能安装

单击服务器桌面左下角的“开始”菜单，选择“Windows 管理工具”。在打开的“管理工具”窗口中找到“Windows Server 备份”，如图 10－37 所示，双击打开。

（a） （b）

图 10－37 打开 Windows Server 备份

（a）Windows 管理工具；（b）Windows Server 备份

在打开的“Windows Server 备份”的左侧窗格中，展开节点，选择“本地备份”。右侧窗格中提供了“备份计划”“一次性备份”“恢复”等功能，如图 10－38 所示。

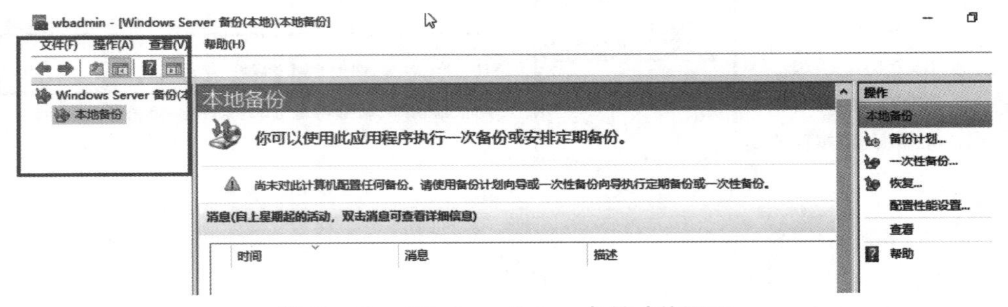

图 10－38 Windows Server 备份功能页面

选择“备份计划”即可打开“备份计划向导”窗口，阅读备份前需要注意的事项，继续下一步操作。在打开的“选择备份配置”窗口中，提供了备份“整个服务器”和“自定义”两种选择。若要对整个服务器的系统及数据信息等进行备份，选择“整个服务器”；若要对服务器中的某些数据信息进行备份，则可以选择“自定义”，如图 10－39 所示。

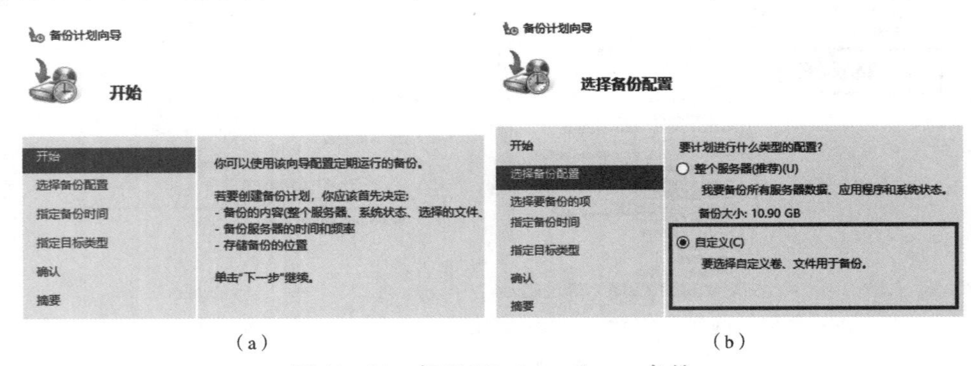

（a） （b）

图 10－39 打开 Windows Server 备份

（a）Windows 管理工具；（b）Windows Server 备份

比如选择“自定义”，在打开的“选择要备份的项”窗口中，通过单击“添加项目”按钮，选择想要备份的项目（比如：H 盘），继续操作。系统返回“选择要备份的项”窗口，即可看到备份的项目名称，如图 10－40 所示。

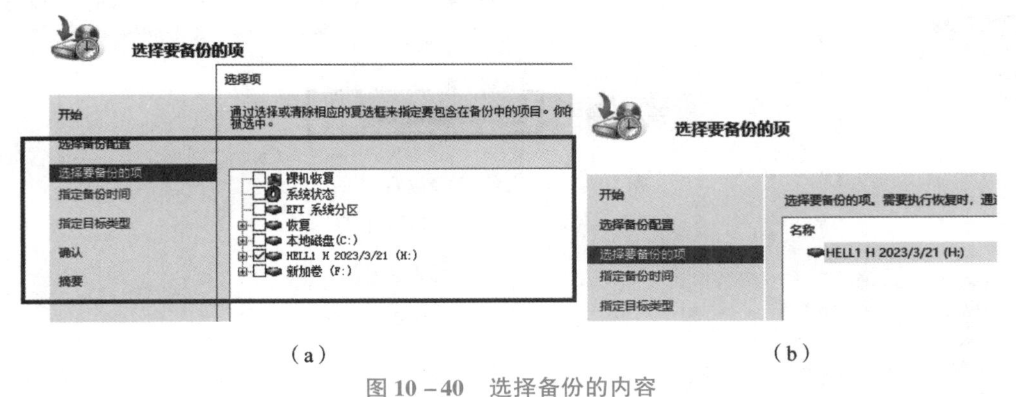

（a）　　　　（b）

图 10－40　选择备份的内容

（a）选择要备份的项目；（b）备份的项目

选择要备份的内容，继续下一步操作。打开“指定备份时间”窗口，系统提供了“每日一次”和“每日多次”的备份频率时间点。若每日固定备份一次，选择“每日一次”；若每日计划在固定的时间点备份多次，则选择“每日多次”。选择“每日多次”，并添加可用时间到计划时间列表中，继续下一步操作。打开“指定目标类型”窗口，右侧窗格中提供了存储备份位置的选项，包括“备份到专用于备份的硬盘”“备份到卷”及“备份到共享网络文件夹”，如图 10－41 所示。

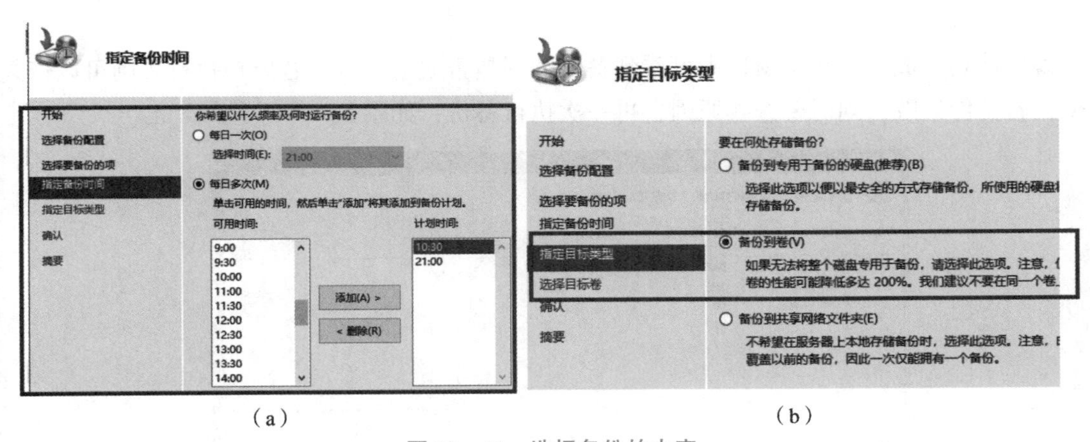

（a）　　　　（b）

图 10－41　选择备份的内容

（a）指定备份时间；（b）选择备份的存储位置

比如选择“备份到卷”，继续操作。在“选择目标卷”窗口中，选择备份内容的存储位置，通过单击“确定”按钮，指定备份的存储位置（比如：C 盘），确定后即可看到存储的卷信息，如图 10－42 所示。

确认备份计划的操作信息，确认无误后，完成备份计划的创建并提示最近一次的备份计划发生的时间，如图 10－43 所示。

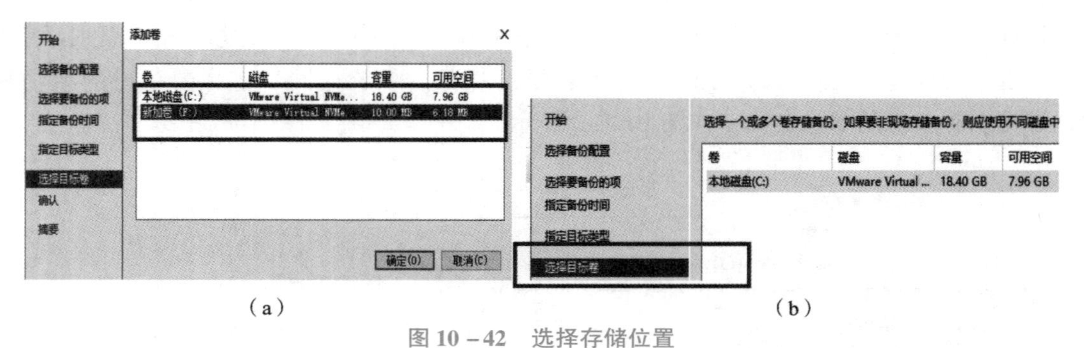

（a）　　　　　　　　　　　　　　　　（b）

图 10 – 42　选择存储位置

（a）选择目标位置；（b）存储位置信息

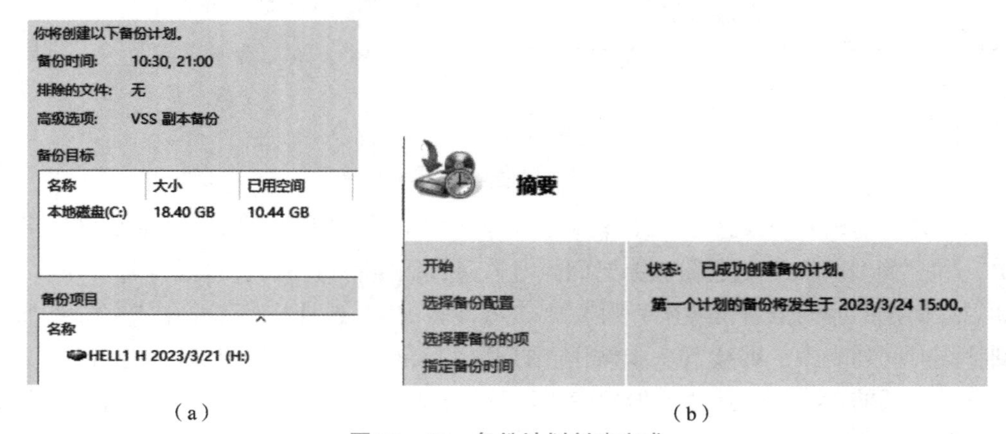

（a）　　　　　　　　　　　　　　　　（b）

图 10 – 43　备份计划创建完成

（a）备份计划信息；（b）备份计划摘要

备份计划完成后，在主窗口中可看到备份计划是否成功执行。若成功执行，则可以恢复数据；若备份失败，则需要查找原因，再一次执行备份，如图 10 – 44 所示。

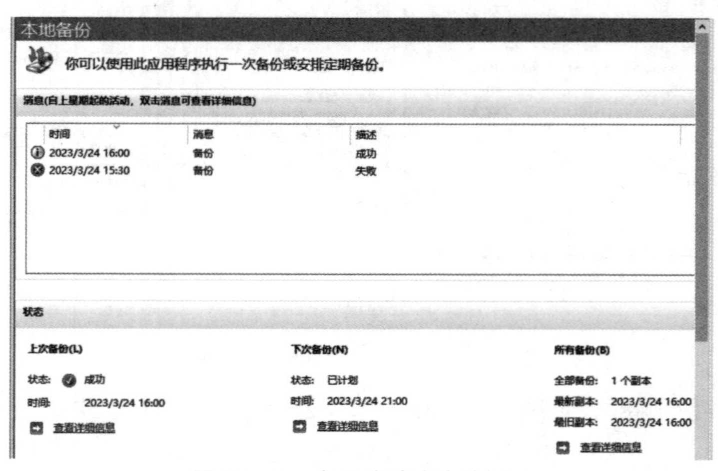

图 10 – 44　备份成功或失败提示

2. 服务器及磁盘数据的恢复

利用 Windows Server 备份的项目可以恢复文件、文件夹、磁盘（卷）、操作系统或整台

服务器，具体恢复操作过程如下：

单击服务器桌面左下角的“开始”菜单，选择“Windows 管理工具”。在打开的“管理工具”窗口中找到“Windows Server 备份”，双击打开。在打开的“Windows Server 备份”的左侧窗格中，展开节点，选择“本地备份”。在右侧窗格中选择“恢复”。在打开的恢复“开始”界面中，选择用于恢复的备份存储在什么位置。如果在制作备份计划的过程中，将备份项目备份到本服务器上的卷，则这里选择“此服务器”；若在制作备份计划的过程中，将备份项目备份到外部的存储设备上，则这里需要选择“在其他位置存储备份”。由于本服务器在制作备份计划的过程中将备份项目存储到卷，所以这里选择“此服务器”，如图 10－45 所示。继续下一步操作，打开“选择备份日期”界面，根据备份计划，选择用于恢复的备份日期和时间。

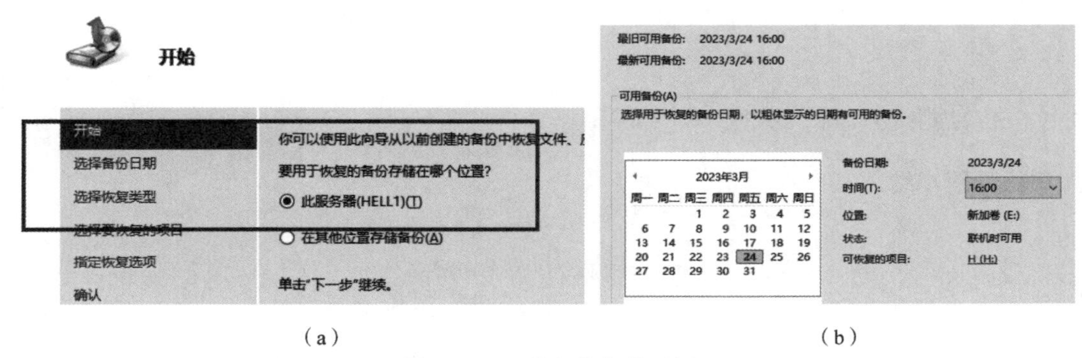

（a）　　　　　　　　　　（b）

图 10－45　恢复的备份时间

（a）选择备份的位置；（b）备份计划的时间

打开“选择恢复类型”窗口，根据恢复内容的需要选择要恢复的内容，这里选择“卷”，继续下一步操作。在“选择卷”窗口中，根据备份计划的内容，选择目标卷及源卷，如图 10－46 所示，继续下一步操作。

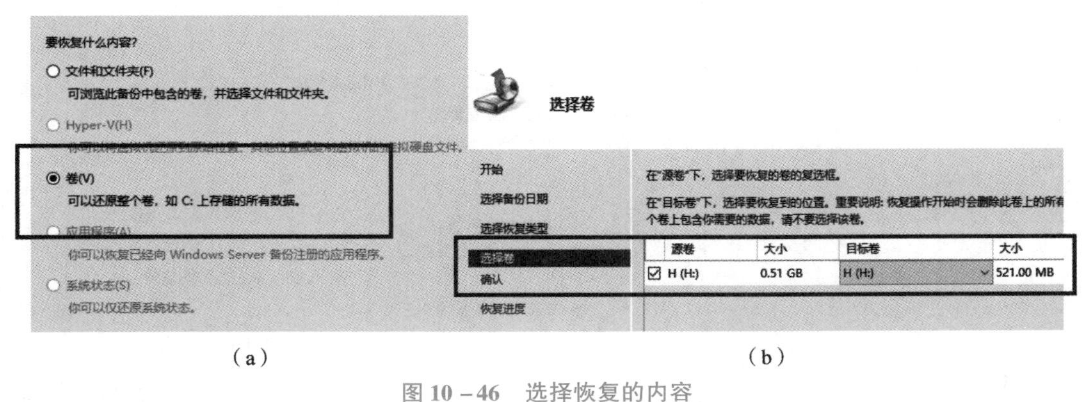

（a）　　　　　　　　　　（b）

图 10－46　选择恢复的内容

（a）恢复卷；（b）目标卷及源卷

在恢复前，系统提示“目标卷数据丢失”，阅读后继续恢复操作，确认恢复的内容进行数据的恢复，系统提示“卷恢复进度”。恢复完成后，主窗口显示恢复的状态信息，如图 10－47 所示。

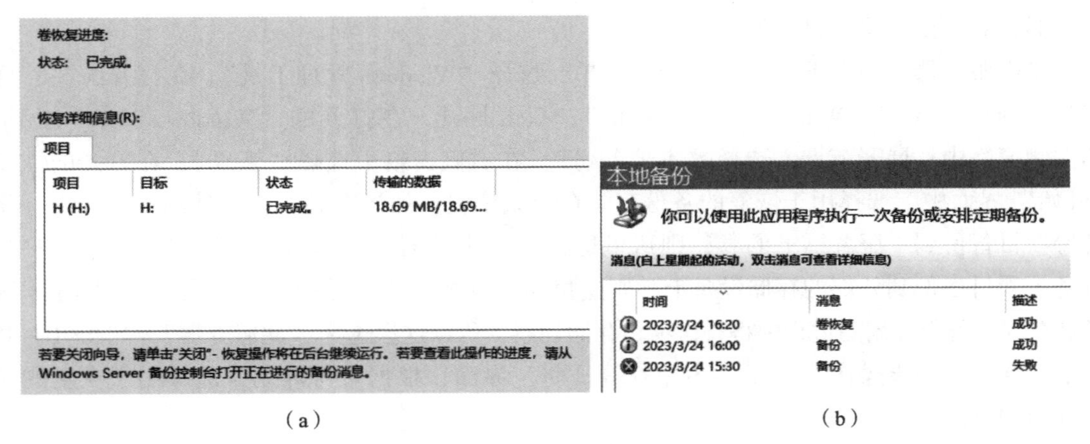

（a） （b）

图 10－47 恢复进度

（a）卷恢复进度；（b）恢复完成后的提示信息

【任务小结与测试】

思维导图小结

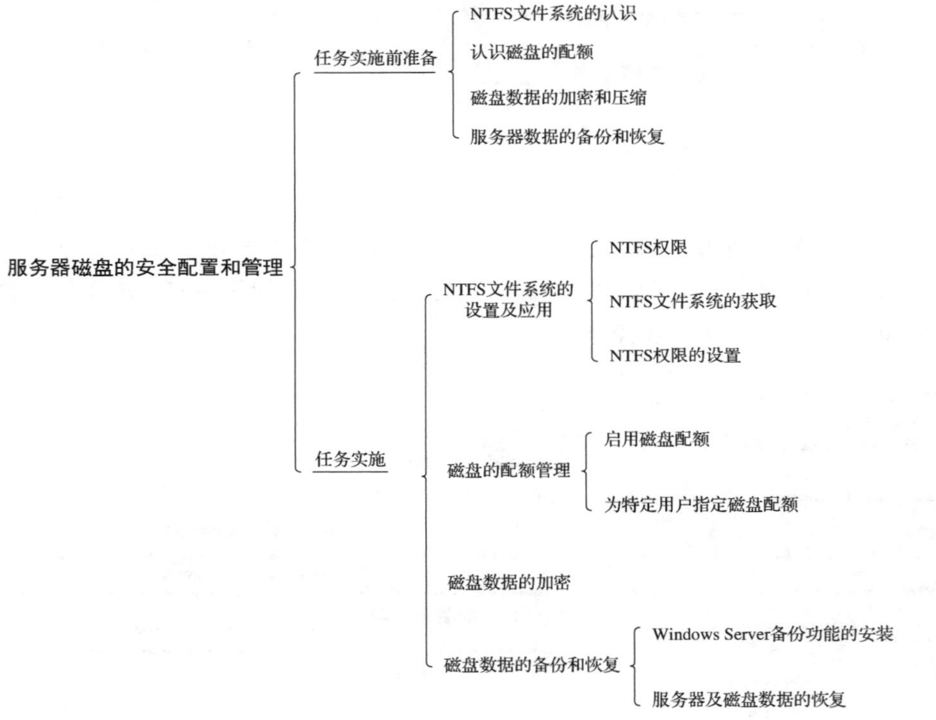

测试

小结在线测试

1. 有一台系统为 Windows Server 2019 的文件服务器，该服务器上的所有分区都是 NTFS 格式，在 D 分区上有一个文件夹 hello，管理员将该文件夹移动到桌面上，该文件的权限为（　　）。

A. 保持原有的 NTFS 权限　　B. 根据 D 分区是否为系统分区确定

C. 集成桌面的 NTFS 权限设置　　D. 清空所有的权限设置

2. 想要每天备份 3 次数据，最便捷的方式是（　　）。

A. 每天下班前手动备份一次

B. 创建一个备份计划，设置每天 12:00 时和 21:00 时备份数据

C. 每天下班前手动克隆一遍文件服务器

D. 每天下班前手动备份一次服务器上新发生的数据

3. 关于 Windows Server 的备份功能，下列描述正确的是（　　）。

A. 只能备份整个卷，不能单独备份某个文件夹或文件

B. 支持备份 FAT 格式的磁盘

C. 虽然不支持备份单个文件夹或文件，但是支持恢复单个文件夹或文件

D. 如果运行计划备份，不需要有一个磁盘专门用于存储备份数据

4. 在安装 Windows Server 2008 时，应该选择的分区类型是（　　）。

A. FAT　　B. FAT32　　C. NTFS　　D. EXT3

5. user1 是组 group1 和组 group2 的成员，组 group1 对文件夹 temp 的 NTFS 权限是“完全控制”，组 group2 对文件夹 NTFS 权限是“拒绝完全控制”，当 user1 从网络访问文件夹 temp 时，它的有效权限是（　　）。

A. 读取　　B. 修改　　C. 读取和修改　　D. 拒绝完全控制

6. 简单描述磁盘文件系统格式有几种。

【答疑解惑】

大家在学习过程中是否遇到什么困惑的问题？扫扫看是否能够得到解决。

【任务工单与评价】

任务工单与评价

<table>
<tr><td colspan="8">考核任务名称：服务器磁盘的安全配置和管理</td></tr>
<tr><td>班级</td><td></td><td>姓名</td><td colspan="2"></td><td>学号</td><td colspan="2"></td></tr>
<tr><td>组间评价</td><td></td><td>组内互评</td><td></td><td>教师评价</td><td></td><td>成绩</td><td></td></tr>
<tr><td>任务要求</td><td colspan="7">服务器磁盘的安全配置和管理，具体要求如下：
1. 压缩磁盘 0，压缩空间大小为 2 048 MB。
2. 在磁盘 0 上创建主分区 E，空间大小为 100 MB，文件系统类型为 NTFS。
3. 通过 diskpart 命令创建扩展分区，并在扩展分区上创建 2 个逻辑分区，文件系统类型为 NTFS，并指派驱动器号。
4. 删除主分区 E。</td></tr>
</table>

续表

<table>
<tr><td>任务要求</td><td>5. 扩展逻辑分区的空间。
6. 将磁盘 0 转换为动态磁盘。
7. 用管理员账户登录，利用磁盘管理工具创建 NTFS 格式的 E 盘和 F 盘。
8. 安装 Windows Server 备份组件；在 E 盘下创建几个文本及文件夹：1. txt、2. txt、hello；使用完全备份来备份 E 盘所在卷的备份计划。
9. 备份到 F 盘下；删除 E 盘下的文本及文件夹；恢复备份文件，查看 E 盘下的文本和文件夹是否恢复。</td></tr>
<tr><td rowspan="2">任务完成过程记录</td><td>操作过程：</td></tr>
<tr><td>操作过程中遇到的问题：</td></tr>
<tr><td>小结</td><td>（将自己学习本任务的心得简要叙述一下，表述清楚即可）</td></tr>
</table>

任务评价分值

评价类型	占比/%	评价内容	分值
知识与技能	60	服务器硬盘分区	10
		基本磁盘与动态磁盘的转换	10
		创建与管理磁盘	10
		磁盘配额	10
		NTFS 分区上数据的压缩与加密	10
		NTFS 文件权限的管理	10

续表

评价类型	占比/%	评价内容	分值
素质与思政	40	按时完成，认真填写任务工单	5
		任务工单内容操作标准、规范	5
		保持机位的卫生	5
		小组分工合理，成员之间相互帮助，提出创新性的问题	5
		按时出勤，不迟到早退	5
		参与课堂活动	5
		完成课后任务拓展	10

【拓展训练】

科学家创造出了世界最小的存储单元，其利用单个原子，体积小到不可思议。扫码了解一下吧。

任务十一　服务器的安全配置和管理

【任务背景】

使用安全策略构筑访问安全

对于企业来说，服务器是不可或缺的资源，服务器的安全关系到公司整个网络和所有数据的安全。特别是进入互联网时代之后，服务器的保护就更加重要了。随着技术的不断创新，各种病毒层出不穷，网站安全、服务器安全等问题也日益突出，因此，在服务器安全方面，掌握软件及与操作系统相关的安全性配置和管理至关重要。在日常的工作中，网络安全管理员需要做好系统数据的备份和日常杀毒、服务器系统的安全加固、防火墙及安全策略的配置等，保护服务器的安全。

【任务介绍】

为了提高服务器网络的安全性，本任务要求同学：

①能对 Web 服务器进行基本的安全管理与配置。

②能根据服务器运行的实际情况，对服务器系统进行安全加固。

③通过防火墙及常用的安全策略（账户策略、审核策略）等进行安全设置，构筑访问安全屏障。

【任务目标】

1. 知识目标

①掌握 Web 服务器安全配置与管理的方法。

②掌握防火墙及常见安全策略的配置方法。

③掌握服务器系统加固常用的方法及服务器加固的内容。

2. 技能目标

①能对 Web 服务器进行基本的安全管理与配置。

②能根据服务器运行的实际情况，对服务器系统进行安全加固。

③通过防火墙及常用的安全策略（账户策略、审核策略）等进行安全设置，构筑访问安全屏障。

3. 素质与思政目标

①感受国家的强大，培养学生的家国情怀，认识到网络安全的重要作用，提升竞争意识、创新意识。

②遵守国家法律法规，树立规矩意识，养成良好的网络运维管理员的职业素养。

③树立热爱劳动、崇尚劳动的态度和精益求精的工匠精神。

【任务实施前准备】

1. 网络安全的认识

网络安全是指网络系统的硬件、软件及其系统中的数据受到保护，不因偶然的或者恶意的原因而遭受到破坏、更改、泄露，系统连续、可靠、正常地运行，网络服务不中断。

随着互联网的迅速普及，局域网应用已成为企业发展中必不可少的一部分。然而，在感受网络所带来的便利的同时，也面临着各种各样的进攻和威胁：机密泄露、数据丢失、网络滥用、身份冒用、非法入侵……有些企业建立了相应的局域网络安全系统，并制定了相应的网络安全使用制度，但在实际使用中，由于用户对操作系统安全使用策略的配置及各种技术选项意义不明确，各种安全工具得不到正确的使用，系统漏洞、违规软件、病毒、恶意代码入侵等现象层出不穷，导致用户计算机操作系统达不到等级标准要求的安全等级。

在工作中，为了保证服务器的安全，可以从以下几方面进行防护：

（1）从基本做起，及时安装系统补丁

不论是 Windows 还是 Linux，任何操作系统都有漏洞，及时打上补丁以避免漏洞被蓄意攻击、利用，是服务器安全较重要工作内容的之一。

（2）安装和设置防火墙

现在有很多基于硬件或软件的防火墙，很多安全厂商也推出了相关产品。对于服务器安全，必须安装防火墙，防火墙对非法访问具有很好的预防作用，但防火墙不等于服务器的安全性。在安装防火墙后，需要根据自己的网络环境配置防火墙，以达到较佳的保护效果。

（3）安装网络杀毒软件

现在网络病毒的泛滥，要求在网络服务器上安装网络版杀毒软件来控制病毒的传播。同时，在使用网络杀毒软件时，必须定期更新杀毒软件，并及时更新病毒库。

（4）关闭不需要的服务和端口

在服务器操作系统的安装中，会启动一些不需要的服务，这样会占用系统的资源，也会

增加系统的安全隐患。一段时间不使用的服务器，可以有效关闭；本期使用的服务器，也应该关闭不需要的服务，如 Telnet 等。此外，还需关闭不必要的 TCP 端口。

（5）定期对服务器进行备份

为了防止系统故障或非法操作，系统必须由系统备份。除了完整的系统备份外，还应对每周修改后的数据进行备份。同时，应该将重要的系统文件保存在不同的服务器上，以便在系统崩溃时（通常是硬盘错误）可以及时返回正常状态。

（6）账号和密码保护

账号和密码保护可以说是服务器系统的安全防线，目前网络服务器系统的大多数攻击都是从一开始就被拦截或猜测的密码。一旦黑客进入系统，那么前面的防御措施几乎就失去了作用，所以，服务器系统管理员账号和密码管理是系统安全的重要措施。而如果密码设置得足够复杂，就会需要大量的时间来进行密码尝试，也许在密码未破解完成，服务器就已经进入保护模式，不允许登录。

（7）监测系统日志

通过运行系统日志程序，系统会记录下所有用户使用系统的情形，包括较近登录时间、使用的账号、进行的活动等。日志程序会定期生成报表，通过对报表进行分析，可以知道是否有异常现象。

2. 防火墙的认识

“防火墙”是指一种将内部网和公众访问网（如 Internet）分开的方法，它实际上是一种建立在现代通信网络技术和信息安全技术基础上的应用型安全技术、隔离技术。其越来越多地应用于专用网络与公用网络的互联环境之中。

防火墙主要是借助硬件和软件的作用，在内部和外部网络的环境间产生一种保护的屏障，从而实现对计算机不安全网络因素的阻断。只有在防火墙同意情况下，用户才能够进入计算机内；如果不同意，就会被阻挡于外。防火墙技术的警报功能十分强大，在外部的用户要进入计算机内时，防火墙就会迅速发出相应的警报，并提醒用户的行为，同时进行自我判断来决定是否允许外部的用户进入内部。只要是在网络环境内的用户，这种防火墙都能够进行有效的查询，同时把查到的信息对用户显示。用户需要按照自身需要对防火墙实施相应设置，对不允许的用户行为进行阻断。通过防火墙，还能够对信息数据的流量实施有效查看，并且能够对数据信息的上传和下载速度进行掌握，便于用户对计算机的使用情况进行良好的控制判断。计算机的内部情况也可以通过这种防火墙进行查看。其还具有启动与关闭程序的功能，而计算机系统具有的日志功能，其实也是防火墙对计算机的内部系统实时安全情况与每日流量情况进行的总结和整理。

防火墙是在两个网络通信时执行的一种访问控制尺度，能最大限度阻止网络中的黑客访问。它是不同网络或网络安全域之间信息的唯一出入口，能根据企业的安全政策控制（允许、拒绝、监测）出入网络的信息流，并且本身具有较强的抗攻击能力。它是提供信息安全服务，实现网络和信息安全的基础设施。在逻辑上，防火墙是一个分离器，一个限制器，也是一个分析器，有效地监控了内部网和 Internet 之间的任何活动，保证了内部网络的安全。

【任务实施】

任务 11－1　Windows 服务器安全基线的加固

基线：一般指配置和管理系统的详细描述，或者说是最低的安全要求，包括服务和应用程序设置、操作系统组件的配置、权限和权利分配、管理规则等。

服务器安全基线：是指为满足安全规范要求，服务器安全配置必须达到的标准。一般通过检查各安全配置参数是否符合标准来度量。主要包括了账号配置安全、口令配置安全、授权配置、日志配置、IP 通信配置等方面内容，这些安全配置直接反映了系统自身的安全脆弱性。

安全基线的意义：通过在系统生命周期不同阶段对目标系统展开各类安全检查，找出不符合基线定义的安全配置项，并选择和实施安全措施来控制安全风险。同时，通过对历史数据的分析来获得系统安全状态和变化趋势。

针对服务器主机的安全基线检查，可以从以下几方面操作。

1. 账户策略

（1）密码复杂度策略

在服务器桌面上，按 Win＋R 组合键打开“运行”窗口，输入命令“secpol. msc”并回车，即可打开“本地安全策略”窗口，如图 11－1 所示。

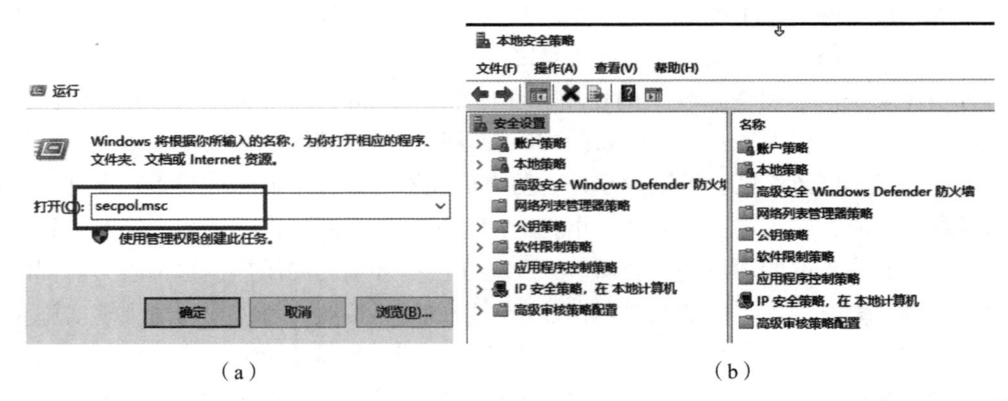

（a）　　　　（b）

图 11－1　打开本地安全策略窗口

（a）输入“secpol. msc”；（b）本地安全策略

在左侧窗格中，展开“账户策略”下的“密码策略”，为提高密码复杂度的要求，安全配置建议“密码必须符合复杂性要求：已启用；密码长度最小值：8 个字符；密码最短使用期限：30 天；密码最长使用期限：42 天；强制密码历史：1 个记住的密码”，如图 11－2 所示。需要注意的是，当账户勾选了“密码永不过期”，则密码有效期策略将会失效。

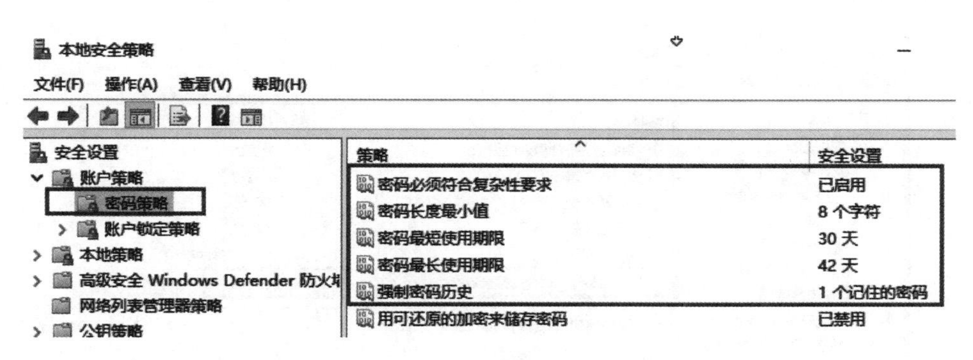

图 11－2　密码复杂度的设置

(2) 账户锁定策略

在打开的“本地安全策略”窗口中，展开“账户策略”下的“账户锁定策略”，设置合理的登录失败限制策略，再加上足够复杂的密码，可以有效抵御暴力破解的攻击。设定在用户账户 3 次无效登录后锁定，并设置锁定的时间为 30 分钟，重置账户锁定计数器为 30 分钟，如图 11－3 所示。

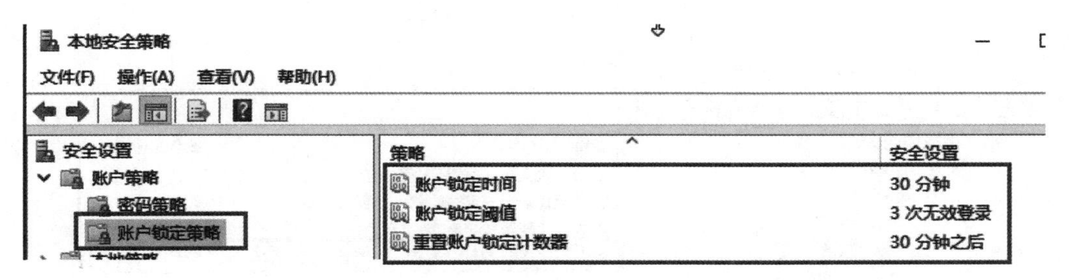

图 11－3　账户锁定策略的设置

(3) 不启用可还原的加密来存储密码

在打开的“本地安全策略”窗口中，展开“账户策略”下的“密码策略”，不启用可还原的加密来存储密码，防止获得明文密码，在右侧窗格中选择“用可还原的加密来储存密码”，并设置为“禁用”状态，如图 11－4 所示。

2. 安全选项

(1) 用户过期提示

在服务器桌面上，按 Win＋R 组合键打开“运行”窗口，输入命令“secpol. msc”并按 Enter 键，即可打开“本地安全策略”窗口。在左侧窗格中展开“本地策略”下的“安全选项”。为了提高用户账户的安全性，在用户账户密码到期前提示修改，可设置密码到期提示更换密码。在右侧的窗格中选择“交互式登录：提示用户在过期之前更改密码”，设置提示的时间为 5 天，如图 11－5 所示。

(2) 限制匿名用户的连接

检查是否限制匿名用户连接权限，防止远程枚举本地账号和共享。在“安全选项”的右侧窗格中，设置“网络访问：不允许 SAM 账户和共享的匿名枚举”为禁用状态，如图 11－6 所示。

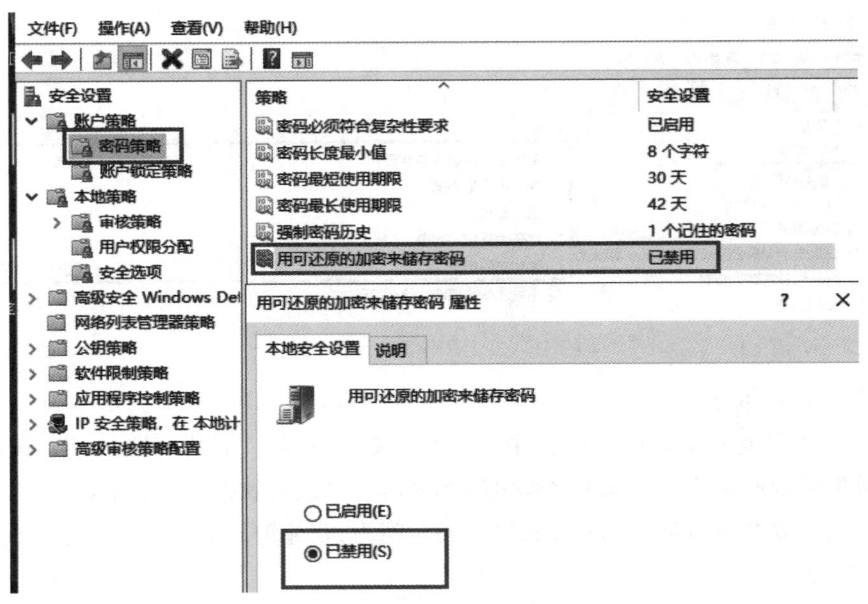

图 11-4 不启用可还原的加密

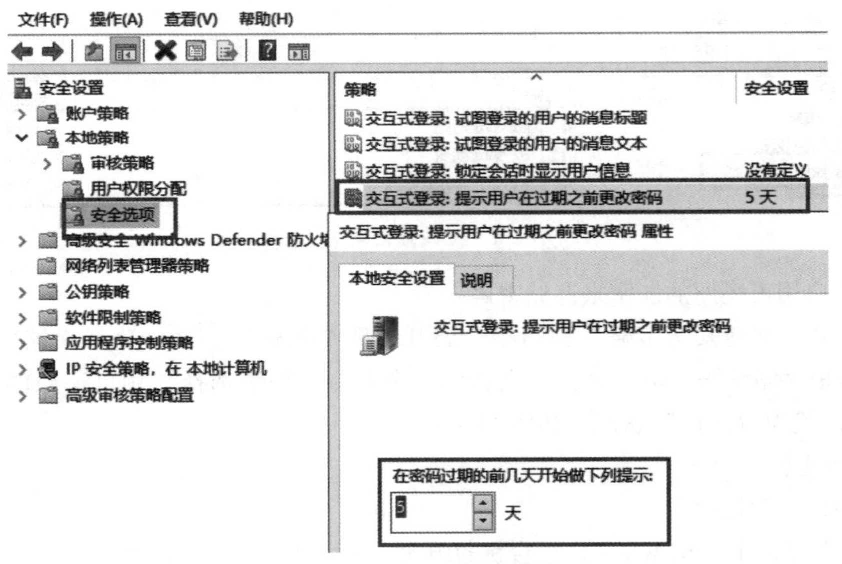

图 11-5 密码过期前提示

(3) 域成员禁用更改账户密码

在“安全选项”的右侧窗格中，设置“域成员：禁用计算机账户密码更改”为禁用状态，如图 11-7 所示。

(4) 关机前清理虚拟内存页面

在左侧窗格中展开“本地策略”下的“安全选项”。在关闭服务器前，应清除虚拟内存页面，以保护暂存在缓存中的数据。在右侧窗格中设置“关机：清除虚拟内存页面文件”为启用状态，如图 11-8 所示。

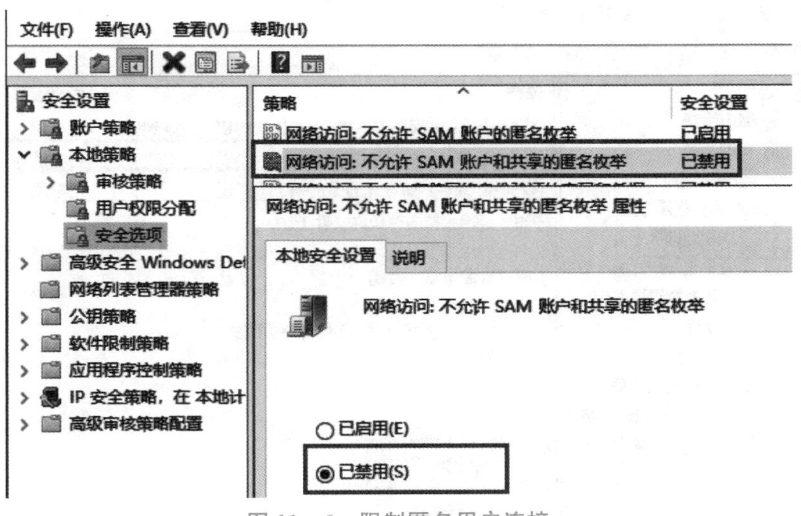

图 11－6　限制匿名用户连接

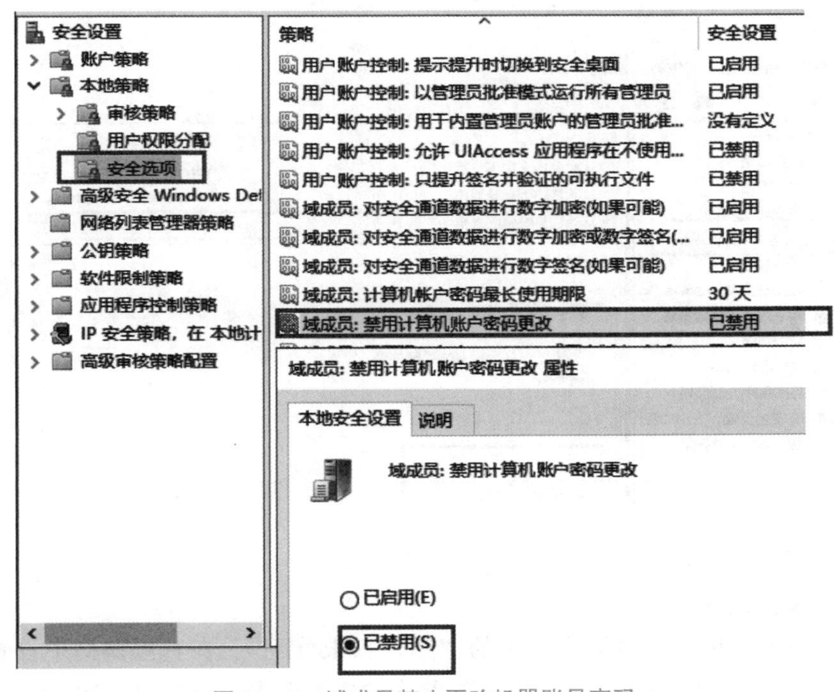

图 11－7　域成员禁止更改机器账号密码

3. 用户权限分配

(1) 远程关机授权

在服务器桌面上，按 Win＋R 组合键打开“运行”窗口，输入命令“secpol. msc”并按 Enter 键，即可打开“本地安全策略”窗口。在左侧窗格中展开“本地策略”下的“用户权限分配”。在右侧窗格中设置“从远程系统强制关机”为 Administrators 用户组中的成员操作，如图 11－9 所示。

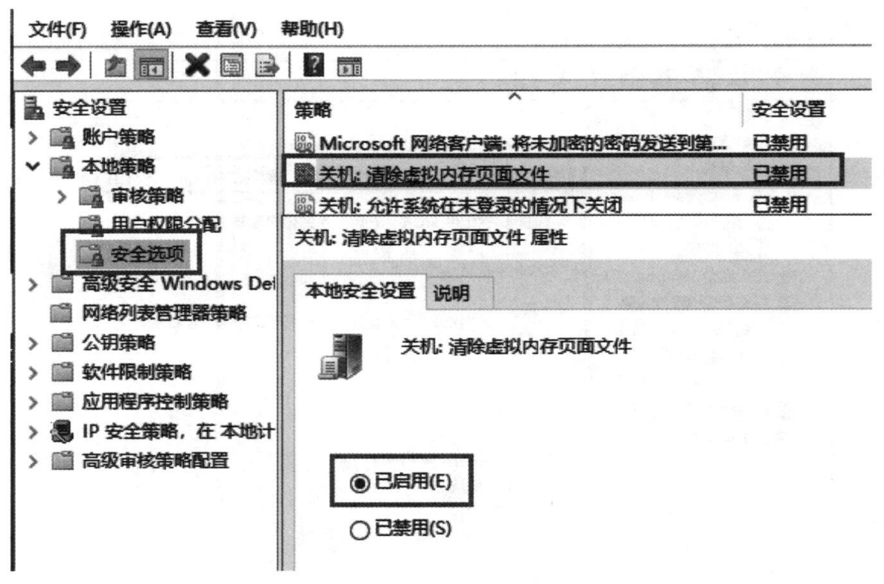

图 11－8　开启关机清楚虚拟内存

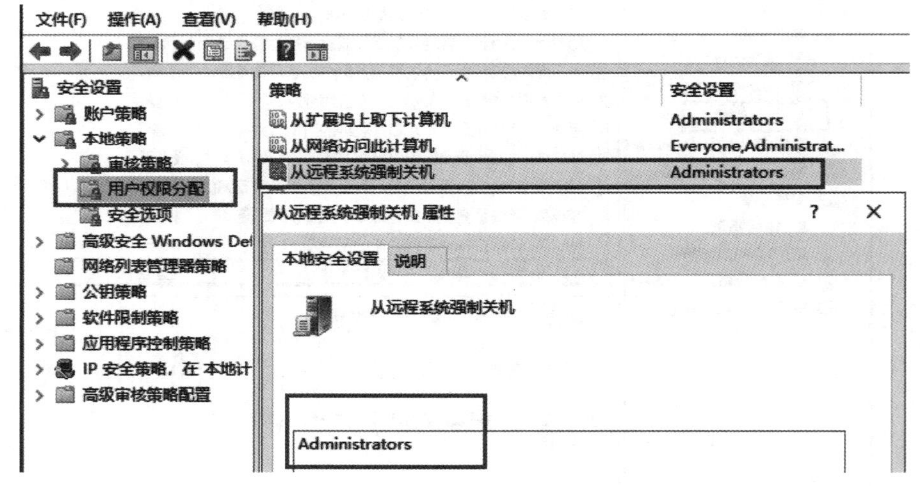

图 11－9　远程关机授权

（2）本地关机授权

在左侧窗格中展开“本地策略”下的“用户权限分配”，在右侧窗格中设置“关闭系统”为 Administrators、Backup Operators 用户组中的成员操作，如图 11－10 所示。

（3）文件权限指派

在左侧窗格中展开“本地策略”下的“用户权限分配”，在右侧窗格中设置“取得文件或其他对象的所有权”为 Administrators 用户组中的成员操作，如图 11－11 所示。

（4）授权用户登录

在左侧窗格中展开“本地策略”下的“用户权限分配”，在右侧窗格中添加“允许本地登录”的授权用户账户，如图 11－12 所示。

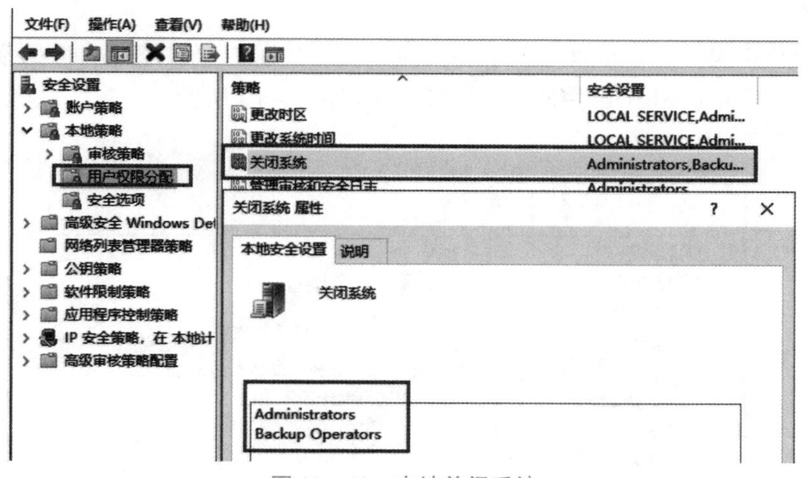

图 11－10　本地关闭系统

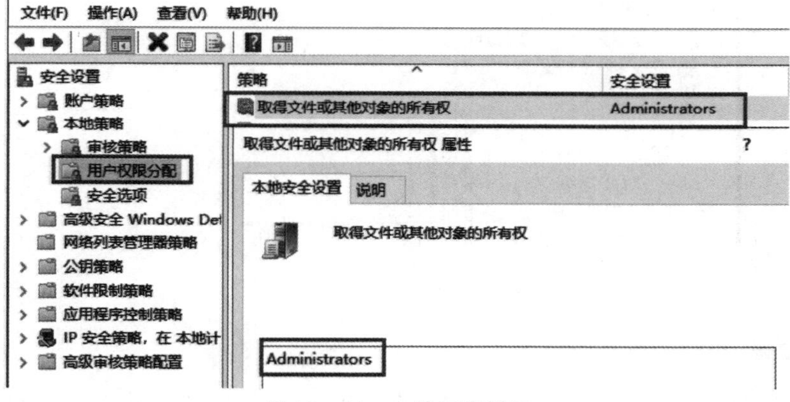

图 11－11　文件权限指派

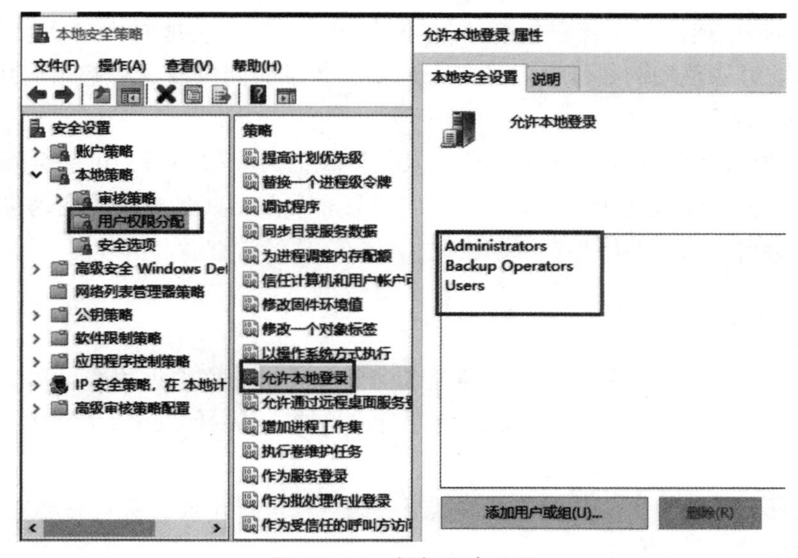

图 11－12　授权用户登录

（5）授权账户从网络访问

在左侧窗格中展开“本地策略”下的“用户权限分配”，在右侧窗口中设置“从网络访问此计算机”，添加允许访问的用户账户信息，如图 11－13 所示。

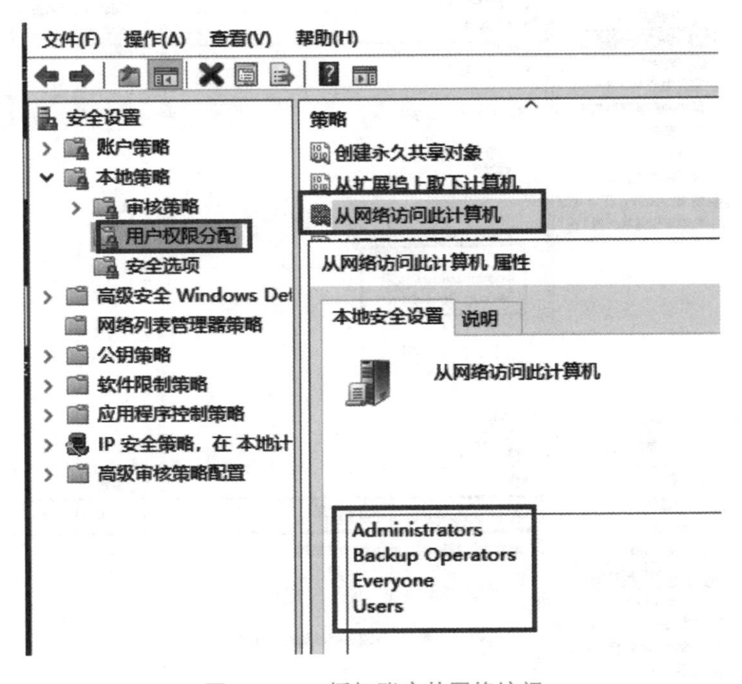

图 11－13　授权账户从网络访问

4. 审核策略

在服务器桌面上，按 Win＋R 组合键打开“运行”窗口，输入命令“secpol. msc”并按 Enter 键，即可打开“本地安全策略”窗口。在左侧窗格中展开“本地策略”下的“审核策略”，在右侧窗格中选择“审核登录事件”，设备应配置日志功能对用户登录进行记录，记录内容包括用户登录使用的账号、登录是否成功、登录时间以及远程登录时用户使用的 IP 地址，如图 11－14 所示。

审核是一种很占计算机资源的操作，尤其是审核的对象很多时，可能会降低系统性能；保存审核日志是需要硬盘空间的。如果审核的对象非常多，并且对象的变动也很频繁的话，短时间内肯定会占用大量的硬盘资源，因此，日志需要经常查看和清理。

任务 11－2　Windows 服务器防火墙的配置

服务器的安全威胁归根到底来自本地登录访问和通过网络的远程登录访问，为此，Windows Server 2019 服务器系统通过内置的一系列的安全策略和软件防火墙监管来防范访问者。

防火墙是通过检查传入的数据包并将其与一组规则进行比较，从而决定是否让数据包进入服务器或网络的功能组件。

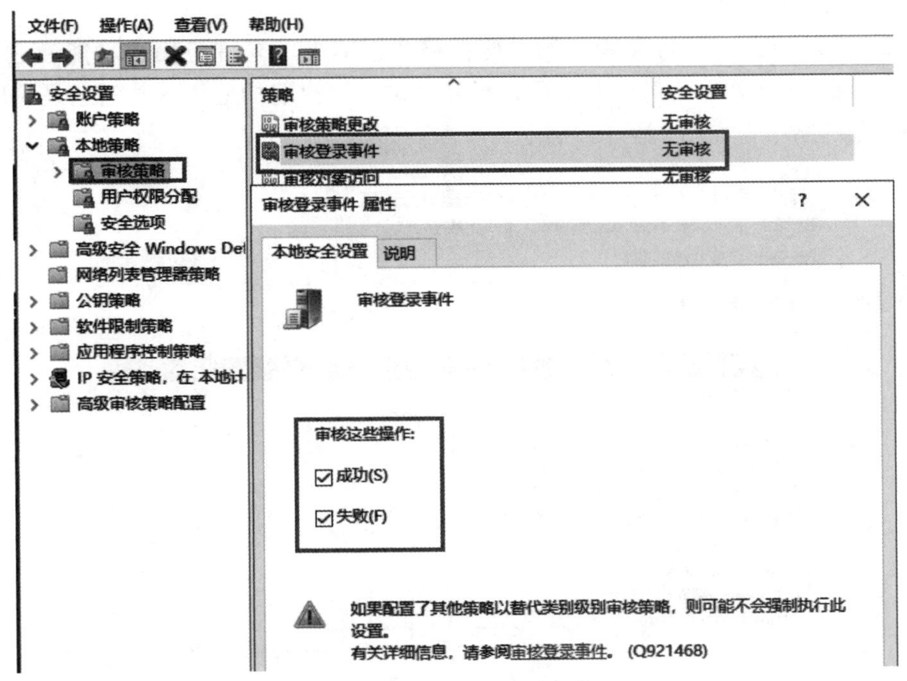

图 11－14　审核登录事件

Windows 防火墙工作在服务器与外界连接的网络适配器、DSL 适配器或者拨号调制解调器等接口上。哪些数据包拒之门外，又允许哪些数据包通过，则取决于防火墙的配置。

1. 启用、关闭防火墙

服务器系统的防火墙要发挥作用，就必须处于启用状态，默认情况下防火墙已被启用。其启用、关闭的过程如下：

在服务器桌面单击“开始”菜单，进入“控制面板”窗口。在“系统和安全”窗口中，通过“Windows Defender 防火墙”即可进入防火墙的管理界面。默认情况下，域网络、专用网络及公用网络处于启用状态，如图 11－15 所示。

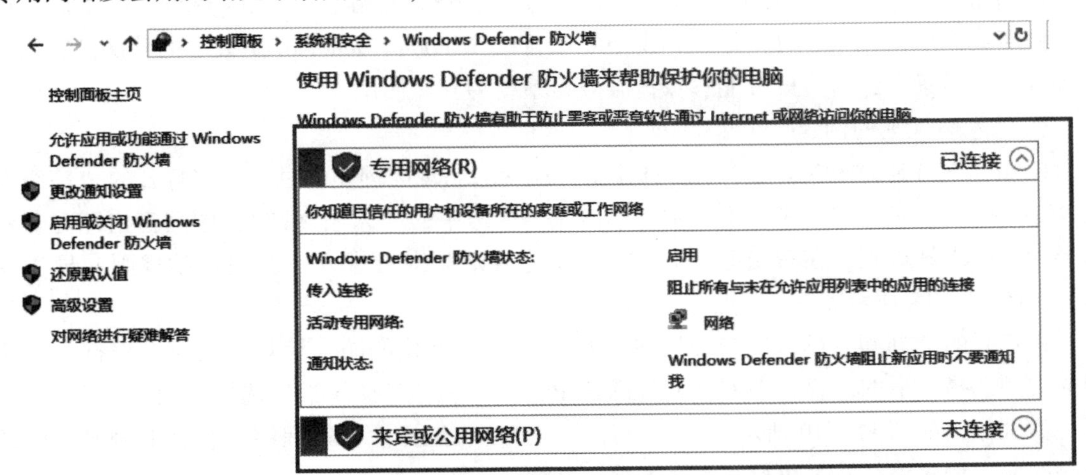

图 11－15　Windows Defender 防火墙

2. 允许应用进入防火墙

在“Windows Defender 防火墙”的左侧窗格中，单击“允许应用或功能通过 Windows Defender 防火墙”，在弹出的对话框中可选择允许进入防火墙的应用，并勾选是应用于公用网络还是专用网络中，如图 11－16 所示。

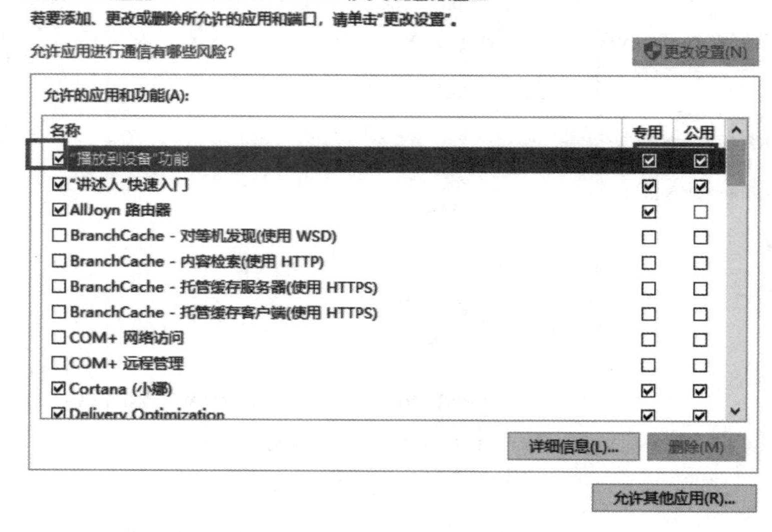

图 11－16　允许应用进入防火墙

3. 高级设置

在“Windows Defender 防火墙”的左侧窗格中，单击“高级设置”即可进入“高级安全 Windows Defender 防火墙”界面。首次打开 Windows Defender 防火墙时，会看到适用于本地计算机的默认设置。在中间窗格的“概述”面板中显示设备可连接到的每种类型网络的安全设置，如图 11－17 所示。“域配置文件”用于存在针对 Active Directory 域控制器的账户进行身份验证的系统的网络；“专用配置文件是激活状态”专门并且最好在专用网络中使用，例如家庭网络；“公共配置文件”设计时考虑了公共网络（如 WiFi 热点、咖啡店、机场、酒店或商店）的安全性。默认情况下不去修改 Windows Defender 防火墙的默认设置，在大多数网络情景下，这些设置能够保护服务器系统的安全使用。

（1）入站规则的创建

比如“允许通过 PING 命令连接服务器”演示入站规则创建的过程，在打开的“高级安全 Windows Defender 防火墙”窗口中，单击左侧窗格中的“入站规则”，中间窗格即可显示已经允许的入站规则，在右侧窗格中单击“新建规则”即可进入“新建入站规则向导”窗口，如图 11－18 所示。

在打开的“新建入站规则向导”窗口中，提供要创建的防火墙规则类型，根据入站规则的类型选择合适的内容，根据“允许通过 PING 命令连接服务器”选择“自定义”，继续下一步操作，如图 11－19 所示。在“程序”窗口中，选择“所有程序”作为此规则匹配的程序的完成程序路径及可执行的程序名称，继续下一步。

图 11－17　高级安全防火墙

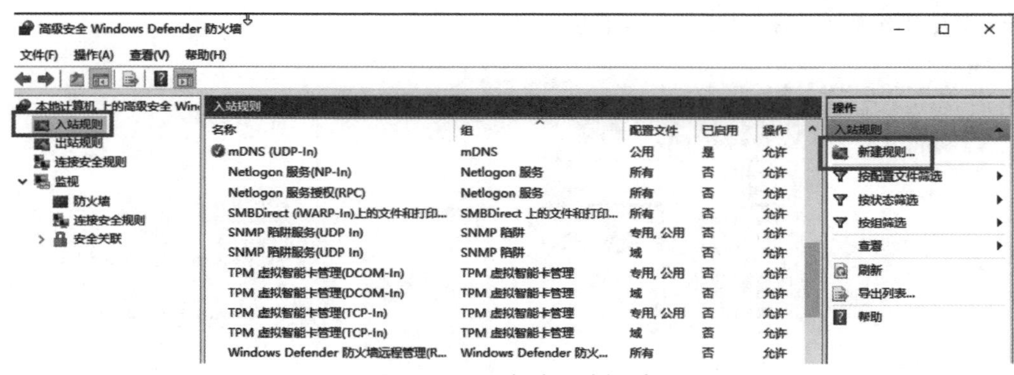

图 11－18　新建入站规则

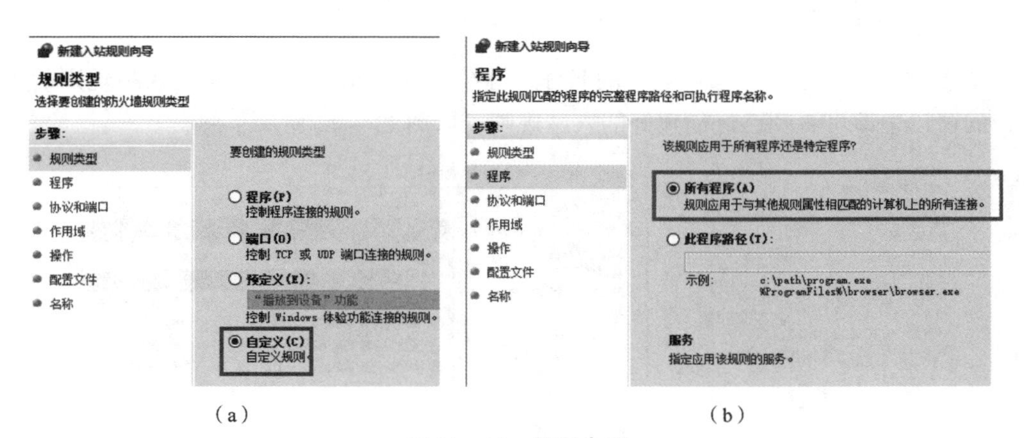

图 11－19　规则类型

(a) 自定义；(b) 所有程序

进入“协议和端口”界面，根据规则选择规则应用的协议类型“ICMPv4”。继续下一步，选择此规则应用的范围。若没有指定的应用范围，则保持默认选择，继续下一步操作，如图 11－20 所示。

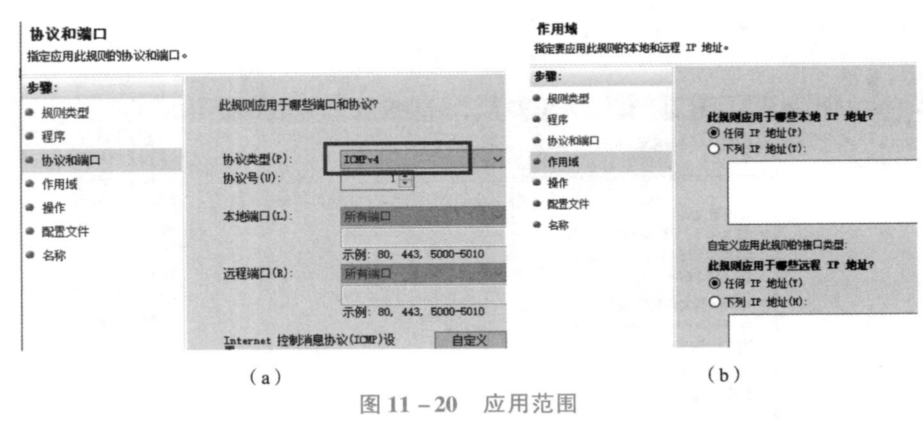

(a)　　(b)

图 11－20　应用范围

(a) 端口和协议的选择；(b) 作用域选择

在打开的“操作”窗口中，指定在连接与规则中指定的条件项匹配时要执行的操作，比如选择“允许连接”，如图 11－21 所示。继续下一步操作，进入“配置文件”窗口，即设置何时应用该规则，保持默认选择即可。

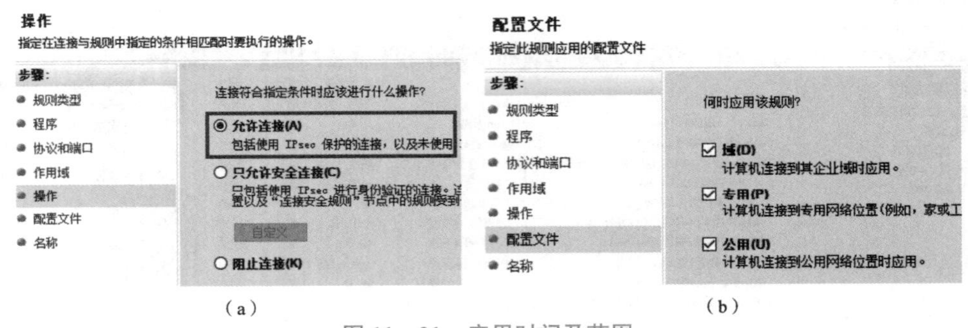

(a)　　(b)

图 11－21　应用时间及范围

(a) 进行的操作；(b) 何时应用规则

在“名称”窗口中，定义此规则的名称，继续下一步操作，即可完成入站规则的创建。在返回的窗口中即可看到已经创建好的入站规则，如图 11－22 所示。

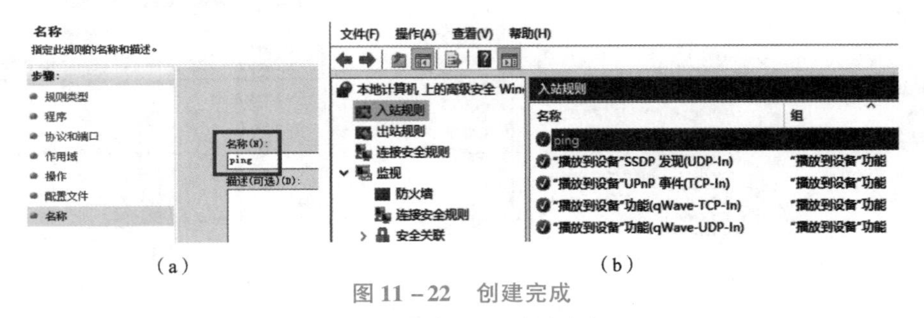

(a)　　(b)

图 11－22　创建完成

(a) 规则命名；(b) 创建完成

(2) 出站规则的创建

比如“禁止 IE 浏览器访问外部网络”演示出站规则创建的过程，在打开的“高级安全 Windows Defender 防火墙”窗口中，单击左侧窗格中的“出站规则”，中间窗格即可显示已经设置的出站规则，在右侧窗格中单击“新建规则”，如图 11 – 23 所示，即可进入“新建出站规则向导”窗口。

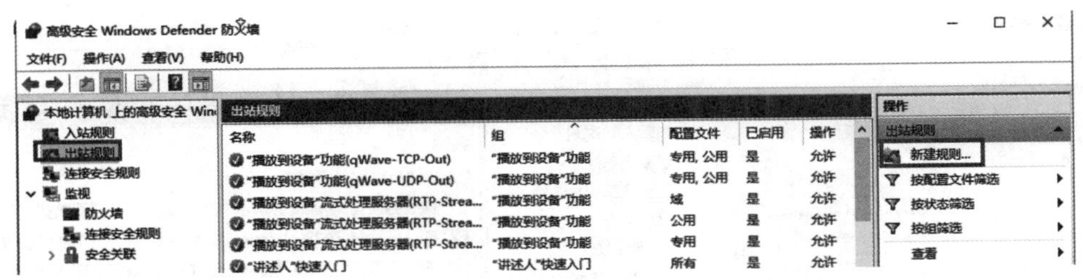

图 11 – 23　出站规则

在打开的“新建出站规则向导”窗口中，提供要创建的防火墙规则类型，根据出站规则的类型选择合适的内容，根据“禁止 IE 浏览器访问外部网络”选择“程序”，继续下一步操作，如图 11 – 24 所示。在“程序”窗口中，选择“此程序路径”作为此规则匹配的程序，选择浏览器程序所在的存储位置，继续下一步。

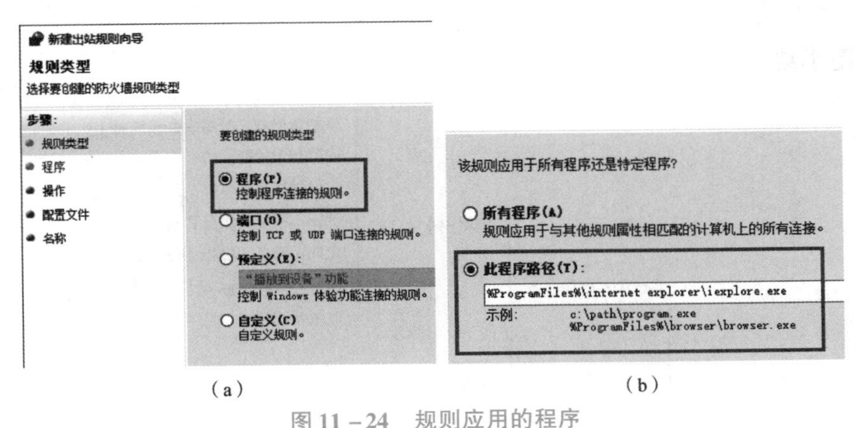

（a）　　　　（b）

图 11 – 24　规则应用的程序

（a）规则类型；（b）选择程序路径

在打开的“操作”窗口中，指定在连接与规则中指定的条件项匹配时要执行的操作，选择“阻止连接”，如图 11 – 25 所示。继续下一步，进入“配置文件”窗口，即设置何时应用该规则，保持默认选择即可。

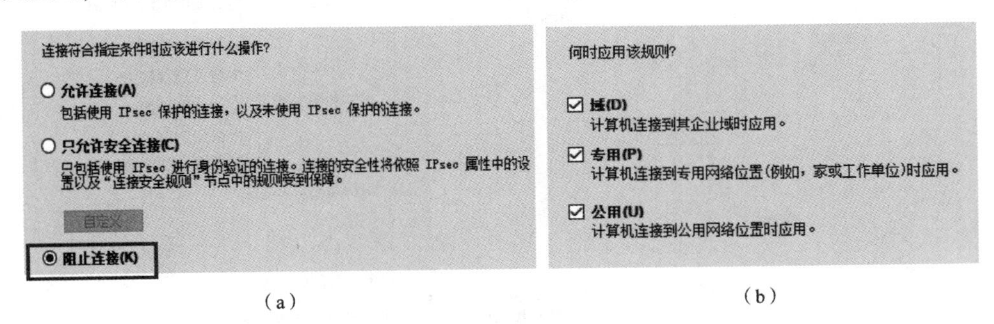

（a）　　　　（b）

图 11 – 25　执行的操作和规则应用的范围

（a）执行的操作；（b）应用的范围

在“名称”窗口中，定义此规则的名称，继续下一步，即可完成出站规则的创建。在返回的窗口中即可看到已经创建好的出站规则，如图 11 – 26 所示。

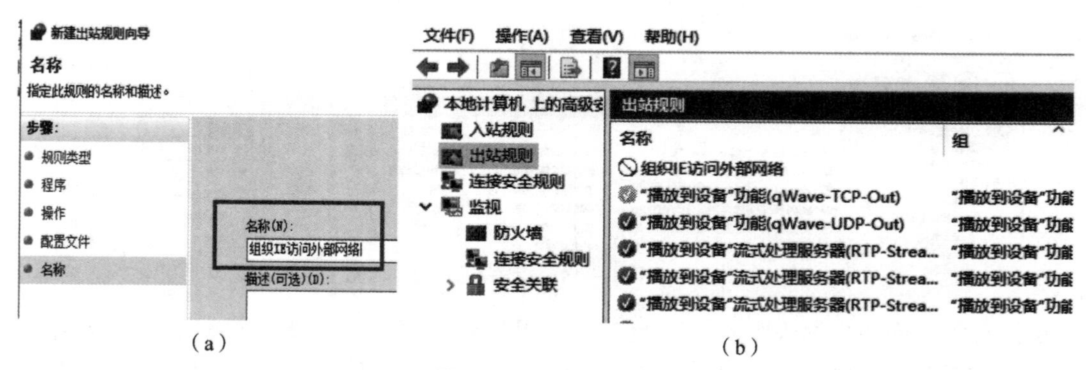

(a)　　(b)

图 11 – 26　创建完成

(a) 规则命名；(b) 创建完成

【任务小结与测试】

思维导图小结

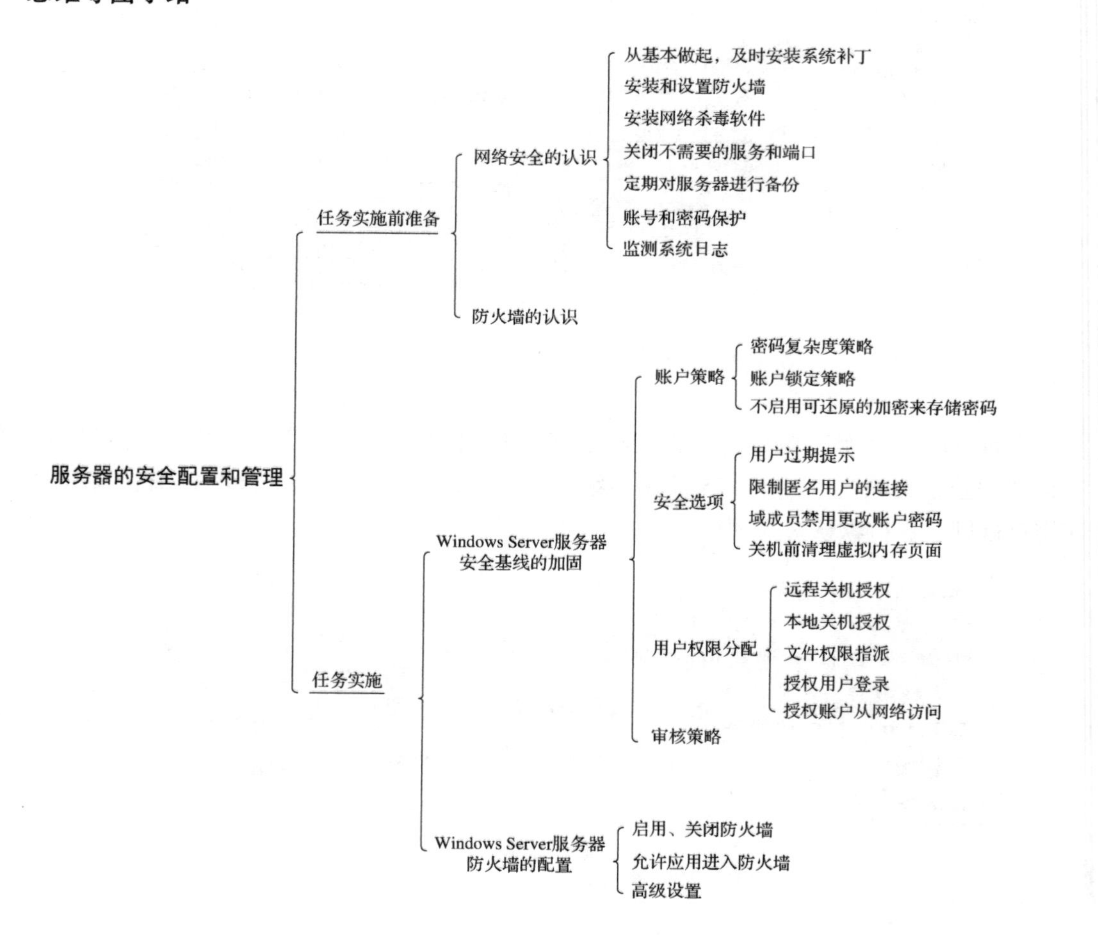

测试

在线小结测试

1. 下列关于 Windows 操作系统安全加固的做法，错误的是（　　）。

A. 禁用或删除无用账户

B. 开启账户锁定策略

C. 从远程系统强制关机的权限只分配给 Administrators 组

D. 从网络访问此计算机的权限分配给所有用户

2. 某公司新入职的员工，公司要求他注册一个公司网站的账号，该员工使用一个安全一点的密码。以下选项中，最安全的是（　　）。

A. 与用户名相同的密码

B. 自己的姓名和出生日期

C. 一个单词

D. 数字、字母和特殊符号混合且自己容易记住

3. BitLocker 是从（　　）开始在系统中内置的数据加密保护机制，主要用来解决由于计算机设备丢失、被盗或者维修等物理接触方式导致的数据失窃或恶意泄露的威胁。

A. Windows Vista　　B. Windows 7　　C. Windows XP　　D. Windows NT 5.0

4. 下列关于 Windows 系统账户安全的说法，错误的是（　　）。

A. Administrator 账户可以更名

B. 设置密码策略可以对登录错误达到一定次数的账户进行锁定，从而抑制口令暴力破解攻击

C. 在实际使用过程中，需要根据业务和自身需要选择账户的验证方式

D. 如果确认不需要 Guest 账户，可设置安全的口令，对其进行更名并禁用，以提高安全性

5. 对 Windows 系统内置防火墙自定义规则描述正确的是（　　）。

A. 可分别设置出站规则、入站规则和连接安全规则

B. 仅可设置出站规则和入站规则

C. 仅可设置入站规则和连接安全规则

D. 仅可设置出站规则和连接安全规则

6. 关闭 Windows 系统的 445 端口后，无法使用（　　）功能。

A. 共享文件夹　　B. 远程桌面　　C. Telnet　　D. FTP

7. 对于防火墙的不足之处，描述错误的是（　　）。

A. 无法防护基于操作系统的攻击　　B. 无法防护端口反弹木马的攻击

C. 无法防护病毒的侵袭　　D. 无法进行带宽管理

【答疑解惑】

大家在学习过程中是否遇到什么困惑的问题？扫扫看是否能够得到解决。

【任务工单与评价】

任务工单与评价

<table>
<tr><td colspan="8">考核任务名称：服务器的安全管理与配置</td></tr>
<tr><td>班级</td><td></td><td>姓名</td><td colspan="2"></td><td colspan="2">学号</td><td></td></tr>
<tr><td>组间评价</td><td></td><td>组内互评</td><td></td><td>教师评价</td><td></td><td>成绩</td><td></td></tr>
<tr><td>任务要求</td><td colspan="7">在 Windows Server 2019 服务器上完成如下操作内容：
一、Web 服务器的安全和性能管理
（一）身份验证
sxjdxy 网站允许所有人访问；对“技术部”虚拟目录不允许匿名访问，只允许技术部的工作人员以基本身份验证方式访问。
（二）IP 地址和域名限制
在网站属性的 IP 地址和域名限制中，用允许访问或拒绝访问进行设置，在客户机上检查其效果。
（三）访问连接的限制
将宽带限制为 4 096 字节；并发连接数限制为 1 000；连接超时限制为 3 分钟。
二、服务器的安全加固
（一）配置账户策略
设置账户密码最长存留期为 60 天，最短存留期为 10 天，账户锁定阈值为 5 次登录失败，账户锁定时间为 60 分钟，复位账户锁定计数器为 50 分钟。
（二）配置审核策略及日志
设置审核系统登录时间为“成功”“失败”，设置审核策略为“成功”“失败”。同时，设置安全日志的事件来源为“LSA”，类别为策略改动。
三、防火墙的配置
开启防火墙，设置“允许通过 PING 命令连接服务器”的入站规则，“禁止 IE 浏览器访问外部网络”的出站规则。</td></tr>
<tr><td rowspan="2">任务完成过程记录</td><td colspan="7">操作过程：</td></tr>
<tr><td colspan="7">操作过程中遇到的问题：</td></tr>
<tr><td>小结</td><td colspan="7">（将自己学习本任务的心得简要叙述一下，表述清楚即可）</td></tr>
</table>

任务评价分值

评价类型	占比/%	评价内容	分值
知识与技能	65	服务器的安全加固	25
		Web 服务器的安全配置	20
		服务器系统防火墙的配置	20
素质与思政	35	按时完成，认真填写任务工单	5
		任务工单内容操作标准、规范	5
		保持机位的卫生	5
		小组分工合理，成员之间相互帮助，提出创新性的问题	5
		按时出勤，不迟到早退	5
		参与课堂活动	5
		完成课后任务拓展	5

【拓展训练】

了解《网络安全法》吗？可扫码进行了解。

在线资源

【项目评价】

考核项目工单

<table>
<tr><td colspan="8">考核任务名称：项目三　服务器的安全管理和配置</td></tr>
<tr><td>班级</td><td></td><td>姓名</td><td colspan="2"></td><td>学号</td><td colspan="2"></td></tr>
<tr><td>组间评价</td><td></td><td>组内互评</td><td></td><td>教师评价</td><td></td><td>成绩</td><td></td></tr>
<tr><td>项目要求</td><td colspan="7">服务器的安全管理和配置，具体要求如下；
1. NTFS 文件权限的设置。
（1）管理员用户登录系统，通过磁盘管理压缩 C 盘。
（2）创建格式为 FAT 的磁盘 E、F。
（3）复制一些文件内容到磁盘 F 中，并更改磁盘 F 的盘符为 yanmei。
（4）利用直接格式化的方式将磁盘 E 格式化为 NTFS 文件系统。
（5）利用命令行的方式完成对 yanmei 磁盘 NTFS 的转化。
（6）创建普通用户。</td></tr>
</table>

续表

<table>
<tr><td>项目要求</td><td>(7) 对磁盘 F 中的某一个文件设置普通用户对其拥有的标准权限和特殊权限。
2. 数据的加密。
(1) 在磁盘 0 上创建主分区 E，空间大小为 100 MB，文件系统类型为 NTFS。
(2) 通过服务器管理器添加 BitLocker 功能。
(3) 在主分区 E 盘上启用 BitLocker 功能。
(4) 通过命令的方式强制锁定 E 盘。
(5) 再次进入分区 E。如果忘记密码，如何能够访问 E 盘内容呢？扩展逻辑分区的空间。
(6) 通过第三方的工具对 U 盘进行加密和解密，增加 U 盘的安全性。
3. 服务器系统的安全加固。
对服务器系统进行检查，分别从入侵检测、安全审计、身份鉴别方面对 Windows 服务器进行安全加固。
4. 防火墙的配置。
设置“禁止通过 PING 命令连接服务器”的入站规则和“禁止 IE 浏览器访问外部网络”的出站规则。
5. 根据在线课程资源内容及所学内容，通过思维导图总结本项目。
6. 组内团结合作，按时完成本项目。</td></tr>
<tr><td rowspan="2">项目完成过程记录</td><td>操作过程：</td></tr>
<tr><td>操作过程中遇到的问题：</td></tr>
<tr><td>小结</td><td>(将自己学习本任务的心得简要叙述一下，表述清楚即可)</td></tr>
</table>

项目三考核表

序号	主要内容	考核项目	评分标准	成绩分配	得分
1	网络服务器的安全管理和配置	NTFS 文件权限的设置	在 NTFS 文件权限设置中，不会其中一项扣 5 分	20	
		数据的加密	不会使用加密工具对数据加密操作的，每一步扣 5 分	15	
		磁盘配额的管理	不用磁盘配额管理操作的，每一步扣 3 分	18	
		防火墙的设置	不能创建与管理组织单元扣 3 分	15	
		服务器系统的加固	不能创建与配置组策略对象扣 5 分	20	
2	素质与思政	按时完成，认真填写任务工单	没有按时提交扣 3 分	3	
		任务工单内容操作标准、规范	操作不规范扣 3 分	3	
		保持机位的卫生	机位不整洁扣 3 分	3	
		小组分工合理，成员之间相互帮助，提出创新性的问题	小组管理混乱扣 3 分	3	
组内评价 30%		组间评价 40%		教师评价 40%	
备注	班级： 姓名： 学号：		任课教师： 成绩合计： 评分日期：　年　月　日